# 榆次区
# 耕地地力评价与利用

徐竹英　主编

中国农业出版社

## 内容简介

本书是对山西省榆次区耕地地力调查与评价成果的集中反映，是在充分应用"3S"技术进行耕地地力调查并应用模糊数学方法进行成果评价的基础上，首次对榆次区耕地资源历史、现状及问题进行了分析、探讨，并应用大量调查分析数据对榆次区耕地地力、中低产田地力、耕地环境质量和果园状况等做了深入细致的分析。揭示了榆次区耕地资源的本质及目前存在的问题，提出了耕地资源合理改良利用意见，为各级农业科技工作者、各级农业决策者制订农业发展规划，调整农业产业结构，加快绿色、无公害农产品基地建设步伐，保证粮食生产安全，科学施肥，退耕还林还草，进行节水农业、生态农业以及农业现代化、信息化建设提供了科学依据。

本书共八章。第一章：自然与农业生产概况；第二章：耕地地力调查与质量评价的内容与方法；第三章：耕地土壤属性；第四章：耕地地力评价；第五章：耕地土壤环境质量评价；第六章：中低产田类型分布及改良利用；第七章：果园土壤质量状况及培肥对策；第八章：耕地地力调查与质量评价的应用研究。

本书适宜农业、土肥科技工作者以及从事农业技术推广与农业生产管理的人员阅读。

# 编写人员名单

**主　　编：**徐竹英

**副 主 编：**郝跃红　程建和

**编写人员**（按姓名笔画排序）：

王红霞　兰晓庆　吉卫星　刘变萍　许云文

李爱萍　何万强　何振强　张晋余　陈　辉

郑国宠　郝丽娟　侯月梅　侯跃莲　高　彪

梁建荣　董　瑞　董忠萍　韩　莹　韩毅敏

程聪荟　樊明德

序

　　农业是国民经济的基础，农业发展是关系国计民生的大事。为适应我国农业发展的需要，确保粮食安全和增强我国农产品竞争的能力，促进农业结构战略性调整和优质、高产、高效、安全、生态农业的发展，针对当前我国耕地土壤存在的突出问题，2009 年在农业部精心组织和部署下，榆次区成为山西省国家级测土配方施肥补贴项目县，根据《全国测土配方施肥技术规范》积极开展测土配方施肥工作，同时认真实施了耕地地力调查与评价。在山西省土壤肥料工作站、山西农业大学资源环境学院、山西省农业科学院土壤肥料研究所、晋中市农业委员会、榆次区农业委员会及榆次区农业技术推广中心广大科技人员的共同努力下，2012 年完成了榆次区耕地地力调查与评价工作。通过耕地地力调查与评价工作的开展，摸清了榆次区耕地地力状况，查清了影响当地农业生产持续发展的主要制约因素，建立了榆次区耕地地力评价体系，提出了榆次区耕地资源合理配置及耕地适宜种植、科学施肥及土壤退化修复的意见和方法，初步构建了榆次区耕地资源信息管理系统。这些成果为全面提高榆次区农业生产水平，实现耕地质量计算机动态监控管理，适时提供辖区内各个耕地基础管理单元土、水、肥、气、热状况及调节措施提供了基础数据平台和管理依据。同时，也为各级农业决策者制订农业发展规划、调整农业产业结构、加快绿色食品基地建设步伐、保证粮食生产安全以及促进农业现代化建设提供了最基础的第一手科学资料和最直接的科学依据，也为今后大面积开展耕地地力调查与评价工作，实施耕地综合生产能力建设，发展旱作节水农业、测土配方施肥及其他农业新技术普及工作提供了技术支撑。

　　本书系统地介绍了耕地资源评价的方法与内容，应用大量的调查分析资料，分析研究了榆次区耕地资源的利用现状及问题，提出了合理利用的对策和建议。该书集理论指导性和实际应用性为一体，是一本值得推荐的实用技术读物。该书的出版将对榆次区耕地的培肥和保养、耕地资源的合理配置、农业结构调整及提高农业综合生产能力起到积极的促进作用。

王高勇

2012 年 10 月

# 前言

　　耕地是人类获取粮食及其他农产品最重要、不可替代、不可再生的资源，是人类赖以生存和发展的最基本的物质基础，是农业发展必不可少的根本保障。新中国成立以来，山西省榆次区先后开展了两次土壤普查。两次土壤普查工作的开展，为榆次区国土资源的综合利用、施肥制度改革、粮食生产安全做出了重大贡献。近年来，随着农业、农村经济体制的改革以及人口、资源、环境与经济发展矛盾的日益突出，农业种植结构、耕作制度、作物品种、产量水平，肥料、农药使用等方面均发生了巨大变化，产生了诸多如耕地数量锐减、土壤退化污染、次生盐渍化、水土流失等问题。针对这些问题，开展耕地地力评价工作是非常及时、必要和有意义的。特别是对耕地资源合理配置、农业结构调整、保证粮食生产安全、实现农业可持续发展有着非常重要的意义。

　　榆次区耕地地力评价工作，于 2011 年 6 月底开始到 2012 年 10 月结束，完成了全区 10 个乡（镇）、289 个行政村的 72.31 万亩耕地的调查与评价任务，3 年共采集土样 4 500 个，其中，测试大量元素 4 500 个，中微量元素 1 960 个，并调查访问了 300 个农户的农业生产、土壤生产性能、农田施肥水平等情况；认真填写了采样地块基本情况调查表和农户施肥情况调查表，完成了 4 500 个样品常规化验、中微量元素分析化验、数据分析和收集数据的计算机录入工作；基本查清了榆次区耕地地力、土壤养分、土壤障碍因素状况，划定了榆次区农产品种植区域；建立了较为完善、可操作性强、科技含量高的榆次区耕地地力评价体系，并充分应用 GIS、GPS 技术初步构筑了榆次区耕地资源信息管理系统；提出了榆次区耕地保护、地力培肥、耕地适宜种植、科学施肥及土壤退化修复办法等；形成了具有生产指导意义的 21 幅数字化成果图。收集资料之广泛、调查数据之系统、成果内容之全面是前所未有的。这些成果为全面提高农业工作的管理水平，实现耕地质量计算机动态监控管理，适时提供辖区内各个耕地基础管理单元土、水、肥、气、热状况及调节措施提供了基础数据平台和管理依据。同时，也为各级农业决策者制订农业发展规划、调整农业产业结构、加快绿色食品基地建设步伐、保证粮食生产安全、进行耕地资源合理改良利用、科学施肥以及退耕还林还草、节水农业、生态农业、农业现代化建设提供了最基础的第一手科学资料和最直接的科学依据。

为了将调查与评价成果尽快应用于农业生产，我们在全面总结榆次区耕地地力评价成果的基础上，引用大量成果应用实例和第二次土壤普查、土地详查有关资料，编写了本书，首次比较全面系统地阐述了榆次区耕地资源类型、分布、地理与质量基础、利用状况、改善措施等，并将近年来农业推广工作中的大量成果资料录入其中，从而增加了该书的可读性和可操作性。

在书本编写的过程中，承蒙山西省土壤肥料工作站、山西农业大学资源环境学院、山西省农业科学院土壤肥料研究所、晋中市农业委员会、榆次区农业委员会及榆次区农业技术推广中心技术人员的热忱帮助和支持，特别是土肥站的科技工作人员在土样采集、农户调查、数据库建设等方面做了大量的工作。由徐竹英、郝跃红、程建和等完成编写工作，参与野外调查和数据处理的工作人员有：徐竹英、郝跃红、程建和、王红霞、樊明德、侯月梅、梁建荣、韩毅敏、陈辉、李爱萍以及各乡（镇）农技人员等。土样分析化验工作由山西省忻府区爱农化验中心完成，图形矢量化、土壤养分图、数据库和地力评价工作由山西农业大学资源环境学院和山西省土壤肥料工作站完成，野外调查、室内数据汇总、图文资料收集由榆次区农业技术推广中心及各乡（镇）农技人员完成，在此一并致谢。

编　者<br>2012 年 10 月

# 目录

# 第一章　自然与农业生产概况

## 第一节　自然与农村经济概况

### 一、地理位置与行政区划

榆次，春秋时期称涂水、魏榆，战国时期就称榆次，秦隶太原郡。北魏、北齐两度易名中都县。979 年，宋太宗灭北汉，置并州于榆次，越三年，复迁唐明镇，榆次复县制。1948 年设置榆次专区，1958 年设榆次市，是晋中行署、晋中地区所在地。1999 年，行政区划改革，设立晋中市（地级市），榆次市改称为晋中市榆次区。是晋中市市委、市政府所在地，是晋中市的政治、经济、文化中心。

榆次位于晋中盆地东北侧，地理坐标为：北纬 37°23′41″～37°53′04″，东经 112°34′13″～113°07′55″。东西宽 49.9 千米，南北长 53.7 千米，国土总面积为 1 327.03 千米²。榆次区最高海拔为 1 813 米，最低海拔为 768.8 米。

榆次地处山西中部，东连太行，西临汾河，北靠省城太原，素有"省城门户"之称，是山西交通运输的重要枢纽。距北京约 540 千米，距天津约 600 千米，距山西省会太原约 25 千米。航空、铁路、公路四通八达，距新扩建的太原空港行程不到 10 分钟。境内除南北同蒲线、石太线、太焦线外，太原到中卫、银川的铁路专线及大同到西安的客运专线已相继开工建设。同时太旧、太长、大运、龙城高速和 108 国道穿境而过，榆长、榆邢、榆孟、榆清省级公路纵横交错，立体交通优势明显。更为重要的是榆次作为"大太原经济圈"的核心圈层，其重要位置不言而喻，必将成为全省最具活力的经济带和城市群。

榆次区共辖 6 镇、4 乡、9 个办事处，289 个村，2010 年年末农户 8.45 万户，农村劳动力 12.57 万个，总人口 63 万人，其中农业人口 26.20 万人，占总人口的 41.59%。详细情况见表 1-1。

表 1-1　榆次区行政区划与人口情况

| 乡（镇） | 总人口（人） | 村民委员会（个） |
|---|---|---|
| 乌金山镇 | 30 376 | 39 |
| 东阳镇 | 26 766 | 21 |
| 什贴镇 | 15 328 | 34 |
| 长凝镇 | 15 145 | 26 |
| 北田镇 | 22 015 | 31 |
| 修文镇 | 28 165 | 21 |
| 东赵乡 | 14 363 | 29 |

（续）

| 乡（镇） | 总人口（人） | 村民委员会（个） |
|---|---|---|
| 张庆乡 | 32 483 | 21 |
| 庄子乡 | 16 273 | 33 |
| 郭家堡乡 | 44 816 | 17 |
| 开发区 | 39 267 | 17 |
| 总计 | 284 997 | 289 |

## 二、土地资源概况

据 2010 年统计资料显示，榆次区国土总面积为 1327.03 千米²（折合 199.05 万亩①），其中：平川区为 359.6251 千米²，占总面积的 27.2%，丘陵区为 545.4011 千米²，占 41.1%，山区为 421.9955 千米²，占 31.8%。已利用土地面积为 1 441 403.46 亩，占总土地面积的 72.9%。宜林地面积 282 187.05 亩，占已利用土地 19.5%；园地面积 80 286.3 亩，占已利用土地 5.6%；宜牧面积 337.05 亩，占 0.02 %；居民点及工矿用地 204 752.85 亩，占 14.2%；交通用地面积 58 974.6 亩，占 4.1%；水域面积 30 220.05 亩，占 2.1%。未利用土地面积为 535 812.75 亩，占 27.1%。其他农用地（包括设施农用地和田坎）面积 63 469.65 亩，占 4.4%。

榆次区耕地面积（含开发区）723 112.25 亩，水浇地 366 826.5 亩，占耕地面积的 50.73%，旱地 356 285.7 亩，占耕地面积的 49.27%，其中，开发区耕地 39 976.95 亩、水浇地 37 161.75 亩、旱地 2 815.2 亩，未利用土地面积包括其他草地和裸地。

榆次区地形呈东北、东南高，西南部低，逐渐倾斜，山、丘、川等各类地形齐全，过渡明显。境内高低起伏，地貌类型多样。东南部和北部为山地，向内逐渐趋于平缓。依据海拔高度从高到低分为中低土石山区（占总面积的 25%）、黄土丘陵沟壑区（包括台垣地占总面积的 45%）和平川区（占总面积的 30%）3 个类型。

榆次区土壤种类较多，主要有褐土、草甸土（潮土）和盐土 3 个土类。地带性土壤以褐土类型为主，分布于盆地中的土壤，土层深厚，地面平坦，土壤肥沃；山地地形复杂，岩石裸露，土层薄，发育不明显；丘陵地形起伏，土层深厚，侵蚀严重，直接影响土壤发育过程。以成土母质看，山地多为砂页岩风化后残留的碎杂屑和短距离移动的残、坡积物，丘陵低山多，为第四纪沉积的黄土母质，汾河二级阶地为古代沉积的黄土状物质，河漫滩和汾河的一级阶地及其他河流的河沟洼地多为河流近代沉积物质和洪积、冲积母质，有成层性和成带状分布规律。随成土母质的不同，土壤质地、理化性状等各不相同。耕地土壤一般容重为 1.1～1.3 克/厘米³，最大田间持水量 34%～42%，平川水浇地有机质含量为 11～16 克/千克、全氮在 0.6～0.8 克/千克、有效磷在 8～15 毫克/千克、速效钾在

---

① 亩为非法定计量单位，1 亩＝1/15 公顷。考虑基层读者的阅读习惯，本书"亩"仍予保留。——编者注

150～200 毫克/千克。

## 三、自然气候与水文地质

### （一）气候

榆次区地处温带大陆性半干旱气候区，雨热同季，四季变化明显。冬季漫长，干冷晴朗；春季升温快，日变温大，干旱多风；夏热多雨；秋季短暂，天高气爽。

**1. 气温**　年平均气温 9.8℃，一年中 1 月最冷，月平均气温 −7.2℃，极端最低气温 −22.3℃（2002 年）；7 月最热，平均气温为 23.5℃，极端最高气温为 39.6℃（2005 年）。≥0℃ 积温为 3 988℃，初日为 3 月 6 日，终日为 11 月 18 日，初终间日数为 258 天；≥10℃ 的积温为 3 629.6℃，初日为 4 月 10 日，终日为 10 月 19 日，初终间日数为 194 天；平均无霜期为 155 天，初霜冻日 10 月上旬，终霜冻日为 4 月下旬。

**2. 地温**　随着气温的变化，土壤温度也发生相应变化。历年平均地面温度为 12.5℃。15～20 厘米深年平均地温为 11.7℃，略高于气温，7 月最高为 28.3℃，1 月最低为 −6.0℃。通常 12 月开始封冻，3 月解冻，极端冻土深度为 90 厘米（1977 年）。

**3. 日照**　年平均日照时数为 2 662.1 小时，最长为 2 862.0 小时（1980 年），最短为 2 475.3 小时（1983 年）；5 月日照时数最多，平均为 277.5 小时，2 月最少，为 179.5 小时。

**4. 降水量**　榆次区平均降水量为 450 毫米。山区降水较多，年平均在 480 毫米以上，平川地区偏少，年平均在 418 毫米以下。榆次区除因地形因素分布不均外，四季降水也明显不均。降水一般集中在 6—8 月，占全年降水量的 59％，而 12 月至翌年 2 月的降水只占全年降水 2.26％ 左右；同时降水年际间变化也较大，最多为 720.3 毫米（2003 年），最少为 260.3 毫米（1997 年）。

**5. 蒸发量**　蒸发量大于降水量是榆次区温带大陆性半干旱气候的显著特点。年平均蒸发量为 2 059.3 毫米，是年降水量的 4.1 倍。5 月蒸发量最大，为 320 毫米；12 月最小，在 52 毫米左右。

### （二）成土母质

母质是土壤形成的基础条件，在地层构造的控制作用下，加上各种自然营力的作用，决定了本区区域内土壤母质的类型。根据各种沉积物的特征及成因，本区成土母质主要有以下几种类型：

**1. 砂页岩风化物**　指古生界石炭系、二叠系和中生界三叠系的各种砂岩、页岩、泥岩的风化物及其半风化物。主要分布在本区北部及东南部基岩山区。在局部地形高处，到山脊、山顶或阴坡平缓处等地形部位上，风化后往往残留原处形成砂页岩积型风化物。残积母质的特点是从风化物地表往下逐渐由细变粗，心土层出现基岩半风化物碎屑，靠近基岩部位多为基岩块状半风化物。土层较薄，厚度较为一致，并有随地形起伏变化而厚度较稳定的特点，但一般是地形低处略厚。表土质地沙壤—轻壤，土壤透水性好，淋溶作用强。

在山坡或坡角地带出现风化物搬运堆积体，形成砂岩坡积型母质，它是由地表流水将地形高处上游的风化物搬运堆积而成。其特点是物质粗细杂乱无章，因此，多有初育性土形成，有大块岩石混杂，随地形变化，堆积物厚度差异很大。

**2. 黄土** 在本区土石山区及黄土丘陵台垣峁梁区分布广大。主要指第四系马兰黄土及其次生黄土。

风积马兰黄土，分布在本区东北部的丘陵区，由于地形切割破碎，一般为不连续片状分布。土层深厚，为黄色亚沙土，多轻壤质地，富含 $CaCO_3$，含量一般在 $8\%\sim10\%$，具有大孔隙，会有小钙质结核，断面上垂直节理发育，土壤通透性较好，但一般比较干旱。抗蚀性差，往往水土流失严重。

次生黄土主要包括冲积型黄土状物质与洪积型和坡积型黄土状物质。这些次生黄土主要系马兰期黄土经流水搬运再堆积形成，其中夹杂有少量红黄土或砂页岩风化物。次生黄土在本区分布很大，广泛分布在黄土台垣区及汾河二级阶地。一般土层深厚、浅褐色，为黄色亚沙土，亚黏土或深黄色细粉砂质，质地分级轻—中壤，局部地区质地黏重，土体中下部有中粗沙等层次。为本区主要耕作土壤之成土母质，一般生产条件较好，是本区主要种植活动区域。

**3. 红黄土** 主要分布在丘陵沟谷地形内，以中更新世离石组黄土为主，也有数量不多的第三系中晚期静乐和保德组红土。一般多为这几种沉积物质组成的化合物。红黄土层次深厚，质地黏重，为棕红、棕黄色亚黏土，富含钙质结核，个体大小不等，往往出现结核层。局部红黄土结构表面出现铁锰胶膜。一般土层深厚，通透性差，保水耕作性能都较差。

**4. 黑垆土** 在本区域内主要为一种埋藏型母质。出现在剖面表层 25 厘米以下，颜色黑褐，土质肥沃，养分含量丰富，代换量高达 20me/百克土左右，质地多中壤或轻壤，厚度大于 40 厘米。多见丝状碳酸钙淀积。其沉积多随地形起伏变化。由于表土受侵程度差异，因而黑垆土埋藏深度不同，在鸣谦一带侵蚀黄土残丘中下部出现面积较小的裸露黑垆土，俗称"黑土"，是一种产量较高的农业土壤。

黑垆土是第四系马兰期的特殊沉积物。证明在马兰期沉积过程中，本区域地壳构造曾经为相对稳定的时期，地面生物植被繁茂，气候凉爽湿润，从而给土壤形成发育创造了良好的自然生态环境。黑垆土就是这种条件下的产物。后来随着地壳构造运动活跃，本区域地壳相对下降，马兰期后期沉积物又陆续沉积覆盖在黑垆土上，从而形成现今的埋藏型黑垆土。

**5. 沟淤** 沟淤母质是发育在山地、丘陵区沟谷地形中的淤积物质。由于所处位置不同，所以沉积物的组成和特征差别较大。这种差别主要是受上部地形出露物质组成的影响。

在山地沟谷中，沟淤物受正地形上各种砂岩母质及少量黄土、红黄土等物质影响，一般颜色灰黄褐，质地从沙壤—中壤。靠近上游部位多沙壤，而下游部位多轻—中壤，其沉积厚度受沉积地形影响，厚薄不一，无层次性。养分含量较丰富，水分条件较好，多为耕作土壤。

**6. 洪积** 指第四系洪积相沉积物。广泛分布在本区山区坡角地带及山麓，丘陵前缘出口处，是形成坡积堆体洪积扇的堆积物质，例为乌金山洪积扇。以洪积扇物质为代表，其物质组成粗细差异很大，杂乱无章，块状物质无磨圆。在洪积扇顶部物质组成较粗，粗砂类岩石碎屑，无层性，靠近扇前和扇缘地带，沉积物逐渐变细，且出现层性。

由于近代洪积作用不断进行，在洪积扇等早期洪积堆积物上覆盖以黄土和红黄土等洪积相次生黄土，质地以中壤为多，一般土体较干旱。

**7. 冲积**　指河谷地形上近代河流沉积物。发育在以潇河、涂河为主的河谷地形上，在涧河、龙门河、牛耕河、圪塔河、津水河、黑河等河谷地形上也有分布，是浅色草甸土成土母质之一。其特点质地较粗，在一级阶地及高河漫滩曲流阶地上以沙壤为主，在低河漫滩则以壤质土为主。剖面沉积层次分明，中、粗、细砂相间。土体受地下水强烈作用，心土以下常处于氧化还原过程，可见有铁、锰物质淀积。

**8. 堆垫**　为人工搬运堆积而成的一种母质，主要分布在涂河中下游一带河漫滩地形上。堆垫层厚度小于 30 厘米，堆垫层颜色黄褐，多块状结构，质地轻壤，堆垫层下为近代河漫滩地形组成物质，以砂砾石为主。

**（三）河流与地下水**

榆次区共有大小河流 12 条，即潇河、涂河、龙门河、圪塔河、牛耕河、涧河、麻麻河、黑河、白龙河、泉子河、河口河、津水河，均属黄河流域。潇河为过境河流，经寿阳由西洛一带流入本区境内，从东向西流经东赵、北合流、源涡，偏向西南方向成为张庆和东阳两乡的界河，在郝村、西胡乔一带注入汾河，流经本区长达 35 千米，多年平均清水流量为 4.33 米³/秒。涂河为境内主要河流，发源于东南部山地八缚岭。全长 50 千米，由东向西流经霍城、石圪塔、长凝等，在南合流汇入潇河，流域面积 400 多千米²。其他均属季节性河流。

以潇河和涂河为主的河流水系大致呈树枝状排列，控制着本区域内地表径流的形成与排泄。使区域内地形特别是丘陵台垣区切割破碎造成一定程度的水土流失，但同时又为灌溉提供了丰富的水源。20 世纪 60 年代以前，由于潇河干渠的渗漏，渠道两侧地下水位抬高促使土壤盐渍化过程不断发展，以后由于大量引用地下水灌溉，降低区域地下水位，又起到洗盐作用，使这一带土壤盐渍化程度逐渐减轻、范围不断缩小。

本区地下水从山地到黄土丘陵台垣区再到倾斜平原及冲积平原区的运动变化构成下述规律：埋藏由深到中到浅。含水介质自盆地边缘到中心，由粗变细，含水层由厚变薄，并向盆地倾斜。地下水类型由潜水转化为承压水，自山前向盆地运动，水质类型由重碳酸型淡水到硫酸型卤水，矿化度 0.3～2 克/升，从而形成本区域较复杂的地下水运动规律。在平川河谷区及汾河一级阶地上，由于地形下降，含水介质组成颗粒变细，地下水位由二级阶地的几十米抬高到 1.5～3 米，通过毛细管作用，地下水可以直接上升到地表。在季节性水位上下活动的情况下，土体中下部处于不断的氧化—还原交替过程中，形成以草甸化过程为主的半水成土壤。在一级阶地及二级阶地的局部洼地地带，地下水位可以小于 1.5 米，地下水排泄不畅，矿化度高，使成土过程发生盐渍化现象而形成盐渍化土壤。

榆次区水资源总量为 9 043 万米³，地下水储量为 8 168 万米³，地下水可开采量为 9 900 万米³。农业灌溉常用水量为 8 000 万米³。

截至 2010 年，榆次区共拥有各类水利设施 2 596 处（眼），其中：小型水利设施 46 处，中小型电灌站 143 处，机电井 2 407 眼。

榆次水资源的主要特点是：一是资源性严重缺水，榆次人均水资源占有量为162米$^3$，仅相当于山西省人均水资源占有量的42.5%，远低于国际公认的人均1 000米$^3$水资源占有量的严重缺水界限；亩均水资源占有量为129米$^3$，相当于山西省亩均水资源占有量的62.6%；可见，榆次为全省严重缺水地区。二是地下水开采程度过高，部分地区已形成地下水超采区，据1997—2006年用水资料统计，榆次区年平均用水量为12 928万米$^3$，其中地下水开采量11 301万米$^3$，占87.4%。源涡水源地成为地下水严重超采区。三是现有水源工程供水能力不能满足国民经济和社会发展对水的需求。四是20世纪80年代以来，水资源量总体呈下降趋势。一方面，是社会经济的发展，对需水量不断地增加；另一方面，是水资源量的减少，二者不协调发展，更加剧了水资源供需量之间的矛盾。

**（四）自然植被**

榆次区属华北暖温带，由于地形、气候、土壤情况较复杂，植物生长的类别分如下。

**1. 白皮松植被区**　在海拔1 400米以上的土石山区的阳坡、半阳坡，白皮松分布广泛，伴生蒙椴、辽东栎、旱柳、小叶杨等针叶阔叶混合林，此外还有虎榛子、胡枝子等灌木。草本植物代表有白羊草、隐芝草、蒿草、黄芩、披夫草等。植被覆盖较好。

**2. 草灌植被区**　在海拔1 000～1 400米的山体部，以灌木植物为主，有虎榛子、沙棘、荆条等，药材植物有蓖麻、柴胡、甘草、羌活、仙鹤草、金莲花、苍术、玉竹等，覆盖度为60%～80%。

**3. 草原植被区**　在海拔800～1 000米的丘陵地带，以红枣树、核桃树、山楂树、柿子树种较为繁茂，次生有酸枣、荆条、葵花、杠柳等，草本植物有苜蓿、多花、胡枝子、白头翁、苦参、羽茅等，伴生各类农作物，植被覆盖良好。

**4. 草甸型植被区**　在海拔800米以下的平川地区，以草甸型植物为主体，有蒿类、披尖草、芦苇草、稗草等。树种以杨树、柳树分布最广，宜于生长农作物，植被覆盖良好，是区内粮、棉、油的生产基地。

# 四、农村经济概况

榆次区自古以来就属山西农业发达区，尤其在"十一五"期间，榆次区农村经济稳步增长，农民收入持续提高。2010年，农业生产总值205 882.5万元，较2005年翻一番。农民收入保持持续增长，并且呈现出期末加速增长之势，据资料显示：2006—2010年，榆次区农民人均纯收入分别比上年增长12.2%、15.4%、15%、10.8%和13.2%，由2005年的4 103元增加到2010年的7 657.4元，净增3 554.4元。家庭经营性收入是农民纯收入的主要来源。

# 第二节　农业生产概况

## 一、农业发展历史

榆次区农业较发达，而且以粮为主，有"金太谷、银祁县、榆次出米面"之说。是晋中主要农业区，山西省商品粮基地县之一，但几千年来受自然经济束缚，封建租佃经营方式制约和小生产的传统影响，粮食单产始终徘徊不前。新中国成立以后，农业生产有了较快发展，特别是十一届三中全会以后，家庭联产承包责任制的推广，吃"大锅饭"的绝对平均主义现象得到彻底扭转，生产力进一步获得解放，生产条件的改善，农业科学技术的普及，使农业生产发展迅猛。

## 二、农业发展现状

榆次区现有耕地面积72.31万亩，中低产田面积达46.13万亩，占总耕地总面积的63.79%，其中瘠薄培肥型土壤占中低产田的40.07%，2010年粮食总产量达18.28万吨。榆次农业产业发达，按照"粮食集约化、蔬菜设施化、养殖园区化、加工龙头化"的发展思路，大力发展现代农业。榆次区蔬菜种植面积稳定在34万亩左右，是全国55家无公害蔬菜生产示范基地县之一。榆次区肉蛋奶总产量达7万余吨，规模养殖量占到总量的71%。果业标准化生产面积达到9万亩，高产高效精品果园36个。红枣高标准管护面积10万亩，无公害认证3万余亩。进行农副产品加工的永成粮贸、丰润泽、将军红、久久盛、鸿植园等一批围绕粮、菜、果、乳主导产业的龙头加工企业稳步壮大。

在人多地少的不利条件下，加强农业基本建设，注重农业生产条件改善，充分利用土肥水资源，加快中低产田改造步伐，加快粮食、蔬菜等生产基地建设，成为今后一段时间榆次区农业生产发展的一项重要内容和确保本区经济可持续发展的重要保障。

榆次区光热资源丰富，园田化和梯田化水平较高，但水资源较缺，是农业发展的主要制约因素。榆次区耕地面积72.31亩，水浇地面积36.68亩，占耕地面积50.73%；有效灌溉面积30.5亩，占耕地面积42.18%。

2010年，榆次区农林牧副渔总产值为215 370万元，其中，农业产值139 931万元，占64.97%；林业产值3 627万元，占1.68%；牧业产值65 033万元，占30.2%；渔业产值176万元，占0.08%；农林牧渔服务业6 603万元，占3.07%。

榆次区2010年粮食作物播种面积51.98万亩。玉米是榆次区粮食生产中的主要作物。玉米种植面积43.43万亩，小麦播种面积1.04万亩。小杂粮的种植面积是7.51万亩，其中：谷子3.41万亩、高粱0.44万亩、糜黍0.64万亩、荞麦0.52万亩、豆类1.95万亩、薯类0.25万亩。油料作物播种面积0.39万亩。

蔬菜是榆次区一项优势产业，榆次区蔬菜播种面积34万亩，设施蔬菜种植面积10万亩，总产量达到15亿千克，总收入24亿元，农民人均蔬菜收入达到4 252元，蔬菜生产面积和产量连续十几年居全省各县区首位。

畜牧业发展较快，2010年年末，榆次区有15个奶牛园区，3个万头猪场，15个大型养羊场，20个大型养鸡场，年存栏生猪92 217头、牛11 279头、马90匹、驴555头、骡741头、羊14 324只、鸡1 710 814只、兔5 826只。

榆次区农机化水平较高，田间作业，基本全部实现机械化，大大减轻劳动强度，提高了劳动效率。榆次区农机总动力为64.5千瓦。拖拉机5 620台，其中大中型997台，小型4 623台。种植业机具门类齐全。耕、整地机械6102台，机引犁3 037台，化肥深施机

42 台，土壤深松机 128 台，机引铺膜机 28 台，秸秆粉碎还田机 246 台，排灌动力机械
2 645 台，机动喷雾器 90 台，联合收割机 303 台，其中：玉米收获机 206 台，小麦收割机
97 台。农产品初加工机械 7 038 台，畜牧水产养殖机械 346 台，农田基本建设机械 429
台，设施农业设备机械 3 212 台，农用运输车 27 011 辆，农用挖掘机 80 台。榆次区机耕
面积 70.1 万亩，机播面积 69.8 万亩，机收面积 23.8 万亩。2010 年农用化肥折纯用量
12 009 吨。农膜用量约 946 吨。

全年病虫草害防治面积 150 万～200 万亩次（年使用农药 300 吨左右），其中病害防
治 100 万亩次，虫害防治 50 万～100 万亩次，农田化学除草 20 万～30 万亩次，自 2006
年以来，榆次区开展了蔬菜病虫绿色防控工作，通过几年来的不懈努力，规模逐渐扩大，
技术日趋完善，病虫危害得到有效控制，农产品农药残留超标逐年下降，平均减少打药
2～4 次/亩，减少化学农药使用 65％，亩防治成本平均降低 20％左右。

从榆次区农业生产看，一是玉米播种面积基本稳定，而其他粮食作物面积在逐年缩
小；二是果树、蔬菜面积稳中有升；三是反季蔬菜面积呈上升趋势。分析其原因，虽然种
植玉米效益低，但机械化程度高，省工、省事，因此，玉米种植面积较大。蔬菜、果树等
经济作物市场价格高，收益好，面积呈上升趋势。

## 三、主要问题

（1）农业基础设施条件滞后，抗御自然灾害能力脆弱。
（2）农资价格对农业生产影响明显。
（3）农村市场体系建设滞后。
（4）当前农村劳动力非农就业依然不充分，严重影响了农民收入的增长。
（5）农村畜禽疫病形势严峻。

# 第三节　耕地利用与保养管理

## 一、主要耕作方式及影响

榆次传统的耕作是一年一熟（玉米）或两年三熟（小麦—大豆或白菜—玉米）制。秋
作物收获后，秋耕冬闲，来年春播。近年来农业机械化的快速发展，农业机械化水平逐年
提高，秸秆还田面积大幅提高，其优点是有效提高了土壤有机质含量，全部机耕、机播、
机收，提高了劳动效率；缺点是旋耕时土地不能深耕，降低了活土层。近几年推广的土壤
深松技术有效的弥补其不足，即作物收获后，在冬前进行深耕，以便接纳雨雪、晒垡。深
度一般可达 25 厘米以上，以利于打破犁底层，加厚活土层，同时还利于翻压杂草。

## 二、耕地利用现状、生产管理及效益

榆次区种植作物主要有玉米、蔬菜、果树、冬小麦、油料、小杂粮等。粮食作物耕作

制度为一年一熟或二年三熟。灌溉水源有浅井、深井、河水；灌溉方式河水大多采取大水漫灌，井水一般大多采用畦灌。一般年份，每季作物浇水 1～2 次，平均费用 30～40 元/（亩·次）。生产管理上机械水平较高，但随着油价上涨，费用也在不断提高。一年一作亩投入 200 元左右。

据 2010 年农业部门资料，榆次区粮食作物播种面积 51.98 万亩，总产粮食 18.28 万吨。其中小麦面积为 1.04 万亩，亩产 280 千克；玉米 43.43 万亩，亩产 496 千克；谷子 3.41 万亩，亩产 200 千克；高粱 0.44 万亩，亩产 397 千克，糜黍 0.64 万亩，亩产 148 千克；豆类 1.95 万亩，亩产 117 千克，薯类 0.25 万亩，亩产 190 千克，油料作物播种面积 0.39 万亩，平均亩产 73 千克。

效益分析：高水肥地玉米平均亩产 700 千克，每千克售价 2.0 元，产值 1 400 元，投入 400 元，亩纯收入 1 000 元；旱地玉米平均亩产 300 千克，每千克售价 2.0 元，亩产值 630 元，亩投入 150 元，亩收益 480 元，这里指的一般年份，丘陵山区部分旱地玉米，如遇卡脖旱，颗粒无收。水地玉米，如遇旱年，投入加大，收益降低。

苹果一般亩纯收入 4 000 元，葡萄一般亩纯收入 3 750 元。

## 三、施肥现状与耕地养分演变

榆次区大田农家肥施用呈下降趋势。过去农村耕地、运输主要以畜力为主，农家肥主要是大牲畜粪便，随着农业机械化水平的提高，大牲畜又呈下降趋势，猪、羊和鸡的数量虽然大量增加，但粪便主要施入菜田，果园等效益较高的经济作物。因而，目前大田土壤中有机质含量的增加主要依靠秸秆还田及畜禽肥。化肥的使用量，从逐年增加到趋于合理。据统计资料，化肥施用量（折纯）1952 年，榆次区仅为 7 吨，1960 年为 218 吨，1970 年为 1 561 吨，1980 年 5 255 吨，1990 年为 8 797 吨，2000 年为 9 927 吨，2010 年为 13 598 吨，2011 年为 12 655 吨，2012 年为 13 674 吨。详见表 1 - 2。

表 1 - 2　榆次区农用化肥施用量（吨）

| 年度 | 合计 | |
|---|---|---|
| | 实物量 | 折纯量 |
| 1952 | 32 | 7 |
| 1955 | 83 | 19 |
| 1960 | 946 | 218 |
| 1965 | 2 072 | 477 |
| 1970 | 6 787 | 1 561 |
| 1975 | 11 521 | 2 650 |
| 1980 | 22 589 | 5 255 |
| 1985 | 14 810 | 4 578 |
| 1990 | 32 833 | 8 797 |

（续）

| 年度 | 合计 | |
|------|------|------|
| | 实物量 | 折纯量 |
| 1995 | 45 327 | 10 781 |
| 2000 | 41 256 | 9 927 |
| 2010 | 35 278 | 13 598 |
| 2011 | 37 582 | 12 655 |
| 2012 | 37 316 | 13 674 |

2010 年榆次区配方施肥面积 40 万亩，微肥应用面积 15 万亩，秸秆还田面积 20 余万亩，化肥施用量（实物）为 35 278 吨，其中氮肥 12 164 吨，磷肥 8 021.5 吨，钾肥 3 393吨，复合肥为 12 009 吨。

随着农业生产的发展，秸秆还田，平衡施肥技术推广，2010 年榆次区耕地耕层土壤养分测定结果比第二次全国土壤普查时，有了普遍提高。土壤有机质平均增加了 3.09 克/千克，全氮增加了 0.33 克/千克，有效磷增加了 8.74 毫克/千克，速效钾增加了69.78 毫克/千克。随着测土配方施肥技术的全面推广应用，土壤肥力更会不断提高。

## 四、农田环境质量与历史变迁

农田环境质量的好坏，直接影响农产品的产量和品质。1980—2000 年随着经济高速发展，榆次区工业发展很快，给农业生态环境带来严重污染。潇河是榆次区农业灌溉的主要水源之一，沿河的耕地靠它灌溉。1986—1990 年对潇河水质进行污染物现状监测显示，潇河水已失去饮用水、工业用水和灌溉用水功能，河中鱼虾绝迹。据统计，榆次区每年随工业废水流出的污染物达 18 种，污染物总量达 3 000 余吨，严重影响周围农田正常生长。2000 年以后，随着各级政府环保力度的加大，不达标的造纸厂、化工厂、化纤厂等全部关闭或迁移。为农田环境日益好转，打下了基础。

环境质量现状：①空气。2005 年以来，榆次区积极推进"蓝天、碧水、绿地、宁静、形象"五大工程，以降低城市二氧化硫、可吸入颗粒物、氮氧化物三项主要污染物指数为重点，以建设榆次老城、经纬小区、南都小区三个清洁能源示范区为切入点，以推广使用清洁燃料、继续实施"冬病夏治"、大力推行集中供热为手段，对城区 68 个单位的 75 台锅炉进行了治理，拆除锅炉 38 台，新增集中供热面积 116.9 万米$^2$，40 个单位进入集中供热管网，市区 7 家医院完成了废水治理，12 家企业安装在线监测设施，44 家企业完成了达标治理任务，城区环境质量得到有效改善。榆次空气质量Ⅱ级以上优良天气已达 193天。②地表水。县域内主要河流为潇河、涧河、涂河，1980—2000 年多年平均地表水资源量 1 820 万米$^3$。2000 年调查统计，城区污水排放量 1 779 万米$^3$。2006 年调查统计，城区污水排放量 2 095 万米$^3$，其中工业污水 1 274 万米$^3$，生活污水 821 万米$^3$。③地下水。榆次区 1980—2000 年多年平均地下水资源量 7 772 万米$^3$，由于污染的地表水常年补给地下水，致使地下水也受到不同程度的污染。主要污染物有：硫化物、悬浮物、BOD、COD、氯化物、汞离子、油类等。

## 五、耕地利用与保养管理简要回顾

1981—1984 年，根据全国第二次土壤普查结果，榆次划分了土壤利用改良区，根据不同土壤类型，不同土壤肥力和不同生产水平，提出了合理利用培肥措施，达到了培肥土壤目的。

2001—2010 年，随着农业产业结构调整步伐加快，实施基本农田耕地整理项目、农业综合开发整理项目、沃土工程、中低产田改造、旱作农业工程，推广平衡施肥，秸秆直接还田，特别是 2009 年，测土配方施肥项目的实施，使榆次区施肥更合理，加上退耕还林等生态措施的实施，农业大环境得到了有效改变。近年来，随着科学发展观的贯彻落实，环境保护力度不断加大，农田环境日益好转。同时政府加大对农业投入。通过一系列有效措施，榆次区耕地生产正逐步向优质、高产、高效、安全迈进。

# 第二章 耕地地力调查与质量评价的内容与方法

根据《全国耕地地力调查与质量评价技术规程》和《全国测土配方施肥技术规范》（以下简称《规程》和《规范》）的要求，通过肥料效应田间试验、样品采集与制备、田间基本情况调查、土壤与植株测试、肥料配方设计、配方肥料合理使用、效果反馈与评价、数据汇总、报告撰写等内容、方法与操作规程和耕地地力评价方法的工作过程，进行耕地地力调查和质量评价。这次调查和评价是基于4个方面进行的：一是通过耕地地力调查与评价，合理调整农业结构、满足市场对农产品多样化、优质化的要求以及经济发展的需要；二是全面了解耕地质量现状，为无公害农产品、绿色食品、有机食品生产提供科学依据，为人民提供健康安全食品；三是针对耕地土壤的障碍因子，提出中低产田改造、防止土壤退化及修复已污染土壤的意见和措施，提高耕地综合生产能力；四是通过调查，建立榆次区耕地资源信息管理系统和测土配方施肥专家咨询系统，对耕地质量和测土配方施肥实行计算机网络管理，形成较为完善的测土配方施肥数据库，为农业增产、农业增效、农民增收提供科学决策依据，保证农业可持续发展。

## 第一节 工作准备

### 一、组织准备

山西省农业厅牵头成立测土配方施肥和耕地地力调查领导组、专家组、技术指导组，榆次区成立相应的领导组、办公室、野外调查队和室内资料数据汇总组。

### 二、物质准备

根据《规程》和《规范》的要求，进行了充分的物质准备，先后配备了GPS定位仪、不锈钢土钻、电脑及软盘、钢卷尺、100厘米$^3$环刀、土袋、可封口塑料袋、化验药品、化验室仪器以及调查表格等。并在原来土壤化验室基础上，进行必要补充和维修，为全面调查和室内化验分析做好了充分物质准备。

### 三、技术准备

领导组聘请农业系统有关专家及第二次土壤普查有关人员，组成技术指导组，根据《规程》和《山西省2005年区域性耕地地力调查与质量评价实施方案》及《规范》，制订了《榆次区测土配方施肥技术规范及耕地地力调查与质量评价技术规程》和技术培训教材。在采样调查前对采样调查人员进行认真、系统地技术培训。

## 四、资料准备

按照《规程》和《规范》的要求，收集了榆次区行政规划图、地形图、第二次土壤普查成果图、基本农田保护区划图、土地利用现状图、农田水利分区图等图件。收集了第二次土壤普查成果资料，基本农田保护区地块基本情况、基本农田保护区划统计资料，果树、蔬菜面积、品种、产量等有关资料，农田水利灌溉区域、面积及地块灌溉保证率，退耕还林规划，肥料、农药使用品种及数量、肥力动态监测等资料。

# 第二节　室内预研究

## 一、确定采样点位

### （一）布点与采样原则

为了使土壤调查所获取的信息具有一定的典型性和代表性，提高工作效率，节省人力和资金，采样点参考区级土壤图，做好采样规划设计，确定采样点位。实际采样时严禁随意变更采样点，若有变更须注明理由。在布点和采样时主要遵循了以下原则：一是布点具有广泛的代表性，同时兼顾均匀性。根据土壤类型、土地利用等因素，将采样区域划分为若干个采样单元，每个采样单元的土壤性状要尽可能均匀一致；二是尽可能在全国第二次土壤普查时的剖面或农化样品取样点上布点；三是采集的样品具有典型性，能代表其对应的评价单元最明显、最稳定、最典型的特征，尽量避免各种非调查因素的影响；四是所调查农户随机抽取，按照事先所确定采样地点寻找符合基本采样条件的农户进行，采样在符合要求的同一农户的同一地块内进行。

### （二）布点方法

**1. 大田土样布点方法**　按照全国规程和规范，结合榆次区实际，实际布设大田样点4 500个，其中用于耕地地力评价样点2 300个。一是依据山西省第二次土壤普查土种归属表，把那些图斑面积过小的土种，适当合并至母质类型相同、质地相近、土体构型相似的土种，修改编绘出新的土种图；二是将归并后的土种图与基本农田保护区划图和土地利用现状图叠加，形成评价单元；三是根据评价单元的个数及相应面积，在样点总数的控制范围内，初步确定不同评价单元的采样点数；四是在评价单元中，根据图斑大小、种植制度、作物种类、产量水平等因素的不同，确定布点数量和点位，并在图上予以标注。点位尽可能选在第二次土壤普查时的典型剖面取样点或农化样品取样点上；五是不同评价单元的取样数量和点位确定后，按照土种、作物品种、产量水平等因素，分别统计其相应的取样数量。当某一因素点位数过少或过多时，再根据实际情况进行适当调整。

**2. 耕地质量调查土样布点方法**　面源耕地土壤环境质量调查土样，按每个代表面积200亩布点。根据调查了解的实际情况，确定点位位置，确立布点方法。

## 二、确定采样方法

### (一) 大田土样采集方法

**1. 采样时间** 在大田作物收获后、秋播作物施肥前进行。按叠加图上确定的调查点位去野外采集样品。通过向农民实地了解当地的农业生产情况，确定最具代表性的同一农户的同一块田采样，田块面积均在 1 亩以上，并用 GPS 定位仪确定地理坐标和海拔高程，记录经纬度，精确到 0.10″。依此准确方位修正点位图上的点位位置。

**2. 调查、取样** 向已确定采样田块的户主，按农户地块调查表格的内容逐项进行调查并认真填写。调查严格遵循实事求是的原则，对那些说不清楚的农户，通过访问地力水平相当、位置基本一致的其他农户或对实物进行核对推算。采样主要采用 "S" 法，均匀随机采取 15~20 个采样点，充分混合后，四分法留取 1 千克组成一个土壤样品，并装入已准备好的土袋中。

**3. 采样工具** 主要采用不锈钢土钻，采样过程中努力保持土钻垂直，样点密度均匀，基本符合厚薄、宽窄、数量的均匀特征。

**4. 采样深度** 为 0~20 厘米耕作层土样。

**5. 采样记录** 填写两张标签，土袋内外各具，注明采样编号、采样地点、采样人、采样日期等。采样同时，填写大田采样点基本情况调查表和大田采样点农户调查表。

### (二) 土壤容重采样方法

大田土壤选择 5~15 厘米土层打环刀，打 3 个环刀。

## 三、确定调查内容

根据《规范》的要求，按照《测土配方施肥采样地块基本情况调查表》认真填写。这次调查的范围是基本农田保护区耕地，调查内容主要有 3 个方面：一是与耕地地力评价相关的耕地自然环境条件，农田基础设施建设水平和土壤理化性状，耕地土壤障碍因素和土壤退化原因等；二是与农业结构调整密切相关的耕地土壤适宜性问题等；三是农户生产管理情况调查。

以上资料的获得，一是利用第二次土壤普查和土地利用详查等现有资料，通过收集整理而来；二是采用以点带面的调查方法，经过实地调查访问农户获得的；三是对所采集样品进行相关分析化验后取得的；四是将所有有限的资料、农户生产管理情况调查资料、分析数据录入到计算机中，并经过矢量化处理形成数字化图件、插值，使每个地块均具有各种资料信息，来获取相关资料信息。这些资料和信息，对分析耕地地力评价与耕地质量评价结果及影响因素具有重要意义。如通过分析农户投入和生产管理对耕地地力土壤环境的影响，分析农民现阶段投入成本与耕地质量直接的关系，有利于提高成果的现实性，引起各级领导的关注。通过对每个地块资源的充实完善，可以从微观角度，对土、肥、气、热、水资源运行情况有更周密的了解，提出管理措施和对策，指导农民进行资源合理利用和分配。通过对全部信息资料的了解和掌握，可以宏观调控资源配置，合理调整农业产业结构，科学指导农业生产。

## 四、确定分析项目和方法

根据《规程》及《山西省耕地地力调查及质量评价实施方案》和《规范》的规定，土壤质量调查样品检测项目为：pH、有机质、全氮、碱解氮、全磷、有效磷、全钾、速效钾、缓效钾、有效硫、阳离子交换量、有效铜、有效锌、有效铁、有效锰、水溶性硼等项目。其分析方法均按全国统一规定的测定方法进行。

## 五、确定技术路线

榆次区耕地地力调查与质量评价所采用的技术路线见图 2-1。

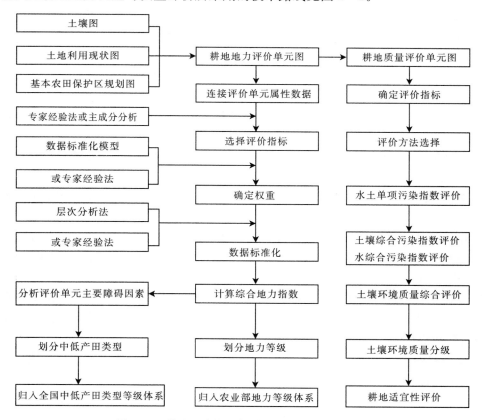

图 2-1    耕地地力调查与质量评价技术路线流程

**1. 确定评价单元**    利用基本农田保护区区划图、土壤图和土地利用现状图叠加的图斑为基本评价单元。相似相近的评价单元至少采集 1 个土壤样品进行分析，在评价单元图上连接评价单元属性数据库，用计算机绘制各评价因子图。

**2. 确定评价因子**    根据全国、省级耕地地力评价指标体系并通过农科教专家论证来选择榆次区耕地地力评价因子。

**3. 确定评价因子权重** 用模糊数学特尔菲法和层次分析法将评价因子标准数据化，并计算出每一评价因子的权重。

**4. 数据标准化** 选用隶属函数法和专家经验法等数据标准化方法，对评价指标进行数据标准化处理，对定性指标要进行数值化描述。

**5. 综合地力指数计算** 用各因子的地力指数累加得到每个评价单元的综合地力指数。

**6. 划分地力等级** 根据综合地力指数分布的累积频率曲线法或等距法，确定分级方案，并划分地力等级。

**7. 归入全国耕地地力等级体系** 依据《全国耕地类型区、耕地地力等级划分》（NY/T 309—1996），归纳整理各级耕地地力要素主要指标，结合专家经验，将各级耕地地力归入全国耕地地力等级体系。

**8. 划分中低产田类型** 依据《全国中低产田类型划分与改良技术规范》（NY/T 310—1996），分析评价单元耕地土壤主要障碍因素，划分并确定中低产田类型。

**9. 耕地质量评价** 用综合污染指数法评价耕地土壤环境质量。

# 第三节　野外调查及质量控制

## 一、调查方法

野外调查的重点是对取样点的立地条件、土壤属性、农田基础设施条件、农户栽培管理成本、收益及污染等情况全面了解、掌握。

**1. 室内确定采样位置** 技术指导组根据要求，在1∶10 000评价单元图上确定各类型采样点的采样位置，并在图上标注。

**2. 培训野外调查人员** 抽调技术素质高、责任心强的农业技术人员，尽可能抽调第二次土壤普查人员，经过为期3天的专业培训和野外实习，组成5支野外调查队，共25人参加野外调查。

**3. 根据规程和规范要求，严格取样** 各野外调查支队根据图标位置，在了解农户农业生产情况基础上，确定具有代表性的田块和农户，用GPS定位仪进行定位，依据田块准确方位修正点位图上的点位位置。

**4. 填表和编号** 按照《规程》、省级实施方案要求规定和《规范》规定，填写调查表格，并将采集的样品统一编号，带回室内化验。

## 二、调查内容

**（一）基本情况调查项目**

**1. 采样地点和地块** 地址名称采用民政部门认可的正式名称。地块采用当地的通俗名称。

**2. 经纬度及海拔高度** 由GPS定位仪进行测定。

**3. 地形地貌** 以形态特征划分为 3 大地貌类型，即山地、丘陵、平原。

**4. 地形部位** 指中小地貌单元。主要包括河漫滩，一级阶地，二级阶地，坡地，梁地，山地，沟谷，洪积扇上、中、下，倾斜平原，冲积平原。

**5. 坡度** 一般分为＜2.0°、2.1°～5.0°、5.1°～8.0°、8.1°～15.0°、15.1°～25.0°、≥25.0°。

**6. 侵蚀情况** 按侵蚀种类和侵蚀程度记载，根据土壤侵蚀类型可划分为水蚀、风蚀、重力侵蚀、冻融侵蚀、混合侵蚀等，侵蚀程度通常分为无明显、轻度、中度、强度、极强度等 6 级。

**7. 潜水深度** 指地下水深度，分为深位（3～5 米）、中位（2～3 米）、浅位（≤2 米）。

**8. 家庭人口及耕地面积** 指每个农户实有的人口数量和种植耕地面积（亩）。

**（二）土壤性状调查项目**

**1. 土壤名称** 统一按第二次土壤普查时的连续命名法填写，详细到土种。

**2. 土壤质地** 国际制；全部样品均需采用手摸测定；质地分为：沙土、沙壤、壤土、黏壤、黏土等五级。室内选取 10% 的样品采用比重计法（粒度分布仪法）测定。

**3. 质地构型** 指不同土层之间质地构造变化情况。一般可分为通体壤、通体黏、通体沙、黏夹沙、底沙、壤夹黏、多砾、少砾、夹砾、底砾、少姜、多姜等。

**4. 耕层厚度** 用铁锹垂直铲下去，用钢卷尺按实际进行测量确定。

**5. 障碍层次及深度** 主要指沙土、黏土、砾石、料姜等所发生的层位、层次及深度。

**6. 盐碱情况** 按盐碱类型划分为苏打盐化、硫酸盐盐化、氯化物盐化、混合盐化等。按盐化程度分为重度、中度、轻度等，碱化也分为轻、中、重度等。

**7. 土壤母质** 按成因类型分为马兰黄土、红黄土、次生黄土、洪积、冲积、坡积等类型。

**（三）农田设施调查项目**

**1. 地面平整度** 按大范围地形坡度分为平整（＜2°）、基本平整（2°～5°）、不平整（＞5°）。

**2. 梯田化水平** 分为地面平坦、园田化水平高，地面基本平坦、园田化水平较高，高水平梯田，缓坡梯田，新修梯田，坡耕地 6 种类型。

**3. 田间输水方式** 管道、防渗渠、土渠等。

**4. 灌溉方式** 分为漫灌、畦灌、沟灌、滴灌、喷灌、管灌等。

**5. 灌溉保证率** 分为充分满足、基本满足、一般满足、无灌溉条件 4 种情况或按灌溉保证率（%）计。

**6. 排涝能力** 分为强、中、弱 3 级。

**（四）生产性能与管理情况调查项目**

**1. 种植（轮作）制度** 分为一年一熟、一年二熟、二年三熟等。

**2. 作物（蔬菜）种类与产量** 指调查地块上年度主要种植作物及其平均产量。

**3. 耕翻方式及深度** 指翻耕、旋耕、耙地、糖地、中耕等。

**4. 秸秆还田情况** 分翻压还田、覆盖还田等。

**5. 设施类型棚龄或种菜年限** 分为薄膜覆盖、塑料拱棚、温室等，棚龄以正式投入算起。

**6. 上年度灌溉情况** 包括灌溉方式、灌溉次数、年灌水量、水源类型、灌溉费用等。

**7. 年度施肥情况** 包括有机肥、氮肥、磷肥、钾肥、复合（混）肥、微肥、叶面肥、微生物肥及其他肥料施用情况，有机肥要注明类型，化肥指纯养分。

**8. 上年度生产成本** 包括化肥、有机肥、农药、农膜、种子（种苗）、机械人工及其他。

**9. 上年度农药使用情况** 农药作用次数、品种、数量。

**10. 收入情况** 产品销售及收入情况。

**11. 种子来源** 作物品种及种子来源。

**12. 蔬菜效益** 指当年纯收益。

# 三、采样数量

在榆次区 72.31 万亩耕地上，共采集大田土壤样品 4 500 个，其中用于耕地地力评价样点 2 300 个。

# 四、采样控制

野外调查采样是此次调查评价的关键。既要考虑采样代表性、均匀性，也要考虑采样的典型性。整个采样过程严肃认真，达到了规程要求，保证了调查采样质量。

# 第四节 样品分析及质量控制

## 一、土壤样品分析项目及方法

**化学性状**

**1. pH** 土液比 1∶2.5，电位法测定。

**2. 有机质** 采用油浴加热重铬酸钾氧化容量法测定。

**3. 全磷** 采用氢氧化钠熔融——钼锑抗比色法测定。

**4. 有效磷** 采用碳酸氢钠或氟化铵—盐酸浸提——钼锑抗比色法测定。

**5. 全钾** 采用氢氧化钠熔融——火焰光度计或原子吸收分光光度计法测定。

**6. 速效钾** 采用乙酸铵浸提——火焰光度计或原子吸收分光光度计法测定。

**7. 全氮** 采用凯氏蒸馏法测定。

**8. 碱解氮** 采用碱解扩散法测定。

**9. 缓效钾** 采用硝酸提取——火焰光度法测定。

**10. 有效铜、锌、铁、锰** 采用 DTPA 提取——原子吸收光谱法测定。

**11. 水溶性硼** 采用沸水浸提——甲亚胺—H 比色法或姜黄素比色法测定。

**12. 有效硫**　采用磷酸盐—乙酸或氯化钙浸提——硫酸钡比浊法测定。

**13. 交换性钙和镁**　采用乙酸铵提取——原子吸收光谱法测定。

**14. 阳离子交换量**　EDTA—乙酸铵盐交换法采用法测定。

# 二、分析测试质量控制

分析测试质量主要包括野外调查取样后样品风干、处理与实验室分析化验质量，其质量的控制是调查评价的关键。

## （一）样品风干及处理

常规样品及时放置在干燥、通风、卫生、无污染的室内风干，风干后送化验室处理。

将风干后的样品平铺在制样板上，用木棍或塑料棍碾压，并将植物残体、石块等侵入体和新生体剔除干净。细小已断的植物须根，可采用静电吸附的方法清除。压碎的土样用2毫米孔径筛过筛，未通过的土粒重新碾压，直至全部样品通过2毫米孔径筛为止。通过2毫米孔径筛的土样可供 pH、盐分、交换性能及有效养分等项目的测定。

将通过2毫米孔径筛的土样用四分法取出一部分继续碾磨，使之全部通过0.25毫米孔径筛，供有机质、全氮、碳酸钙等项目的测定。

用于微量元素分析的土样，其处理方法同一般化学分析样品，但在采样、风干、研磨、过筛、运输、贮存等诸环节都要特别注意，不要接触容易造成样品污染的铁、铜等金属器具。采样、制样推荐使用不锈钢、木、竹或塑料工具，过筛使用尼龙网筛等。通过2毫米孔径尼龙筛的样品可用于测定土壤有效态微量元素。

将风干土样反复碾碎，用2毫米孔径筛过筛。留在筛上的碎石称量后保存，同时将过筛的土壤称重，计算石砾质量百分数。将通过2毫米孔径筛的土样混匀后盛于广口瓶内，用于颗粒分析及其他物理性质测定。若风干土样中有铁锰结核、石灰结核、铁子或半风化体，不能用木棍碾碎，应首先将其细心拣出称量保存，然后再进行碾碎。

## （二）实验室质量控制

### 1. 在测试前采取的主要措施

（1）按规程要求制定了周密的采样方案，尽量减少采样误差（把采样作为分析检验的一部分）。

（2）正式开始分析前，对检验人员进行了为期2周的培训。对监测项目、监测方法、操作要点、注意事项一一进行培训，并进行了质量考核，为检验人员掌握了解项目分析技术、提高业务水平、减少误差等奠定了基础。

（3）收样登记制度：制订了收样登记制度，将收样时间、制样时间、处理方法与时间、分析时间一一登记，并在收样时确定样品统一编码、野外编码及标签等，从而确保了样品的真实性和整个过程的完整性。

（4）测试方法确认（尤其是同一项目有几种检测方法时）。根据实验室现有条件、要求规定及分析人员掌握情况等确立最终采取的分析方法。

（5）测试环境确认。为减少系统误差，对实验室温湿度、试剂、用水、器皿等一一检验，保证其符合测试条件。对有些相互干扰的项目分实验室进行分析。

（6）检测用仪器设备及时进行计量检定，定期进行运行状况检查。

**2. 在检测中采取的主要措施**

（1）仪器使用实行登记制度，并及时对仪器设备进行检查维修和调整。

（2）严格执行项目分析标准或规程，确保测试结果准确性。

（3）坚持平行试验、必要的重显性试验，控制精密度，减少随机误差。

每个项目开始分析时每批样品均须做 100％平行样品，结果稳定后，平行次数减少 50％，最少保证做 10％～15％平行样品。每个化验人员都自行编入明码样做平行测定，质控员还编入 10％密码样进行质量控制。

平行双样测定结果的误差在允许的范围之内为合格；平行双样测定全部不合格者，该批样品须重新测定；平行双样测定合格率＜95％时，除对不合格的重新测定外，再增加 10％～20％的平行测定率，直到总合格率达 95％。

（4）坚持带质控样进行测定：

①与标准样对照：分析中，每批次带标准样品 10％～20％，以测定的精密度合格的前提下，标准样测定值在标准保证值（95％的置信水平）范围的为合格，否则本批结果无效，进行重新分析测定。

②加标回收法：对灌溉水样由于无标准物质或质控样品，采用加标回收试验来测定准确度。

加标率，在每批样品中，随机抽取 10％～20％试样进行加标回收测定。

加标量，被测组分的总量不得超出方法的测定上限。加标浓度宜高，体积应小，不应超过原定试样体积的 1％。

加标回收率在 90％～110％范围内的为合格。

$$回收度（\%）= \frac{测得总量-样品含量}{标准加入量} \times 100$$

根据回收率大小，也可判断是否存在系统误差。

（5）注重空白试验：全程空白值是指用某一方法测定某物质时，除样品中不含该物质外，整个分析过程中引起的信号值或相应浓度值。它包含了试剂、蒸馏水中杂质带来的干扰，从待测试样的测定值中扣除，可消除上述因素带来的系统误差。如果空白值过高，则要找出原因，采取其他措施（如提纯试剂、更新试剂、更换容器等）加以消除。保证每批次样品做 2 个以上空白样，并在整个项目开始前按要求做全程序空白测定，每次做 2 个平行空白样，连测 5 天共得 10 个测定结果，计算批内标准偏差 $S_{wb}$

$$S_{wb} = \left[ \sum (X_i - X_{平})^2 / m(n-1) \right]^{1/2}$$

式中：$n$——每天测定平均样个数；

$m$——测定天数。

（6）做好校准曲线：比色分析中标准系列保证设置 6 个以上浓度点。根据浓度和吸光值按一元线性回归方程 $Y = a + bX$ 计算其相关系数。

式中：$Y$——吸光度；

$X$——待测液浓度；

$a$——截距；

　　　　b——斜率。

　　要求标准曲线相关系数 r≥0.999。

　　校准曲线控制：①每批样品皆需做校准曲线；②标准曲线力求 r≥0.999，且有良好重现性；③大批量分析时每测 10～20 个样品要用一标准液校验，检查仪器状况；④待测液浓度超标时不能任意外推。

　　（7）用标准物质校核实验室的标准滴定溶液：标准物质的作用是校准。对测量过程中使用的基准纯、优级纯的试剂进行校验。校准合格才准用，确保量值准确。

　　（8）详细、如实记录测试过程，使检测条件可再现、检测数据可追溯。对测量过程中出现的异常情况也及时记录，及时查找原因。

　　（9）认真填写测试原始记录，测试记录做到：如实、准确、完整、清晰。记录的填写、更改均制订了相应制度和程序。当测试由一人读数一人记录时，记录人员复读多次所记的数字，减少误差发生。

**3. 检测后主要采取的技术措施**

　　（1）加强原始记录校核、审核：实行"三审三校"制度，对发现的问题及时研究、解决，或召开质量分析会，达成共识。

　　（2）运用质量控制图预防质量事故发生：对运用均值—极差控制图的判断，参照《质量专业理论与实名》中的判断准则。对控制样品进行多次重复测定，由所得结果计算出控制样的平均值 $X$ 及标准差 $S$（或极差 $R$），就可绘制均值—标准差控制图（或均值—极差控制图），纵坐标为测定值，横坐标为获得数据的顺序。将均值 $X$ 作成与横坐标平行的中心级 CL，$X\pm3S$ 为上下警戒限 UCL 及 LCL，$X\pm2S$ 为上下警戒限 UWL 及 LWL，在进行试样列行分析时，每批带入控制样，根据差异判异准则进行判断。如果在控制限之外，该批结果为全部错误结果，则必须查出原因，采取措施，加以消除，除"回控"后再重复测定，并控制不再出现，如果控制样的结果落在控制限和警戒限之间，说明精密度已不理想，应引起注意。

　　（3）控制检出限：检出限是指对某一特定的分析方法在给定的置信水平内，可以从样品中检测的待测物质的最小浓度或最小量。根据空白测定的批内标准偏差（$S_{wb}$）按下列公式计算检出限（95％的置信水平）。

　　①若试样一次测定值与零浓度试样一次测定值有显著性差异时，检出限（$L$）按下列公式计算：

$$L=2\times2^{1/2}t_fS_{wb}$$

　　式中：$L$——方法检出限；

　　　　　$t_f$——显著水平为 0.05（单侧）、自由度为 $f$ 的 $t$ 值；

　　　　　$S_{wb}$——批内空白值标准偏差；

　　　　　$f$——批内自由度，$f=m(n-1)$，$m$ 为重复测定次数，$n$ 为平行测定次数。

　　②原子吸收分析方法中检出限计算：$L=3S_{wb}$。

　　③分光光度法以扣除空白值后的吸光值为 0.010 相对应的浓度值为检出限。

　　（4）及时对异常情况处理：

　　①异常值的取舍。对检测数据中的异常值，按 GB 4883 标准规定采用 Grubbs 法或 Dixon 法加以判断处理。

②因外界干扰（如停电、停水），检测人员应终止检测，待排除干扰后重新检测，并记录干扰情况。当仪器出现故障时，故障排除后校准合格的，方可重新检测。

（5）使用计算机采集、处理、运算、记录、报告、存储检测数据时，应制订相应的控制程序。

（6）检验报告的编制、审核、签发。检验报告是实验工作的最终结果，是试验室的产品，因此对检验报告质量要高度重视。检验报告应做到完整、准确、清晰、结论正确。必须坚持三级审核制度，明确制表、审核、签发的职责。

除此之外，为保证分析化验质量，提高实验室之间分析结果的可比性，山西省土壤肥料工作站抽查 5%～10%样品在山西省测试中心进行复核，并编制密码样，对实验室进行质量监督和控制。

**4. 技术交流**  在分析过程中，发现问题及时交流，改进方法，不断提高技术水平。

**5. 数据录入**  分析数据按规程和方案要求审核后编码整理，和采样点一一对照，确认无误后进行录入。采取双人录入相互对照的方法，保证录入正确率。

# 第五节  评价依据、方法及评价标准体系的建立

## 一、耕地地力评价的依据

由山西省土壤肥料工作站领导，协同山西农业大学资源环境学院相关专家，晋中市土肥站相关技术人员评议，榆次区确定了五大因素 10 个因子为耕地地力评价指标。

**1. 立地条件**  指耕地土壤的自然环境条件，它包含与耕地与质量直接相关的地貌类型及地形部位、成土母质、地面坡度等。

（1）地貌类型及其特征描述：榆次区由平原到山地垂直分布的主要地形地貌有河流及河谷冲积平原（河漫滩、一级阶地、二级阶地）、丘陵（梁地、坡地等）和山地（石质山、土石山等）。

（2）成土母质及其主要分布：在榆次区耕地上分布的母质类型有洪积物、河流冲积物、残积物、马兰黄土、黄土状冲积物（丘陵及山前倾斜平原区）。

（3）地面坡度：地面坡度反映水土流失程度，直接影响耕地地力，榆次将地面坡度小于 25°的耕地依坡度大小分成 6 级（＜2.0°、2.1°～5.0°、5.1°～8.0°、8.1°～15.0°、15.1°～25.0°、≥25.0°）进入地力评价系统。

**2. 土壤属性**

（1）土体构型：指土壤剖面中不同土层间质地构造变化情况，直接反映土壤发育及障碍层次，影响根系发育、水肥保持及有效供给，包括有效土层厚度、耕作层厚度、质地构型 3 个因素。

①有效土层厚度：指土壤层和松散的母质层之和，按其厚度（厘米）深浅从高到低依次分为 6 级（＞150、101～150、76～100、51～75、26～50、≤25）进入地力评价系统。

②耕层厚度：按其厚度（厘米）深浅从高到低依次分为 6 级（＞30、26～30、21～25、16～20、11～15、≤10）进入地力评价系统。

③质地构型：榆次区耕地质地构型主要分为通体型（包括通体壤、通体黏、通体沙）、夹沙（包括壤夹沙、黏夹沙）、底沙、夹黏（包括壤夹黏、沙夹黏）、深黏、夹砾、底砾、通体少砾、通体多砾、通体少姜、浅姜、通体多姜等。

（2）耕层土壤理化性状：分为较稳定的理化性状（质地、有机质、盐渍化程度、pH）和易变化的化学性状（有效磷、速效钾）两大部分。

①有机质：土壤肥力的重要指标，直接影响耕地地力水平。按其含量（克/千克）从高到低依次分为6级（＞25.00、20.01～25.00、15.01～20.00、10.01～15.00、5.01～10.00、≤5.00）进入地力评价系统。

②有效磷：按其含量（毫克/千克）从高到低依次分为6级（＞25.00、20.1～25.00、15.1～20.00、10.1～15.00、5.1～10.00、≤5.00）进入地力评价系统。

③速效钾：按其含量（毫克/千克）从高到低依次分为6级（＞200、151～200、101～150、81～100、51～80、≤50）进入地力评价系统。

**3. 灌溉保证率**　指降水不足时的有效补充程度，是提高作物产量的有效途径，分为充分满足，可随时灌溉；基本满足，在关键时期可保证灌溉；一般满足，大旱之年不能保证灌溉；无灌溉条件4种情况。

# 二、评价方法及流程

## （一）耕地地力评价

### 1. 技术方法

（1）文字评述法：对一些概念性的评价因子（如地形部位、土壤母质等）进行定性描述。

（2）专家经验法（特尔菲法）：在全省农科教系统邀请土肥界具有一定学术水平和农业生产实践经验的23名专家，参与评价因素的筛选和隶属度确定（包括概念型和数值型评价因子的评分），见表2-1。

表2-1　参与评价因素的筛选和隶属度确定

| 因子 | 平均值 | 众数值 | 建议值 |
| --- | --- | --- | --- |
| 立地条件（$C_1$） | 1.6 | 1（17） | 1 |
| 土体构型（$C_2$） | 3.7 | 3（11）5（10） | 3 |
| 较稳定的理化性状（$C_3$） | 4.47 | 3（13）5（10） | 4 |
| 易变化的化学性状（$C_4$） | 4.2 | 5（13）3（10） | 5 |
| 农田基础建设（$C_5$） | 1.47 | 1（17） | 1 |
| 地形部位（$A_1$） | 1.8 | 1（23） | 1 |
| 成土母质（$A_2$） | 3.9 | 3（9）5（12） | 5 |
| 地形坡度（$A_3$） | 3.1 | 3（14）5（7） | 3 |
| 有效土层厚度（$A_4$） | 2.8 | 1（14）3（9） | 1 |

（续）

| 因子 | 平均值 | 众数值 | 建议值 |
|---|---|---|---|
| 耕层质地（$A_5$） | 2.7 | 3（13）1（7） | 3 |
| 有机质（$A_6$） | 2.7 | 1（13）3（9） | 3 |
| 有效磷（$A_8$） | 1.0 | 1（23） | 1 |
| 速效钾（$A_9$） | 2.7 | 3（13）1（7） | 3 |
| 灌溉保证率（$A_{10}$） | 1.2 | 1（30） | 1 |

（3）模糊综合评判法：应用这种数理统计的方法对数值型评价因子（如地面坡度、有效土层厚度、耕层厚度、土壤容重、有机质、有效磷、速效钾、灌溉保证率等）进行定量描述，即利用专家给出的评分（隶属度）建立某一评价因子的隶属函数（表2-2）。

表2-2　榆次区耕地地力评价数值型因子分级及其隶属

| 评价因子 | 量纲 | 1级 | 2级 | 3级 | 4级 | 5级 | 6级 |
|---|---|---|---|---|---|---|---|
| | | 量值 | 量值 | 量值 | 量值 | 量值 | 量值 |
| 有效土层厚度 | 厘米 | ＞150 | 101～150 | 76～100 | 51～75 | 26～50 | ≤25 |
| 耕层厚度 | 厘米 | ＞30 | 26～30 | 21～25 | 16～20 | 11～15 | ≤10 |
| 有机质 | 克/千克 | ＞25.0 | 20.01～25.00 | 15.01～20.00 | 10.01～15.00 | 5.01～10.00 | ≤5.00 |
| pH | | 6.7～7.0 | 7.1～7.9 | 8.0～8.5 | 8.6～9.0 | 9.1～9.5 | ≥9.5 |
| 有效磷 | 毫克/千克 | ＞25.0 | 20.1～25.0 | 15.1～20.0 | 10.1～15.0 | 5.1～10.0 | ≤5.0 |
| 速效钾 | 毫克/千克 | ＞250 | 201～250 | 151～200 | 101～150 | 51～100 | ≤50 |
| 灌溉保证率 | | 充分满足 | 基本满足 | 基本满足 | 一般满足 | 无灌溉条件 | |

（4）层次分析法：用于计算各参评因子的组合权重。本次评价，把耕地生产性能（即耕地地力）作为目标层（G层），把影响耕地生产性能的立地条件、土体构型、较稳定的理化性状、易变化的化学性状、农田基础设施条件作为准则层（C层），再把影响准则层中的各因素的项目作为指标层（A层），建立耕地地力评价层次结构图。在此基础上，由34名专家分别对不同层次内各参评因素的重要性作出判断，构造出不同层次间的判断矩阵。最后计算出各评价因子的组合权重。

（5）指数和法：采用加权法计算耕地地力综合指数，即将各评价因子的组合权重与相应的因素等级分值（即由专家经验法或模糊综合评判法求得的隶属度）相乘后累加，如：

$$IFI = \sum B_i \times A_i (i = 1,2,3,\cdots,15)$$

式中：$IFI$——耕地地力综合指数；

　　　$B_i$——第$i$个评价因子的等级分值；

　　　$A_i$——第$i$个评价因子的组合权重。

**2. 技术流程**

（1）应用叠加法确定评价单元：把基本农田保护区规划图与土地利用现状图、土壤图叠加形成的图斑作为评价单元。

（2）空间数据与属性数据的连接：用评价单元图分别与各个专题图叠加，为每一评价单元获取相应的属性数据。根据调查结果，提取属性数据进行补充。

（3）确定评价指标：根据全国耕地地力调查评价指数表，由山西省土壤肥料工作站组织34名专家，采用特尔菲法和模糊综合评判法确定榆次耕地地力评价因子及其隶属度。

（4）应用层次分析法确定各评价因子的组合权重。

（5）数据标准化：计算各评价因子的隶属函数，对各评价因子的隶属度数值进行标准化。

（6）应用累加法计算每个评价单元的耕地地力综合指数。

（7）划分地力等级：分析综合地力指数分布，确定耕地地力综合指数的分级方案，划分地力等级。

（8）归入农业部地力等级体系：选择10％的评价单元，调查近3年粮食单产（或用基础地理信息系统中已有资料），与以粮食作物产量为引导确定的耕地基础地力等级进行相关分析，找出两者之间的对应关系，将评价的地力等级归入农业部确定的等级体系（NY/T 309—1996《全国耕地类型区、耕地地力等级划分》）。

（9）采用 GIS、GPS 系统编绘各种养分图和地力等级图等图件。

# 三、评价标准体系建立

**耕地地力评价标准体系建立**

**1. 耕地地力要素的层次结构**　见图 2-2。

**2. 耕地地力要素的隶属度**

（1）概念性评价因子：各评价因子的隶属度及其描述见表 2-3。

（2）数值型评价因子：各评价因子的隶属函数（经验公式）见表 2-4。

**3. 耕地地力要素的组合权重**　应用层次分析法所计算的各评价因子的组合权重见表 2-5。

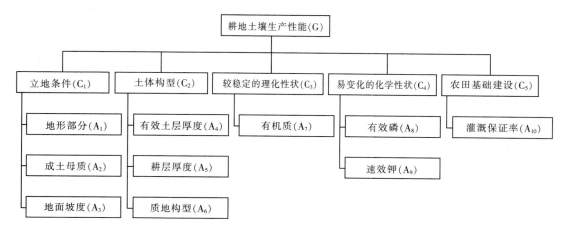

图 2-2　耕地地力要素层次结构

**表 2-3　榆次区耕地地力评价概念性因子隶属度及其描述**

| 地形部位 | 描述 | 河漫滩 | 一级阶地 | 二级阶地 | 高阶地 | 垣地 | 洪积扇（上、中、下） | | | 倾斜平原 | 梁地 | 峁地 | 坡麓 | 沟谷 |
|---|---|---|---|---|---|---|---|---|---|---|---|---|---|---|
| | 隶属度 | 0.7 | 1.0 | 0.9 | 0.7 | 0.4 | 0.4 | 0.6 | 0.8 | 0.8 | 0.2 | 0.2 | 0.1 | 0.6 |

| 母质类型 | 描述 | 洪积物 | 河流冲积物 | 黄土状冲积物 | 残积物 | 保德红土 | 马兰黄土 | 离石黄土 |
|---|---|---|---|---|---|---|---|---|
| | 隶属度 | 0.7 | 0.9 | 1.0 | 0.2 | 0.3 | 0.5 | 0.6 |

| 质地构型 | 描述 | 通体壤 | 黏夹沙 | 底沙 | 壤夹黏 | 壤夹沙 | 沙夹黏 | 通体黏 | 夹砾 | 底砾 | 少砾 | 多砾 | 少姜 | 浅姜 | 多姜 | 通体沙 | 浅钙积 | 夹白干 | 底白干 |
|---|---|---|---|---|---|---|---|---|---|---|---|---|---|---|---|---|---|---|---|
| | 隶属度 | 1.0 | 0.6 | 0.7 | 1.0 | 0.9 | 0.3 | 0.6 | 0.4 | 0.7 | 0.8 | 0.2 | 0.8 | 0.4 | 0.2 | 0.3 | 0.4 | 0.4 | 0.7 |

| 灌溉保证率 | 描述 | 充分满足 | 基本满足 | 一般满足 | 无灌溉条件 |
|---|---|---|---|---|---|
| | 隶属度 | 1.0 | 0.7 | 0.4 | 0.1 |

**表 2-4　榆次区耕地地力评价数值型因子隶属函数**

| 函数类型 | 评价因子 | 经验公式 | C | Ut |
|---|---|---|---|---|
| 戒下型 | 地面坡度（°） | $y=1/[1+6.492\times10^{-3}\times(u-c)^2]$ | 3.0 | ≥25 |
| 戒上型 | 有效土层厚度（厘米） | $y=1/[1+1.118\times10^{-4}\times(u-c)^2]$ | 160.0 | ≤25 |
| 戒上型 | 耕层厚度（厘米） | $y=1/[1+4.057\times10^{-3}\times(u-c)^2]$ | 33.8 | ≤10 |
| 戒下型 | 土壤容重（克/厘米³） | $y=1/[1+3.99^4\times(u-c)^2]$ | 1.08 | ≥1.42 |
| 戒上型 | 有机质（克/千克） | $y=1/[1+2.912\times10^{-3}\times(u-c)^2]$ | 28.4 | ≤5.00 |
| 戒上型 | 有效磷（毫克/千克） | $y=1/[1+3.035\times10^{-3}\times(u-c)^2]$ | 28.8 | ≤5.00 |
| 戒上型 | 速效钾（毫克/千克） | $y=1/[1+5.389\times10^{-5}\times(u-c)^2]$ | 228.76 | ≤50 |

**表 2-5　榆次区耕地评价指标**（10 项）

| 指标层 | 准则层 | | | | | 组合权重 |
|---|---|---|---|---|---|---|
| | $C_1$ | $C_2$ | $C_3$ | $C_4$ | $C_5$ | $\sum C_i A_i$ |
| | 0.422 3 | 0.040 3 | 0.144 2 | 0.133 6 | 0.259 7 | 1.000 0 |
| $A_1$（地形部位） | 0.550 6 | | | | | 0.232 5 |
| $A_2$（成土母质） | 0.197 3 | | | | | 0.083 3 |
| $A_3$（地面坡度） | 0.252 1 | | | | | 0.106 4 |
| $A_4$（耕层厚度） | | 1.000 0 | | | | 0.040 3 |
| $A_5$（耕层质地） | | | 0.325 8 | | | 0.047 0 |
| $A_6$（有机质） | | | 0.348 4 | | | 0.050 2 |
| $A_7$（盐渍化程度） | | | 0.325 8 | | | 0.047 0 |
| $A_8$（有效磷） | | | | 0.623 9 | | 0.083 3 |
| $A_9$（速效钾） | | | | 0.376 1 | | 0.050 2 |
| $A_{10}$（灌溉保证率） | | | | | 1.000 0 | 0.259 7 |

# 第六节　耕地资源管理信息系统建立

## 一、耕地资源管理信息系统的总体设计

耕地资源信息系统以一个县行政区域内耕地资源为管理对象，应用 GIS 技术对辖区内的地形、地貌、土壤、土地利用、农田水利、土壤污染、农业生产基本情况、基本农田保护区等资料进行统一管理，构建耕地资源基础信息系统，并将此数据平台与各类管理模型结合，对辖区内的耕地资源进行系统的动态管理，为农业决策者、农民和农业技术人员提供耕地质量动态变化、土壤适宜性、施肥咨询、作物营养诊断等多方位的信息服务。

本系统行政单元为村，农田单元为基本农田保护块，土壤单元为土种，系统基本管理单元为土壤、基本农田保护块、土地利用现状叠加所形成的评价单元。

**1. 系统结构**　见图 2-3。

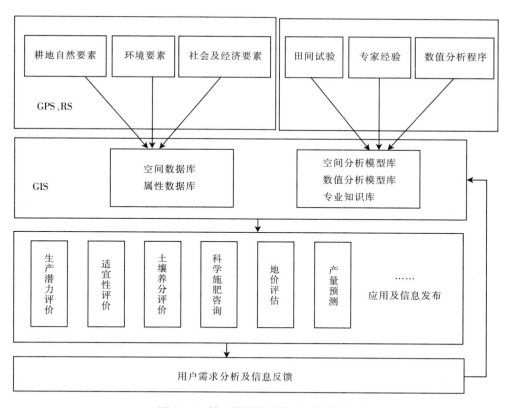

图 2-3　耕地资源管理信息系统结构

**2. 县域耕地资源管理信息系统建立工作流程**　见图 2-4。

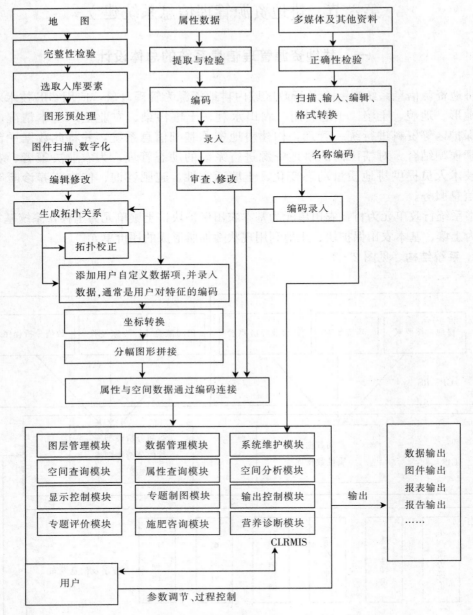

图 2-4  县域"耕地资源管理信息系统"建立工作流程

### 3. CLRMIS、硬件配置

（1）硬件：P5 及其兼容机，≥1G 的内存，≥20G 的硬盘，A4 扫描仪，彩色喷墨打印机。

（2）软件：Windows 2000/XP、Excel 2000/XP 等。

# 二、资料收集与整理

**1. 图件资料收集与整理**  图件资料指印刷的各类地图、专题图以及商品数字化矢量和栅格图。图件比例尺为1：50 000和1：10 000。

（1）地形图：统一采用中国人民解放军总参谋部测绘局测绘的地形图。由于近年来公路、水系、地形地貌等变化较大，因此采用水利、公路、规划、国土等部门的有关最新图件资料对地形图进行修正。

（2）行政区划图：由于近年撤乡并镇等工作致使部分地区行政区划变化较大，因此按最新行政区划进行修正，同时注意名称、拼音、编码等的一致。

（3）土壤图及土壤养分图：采用第二次土壤普查成果图。

（4）地貌类型分区图：根据地貌类型将辖区内农田分区，采用第二次土壤普查分类系统绘制成图。

（5）土地利用现状图：现有的土地利用现状图。

（6）土壤肥力监测点点位图：在地形图上标明准确位置及编号。

（7）土壤普查土壤采样点点位图：在地形图上标明准确位置及编号。

**2. 数据资料收集与整理**

（1）基本农田保护区一级、二级地块登记表，国土局基本农田划定资料。

（2）其他有关基本农田保护区划定统计资料，国土局基本农田划定资料。

（3）近几年粮食单产、总产、种植面积统计资料（以村为单位）。

（4）其他农村及农业生产基本情况资料。

（5）历年土壤肥力监测点田间记载及化验结果资料。

（6）历年肥情点资料。

（7）县、乡、村名编码表。

（8）近几年土壤、植株化验资料（土壤普查、肥力普查等）。

（9）近几年主要粮食作物、主要品种产量构成资料。

（10）各乡历年化肥销售、使用情况。

（11）土壤志、土种志。

（12）特色农产品分布、数量资料。

（13）当地农作物品种及特性资料，包括各个品种的全生育期、大田生产潜力、最佳播期、移栽期、播种量、栽插密度、百千克籽粒需氮量、需磷量、需钾量等，及品种特性介绍。

（14）一元、二元、三元肥料肥效试验资料，计算不同地区、不同土壤、不同作物品种的肥料效应函数。

（15）不同土壤、不同作物基础地力产量占常规产量比例资料。

**3. 文本资料收集与整理**

（1）全县及各乡（镇）基本情况描述。

（2）各土种性状描述，包括其发生、发育、分布、生产性能、障碍因素等。

**4. 多媒体资料收集与整理**

（1）土壤典型剖面照片。

（2）土壤肥力监测点景观照片。

（3）当地典型景观照片。

（4）特色农产品介绍（文字、图片）。

（5）地方介绍资料（图片、录像、文字、音乐）。

# 三、属性数据库建立

## （一）属性数据内容

CLRMIS 主要属性资料及其来源见表 2-6。

**表 2-6　CLRMIS 主要属性资料及其来源**

| 编号 | 名　称 | 来　源 |
| --- | --- | --- |
| 1 | 湖泊、面状河流属性表 | 水利局 |
| 2 | 堤坝、渠道、线状河流属性数据 | 水利局 |
| 3 | 交通道路属性数据 | 交通局 |
| 4 | 行政界线属性数据 | 农业委员会 |
| 5 | 耕地及蔬菜地灌溉水、回水分析结果数据 | 农业委员会 |
| 6 | 土地利用现状属性数据 | 国土局、卫星图片解译 |
| 7 | 土壤、植株样品分析化验结果数据表 | 本次调查资料 |
| 8 | 土壤名称编码表 | 土壤普查资料 |
| 9 | 土种属性数据表 | 土壤普查资料 |
| 10 | 基本农田保护块属性数据表 | 国土局 |
| 11 | 基本农田保护区基本情况数据表 | 国土局 |
| 12 | 地貌、气候属性表 | 土壤普查资料 |
| 13 | 县乡村名编码表 | 农业委员会 |

## （二）属性数据分类与编码

数据的分类编码是对数据资料进行有效管理的重要依据。编码的主要目的是节省计算机内存空间，便于用户理解使用。地理属性进入数据库之前进行编码是必要的，只有进行了正确的编码，空间数据库与属性数据库才能实现正确连接。编码格式有英文字母与数学组合。本系统主要采用数字表示的层次型分类编码体系，它能反映专题要素分类体系的基本特征。

## （三）建立编码字典

数据字典是数据库应用设计的重要内容，是描述数据库中各类数据及其组合的数据集合，也称元数据。地理数据库的数据字典主要用于描述属性数据，它本身是一个特殊用途的文件，在数据库整个生命周期里都起着重要的作用。它避免重复数据项的出现，并提供了查询数据的唯一入口。

## （四）数据库结构设计

属性数据库的建立与录入可独立于空间数据库和 GIS 系统，可以在 Access、Dbase、Foxbase 和 Foxpro 下建立，最终统一以 Dbase 的 dbf 格式保存入库。下面以 Dbase 的 dbf 数据库为例进行描述。

**1. 湖泊、面状河流属性数据库 lake. dbf**

| 字段名 | 属性 | 数据类型 | 宽度 | 小数位 | 量纲 |
|---|---|---|---|---|---|
| lacode | 水系代码 | N | 4 | 0 | 代码 |
| laname | 水系名称 | C | 20 | | |
| lacontent | 湖泊贮水量 | N | 8 | 0 | 万米$^3$ |
| laflux | 河流流量 | N | 6 | | 米$^3$/秒 |

**2. 堤坝、渠道、线状河流属性数据 stream. dbf**

| 字段名 | 属性 | 数据类型 | 宽度 | 小数位 | 量纲 |
|---|---|---|---|---|---|
| ricode | 水系代码 | N | 4 | 0 | 代码 |
| riname | 水系名称 | C | 20 | | |
| riflux | 河流、渠道流量 | N | 6 | 米$^3$/秒 | |

**3. 交通道路属性数据库 traffic. dbf**

| 字段名 | 属性 | 数据类型 | 宽度 | 小数位 | 量纲 |
|---|---|---|---|---|---|
| rocode | 道路编码 | N | 4 | 0 | 代码 |
| roname | 道路名称 | C | 20 | | |
| rograde | 道路等级 | C | 1 | | |
| rotype | 道路类型 | C | 1 | | （黑色/水泥/石子/土） |

**4. 行政界线（省、市、县、乡、村）属性数据库 boundary. dbf**

| 字段名 | 属性 | 数据类型 | 宽度 | 小数位 | 量纲 |
|---|---|---|---|---|---|
| adcode | 界线编码 | N | 1 | 0 | 代码 |
| adname | 界线名称 | C | 4 | | |

| adcode | name |
|---|---|
| 1 | 国界 |
| 2 | 省界 |
| 3 | 市界 |
| 4 | 县界 |
| 5 | 乡界 |
| 6 | 村界 |

**5. 土地利用现状属性数据库* landuse. dbf**

| 字段名 | 属性 | 数据类型 | 宽度 | 小数位 | 量纲 |
|---|---|---|---|---|---|
| lucode | 利用方式编码 | N | 2 | 0 | 代码 |

| luname | 利用方式名称 | C | 10 | | |

* 土地利用现状分类表。

## 6. 土种属性数据表 * soil. dbf

| 字段名 | 属性 | 数据类型 | 宽度 | 小数位 | 量纲 |
| --- | --- | --- | --- | --- | --- |
| sgcode | 土种代码 | N | 4 | 0 | 代码 |
| ssname | 亚类名称 | C | 20 | | |
| stname | 土类名称 | C | 10 | | |
| skname | 土属名称 | C | 20 | | |
| sgname | 土种名称 | C | 20 | | |
| pamaterial | 成土母质 | C | 50 | | |
| profile | 剖面构型 | C | 50 | | |

土种典型剖面有关属性数据:

| 字段名 | 属性 | 数据类型 | 宽度 | 小数位 | 量纲 |
| --- | --- | --- | --- | --- | --- |
| text | 剖面照片文件名 | C | 40 | | |
| picture | 图片文件名 | C | 50 | | |
| html | HTML文件名 | C | 50 | | |
| video | 录像文件名 | C | 40 | | |

* 土壤系统分类表。

## 7. 土壤养分(pH、有机质、氮等等)属性数据库 nutr＊＊＊＊. dbf

本部分由一系列的数据库组成,视实际情况不同有所差异,如在盐碱土地区还包括盐分含量及离子组成等。

(1) pH 库 nutrph. dbf:

| 字段名 | 属性 | 数据类型 | 宽度 | 小数位 | 量纲 |
| --- | --- | --- | --- | --- | --- |
| code | 分级编码 | N | 4 | 0 | 代码 |
| number | pH | N | 4 | 1 | |

(2) 有机质库 nutrom. dbf:

| 字段名 | 属性 | 数据类型 | 宽度 | 小数位 | 量纲 |
| --- | --- | --- | --- | --- | --- |
| code | 分级编码 | N | 4 | 0 | 代码 |
| number | 有机质含量 | N | 5 | 2 | 百分含量 |

(3) 全氮量库 nutrN. dbf:

| 字段名 | 属性 | 数据类型 | 宽度 | 小数位 | 量纲 |
| --- | --- | --- | --- | --- | --- |
| code | 分级编码 | N | 4 | 0 | 代码 |
| number | 全氮含量 | N | 5 | 3 | 百分含量 |

（4）速效养分库 nutrP. dbf：

| 字段名 | 属性 | 数据类型 | 宽度 | 小数位 | 量纲 |
|---|---|---|---|---|---|
| code | 分级编码 | N | 4 | 0 | 代码 |
| number | 速效养分含量 | N | 5 | 3 | 毫克/千克 |

**8. 基本农田保护块属性数据库 farmland. dbf**

| 字段名 | 属性 | 数据类型 | 宽度 | 小数位 | 量纲 |
|---|---|---|---|---|---|
| plcode | 保护块编码 | N | 7 | 0 | 代码 |
| plarea | 保护块面积 | N | 4 | 0 | 亩 |
| cuarea | 其中耕地面积 | N | 6 | | |
| eastto | 东至 | C | 20 | | |
| westto | 西至 | C | 20 | | |
| sorthto | 南至 | C | 20 | | |
| northto | 北至 | C | 20 | | |
| plperson | 保护责任人 | C | 6 | | |
| plgrad | 保护级别 | N | 1 | | |

**9. 地貌、气候属性表* landform. dbf**

| 字段名 | 属性 | 数据类型 | 宽度 | 小数位 | 量纲 |
|---|---|---|---|---|---|
| landcode | 地貌类型编码 | N | 2 | 0 | 代码 |
| landname | 地貌类型名称 | C | 10 | | |
| rain | 降水量 | C | 6 | | |

＊　地貌类型编码表。

**10. 基本农田保护区基本情况数据表**　略。

**11. 县、乡、村名编码表**

| 字段名 | 属性 | 数据类型 | 宽度 | 小数位 | 量纲 |
|---|---|---|---|---|---|
| vicodec | 单位编码—县内 | N | 5 | 0 | 代码 |
| vicoden | 单位编码—统一 | N | 11 | | |
| viname | 单位名称 | C | 20 | | |
| vinamee | 名称拼音 | C | 30 | | |

**（五）数据录入与审核**

数据录入前仔细审核，数值型资料注意量纲、上下限，地名应注意汉字多音字、繁简体、简全称等问题，审核定稿后再录入。录入后仔细检查，保证数据录入无误后，将数据库转为规定的格式（Dbase 的 dbf 文件格式文件），再根据数据字典中的文件名编码命名后保存在规定的子目录下。

文字资料以 txt 格式命名保存，声音、音乐以 wav 或 mid 文件保存，超文本以 html 格式保存，图片以 bmp 或 jpg 格式保存，视频以 avi 或 mpg 格式保存，动画以 gif 格式保存。这些文件分别保存在相应的子目录下，其相对路径和文件名录入相应的属性数据库中。

## 四、空间数据库建立

### （一）数据采集的工艺流程
具体数据采集的工艺流程见图 2-5。

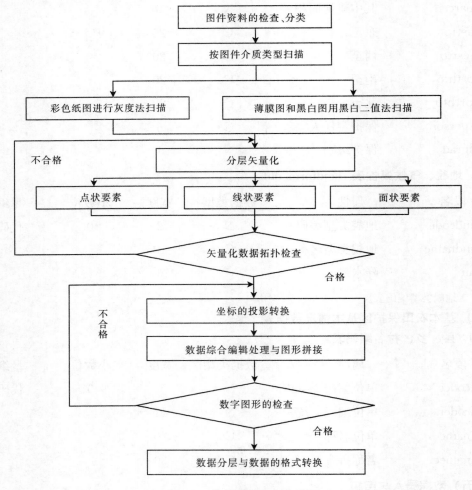

图 2-5　数据采集的工艺流程

在耕地资源数据库建设中，数据采集的精度直接关系到现状数据库本身的精度和今后的应用，数据采集的工艺流程是关系到耕地资源信息管理系统数据库质量的重要基础工作。因此，对数据的采集制订了一个详尽的工艺流程。首先，对收集的资料进行分类检查、整理与预处理；其次，按照图件资料介质的类型进行扫描，并对扫描图件进行扫描校正；再次，进行数据的分层矢量化采集、矢量化数据的检查；最后，对矢量化数据进行坐标投影转换与数据拼接工作以及数据、图形的综合检查和数据的分层与格式转换。

### （二）图件数字化

**1. 图件的扫描** 由于所收集的图件资料为纸介质的图件资料，所以我们采用灰度法进行扫描。扫描的精度为 300dpi。扫描完成后将文件保存为 *.TIF 格式。在扫描过程中，为了能够保证扫描图件的清晰度和精度，我们对图件先进行预扫描。在预扫描过程中，检查扫描图件的清晰度，其清晰度必须能够区分图内的各要素，然后利用 contex.fss8300 扫描仪自带的 CAD image/scan 扫描软件进行角度校正，角度校正后必须保证图幅下方两个内图廓点的连线与水平线的角度误差小于 0.2°。

**2. 数据采集与分层矢量化** 对图形的数字化采用交互式矢量化方法，确保图形矢量化的精度，在耕在资源信息系统数据库建设中需要采集的要素有：点状要素、线状要素和面状要素。由于所采集的数据种类较多，所以必须对所采集的数据按不同类型进行分层采集。

（1）点状要素的采集：可以分为两种类型，一种是零星地类；另一种是注记点。零星地类包括一些有点位的点状零星地类和无点位的零星地类。对于有点位的零星地类，在数据的分层矢量化采集时，将点标记置于点状要素的几何中心点，对于无点位的零星地类在分层矢量化采集时，将点标记置于原始图件的定位点。采样点位注记点的采集按照原始图件资料中的注记点，在矢量化过程中——标注相应的位置。

（2）线状要素的采集：在耕地资源图件资料上的线状要素主要有水系、道路、带有宽度的线状地物界、地类界、行政界线、权属界线、土种界、等高线等，对于不同类型的线状要素，进行分层采集。线状地物主要是指道路、水系、沟渠等，线状地物数据采集时考虑到有些线状地物，由于其宽度较宽，如一些较大的河流、沟渠，它们在地图上可以按照图件资料的宽度比例表示为一定的宽度，则按其实际宽度的比例在图上表示；有些线状地物，如一些道路和水系，由于其宽度不能在图上表示，在采集其数据时，则按栅格图上的线状地物的中轴线来确定其在图上的实际位置。对地类界、行政界、土种界和等高线数据的采集，保证其封闭性和连续性。线状要素按照其种类不同分层采集、分层保存，以备数据分析时进行利用。

（3）面状要素的采集：面状要素要在线状要素采集后，通过建立拓扑关系形成区后进行，由于面状要素是由行政界线、权属界线、地类界线和一些带有宽度的线状地物界等面状要素所形成的一系列的闭合性区域，其主要包括行政区、权属区、土壤类型区等图斑。所以对于不同的面状要素，因采用不同的图层对其进行数据的采集。考虑到实际情况，将面状要素分为行政区层、地类层、土壤层等图斑层。将分层采集的数据分层保存。

### （三）矢量化数据的拓扑检查

由于在矢量化过程中不可避免地要存在一些问题，因此，在完成图形数据分层矢量化，要进行下一步工作时，必须对分层矢量化以后的数据进行矢量化数据的拓扑检查，主要是完成以下几方面的工作。

**1. 消除在矢量化过程中存在的一些悬挂线段**　在线状要素的采集过程中，为了保证线段完成闭合，某些线段可能出现互相交叉的情况，这些均属于悬挂线段。在进行悬挂线段的检查时，首先使用 MapGIS 的线文件拓扑检查功能，自动对其检查和清除。如果其不能够自动清除的，则对照原始图件资料进行手工修正。对线状要素进行矢量化数据检查完成以后，随即由作图员对所矢量化的数据与原始图件资料相对比进行检查。如果在对检查过程中发现有一些通过拓扑检查所不能够解决的问题，矢量化数据的精度不符合精度要求的，或者是某些线状要素存在着一定的位移而难以校正的，则对其中的线状要素进行重新矢量化。

**2. 检查图斑和行政区等面状要素的闭合性**　图斑和行政区是反映一个地区耕地资源状况的重要属性。在对图件资料中的面状要素进行数据的分层矢量化采集中，由于图件资料中所涉及的图斑较多，在数据的矢量化采集过程中，有可能存在着一些图斑或行政界的不闭合情况，可以利用 MapGIS 的区文件拓扑检查功能，对在面状要素分层矢量化采集过程中所保存的一系列区文件进行适量化数据的拓扑检查。在拓扑检查过程中可以消除大多数区文件的不闭合情况。对于不能够自动消除的，通过与原始图件资料的相互检查，消除其不闭合情况。如果通过矢量化以后的区文件的拓扑检查，可以消除在矢量化过程中所出现的上述问题，则进行下一步工作，如果在拓扑检查以后还存在一些问题，则对其进行重新矢量化，以确保系统建设的精度。

**（四）坐标的投影转换与图件拼接**

**1. 坐标转换**　在进行图件的分层矢量化采集过程中，所建立的图面坐标系（单位为毫米），而在实际应用中，则要求建立平面直角坐标系（单位为米）。因此，必须利用 MapGIS 所提供的坐标转换功能，将图面坐标转换成为正投影的大地直角坐标系。在坐标转换过程中，为了能够保证数据的精度，可根据提供数据源的图件精度的不同，在坐标转换过程中，采用不同的质量控制方法进行坐标转换工作。

**2. 投影转换**　县级土地利用现状数据库的数据投影方法采用高斯投影，也就是将进行坐标转换以后的图形资料，按照大地坐标系的经纬度坐标进行转换，以便以后进行图件拼接。在进行投影转换时，对 1∶10 000 土地利用图件资料，投影的分带宽度为 3°。但是根据地形的复杂程度，行政区的跨度和图幅的具体情况，对于部分图形采用非标准的 3°分带高斯投影。

**3. 图件拼接**　榆次区提供的 1∶10 000 土地利用现状图是采用标准分幅图，在系统建设过程中应把图幅进行拼接，在图斑拼接检查过程中，相邻图幅间的同名要素误差应小于 1 毫米，这时移动其任何一个要素进行拼接，同名要素间距为 1～3 毫米的处理方法是将两个要素各自移动一半，在中间部分结合，这样图幅接拼完全满足了精度要求。

## 五、空间数据库与属性数据库的连接

MapGIS 系统采用不同的数据模型分别对属性数据和空间数据进行存储管理，属性数据采用关系模型，空间数据采用网状模型。两种数据的联结非常重要。在一个图幅工作单元 Coverage 中，每个图形单元由一个标识码来唯一确定。同时一个 Coverage 中可以若干个关系数据库文件即要素属性表，用以完成对 Coverage 的地理要素的属性描述。图形单元标识码是要素属性表中的一个关键字段，空间数据与属性数据以此字段形成关联，完成对地图的模拟。这种关联是 MapGIS 的两种模型联成一体，可以方便地从空间数据检索属性数据或者从属性数据检索空间数据。

对属性与空间数据的联接采用的方法是：在图件矢量化过程中，标记多边形标识点，建立多边形编码表，并运 MapGIS 将用 foxpro 建立的属性数据库自动联接到图形单元中，这种方法可由多人同时进行工作，速度较快。

# 第三章  耕地土壤属性

## 第一节  耕地土壤类型

### 一、土壤类型及分布

根据 1983 年山西省第二次土壤普查土壤分类系统，榆次区土壤共分为 3 个土类，7 个亚类，28 个土属，73 个土种。由于地形、母质、气候、水文地质、生物等不同成土因素的综合作用，榆次区的土壤类型复杂多样，大致可分为地带性土壤和隐域性土壤两大类型。其中地带性土壤包括淋溶褐土（1 600～1 800 米）、山地褐土（1 000～1 600 米）、褐土性土（850～1 000 米）、淡褐土（780～850 米）；隐域性土壤包括浅色潮土、盐化浅色潮土和草甸盐土（770～800 米）。根据 1985 年山西省第二次土壤普查土壤工作分类，榆次区土壤分为 3 个土类，7 个亚类，15 个土属，26 个土种。其分布受地形、地貌、水文、地质条件影响，随地形呈明显变化。具体分布见表 3-1、表 3-2。

表 3-1  榆次新旧土种对照

| 土类 | 亚类（新） | 土属（新） | 土种（新） | 土种（旧） | 代号 |
|---|---|---|---|---|---|
| 褐土 | 淋溶褐土 | 沙泥质淋溶褐土 | 薄沙泥质淋土 | 薄层沙壤砂页岩质淋溶褐土 | 1 |
| | | | 沙泥质淋土 | 中层沙壤砂页岩质淋溶褐土 | 2 |
| | 中性石质土 | 沙泥质中性石质土 | 沙石砾土 | 薄层沙壤砂页岩质山地褐土 | 3 |
| | | | | 薄层轻壤砂页岩质山地褐土 | 4 |
| | | | | 中层沙壤砂页岩质山地褐土 | 5 |
| | 褐土性土 | 沙泥质褐土性土 | 沙泥质立黄土 | 耕种中层轻壤砂页岩质山地褐土 | 6 |
| | | 黄土质褐土性土 | 立黄土 | 薄层轻壤黄土质山地褐土 | 7 |
| | | | | 中层轻壤黄土质山地褐土 | 8 |
| | | | | 厚层轻壤黄土质山地褐土 | 9 |
| | | | 耕立黄土 | 耕种轻壤黄土质山地褐土 | 10 |
| | | | | 耕种中层黄土质山地褐土 | 11 |
| | | | 红立黄土 | 厚层中壤红黄土质山地褐土 | 12 |
| | | | | 耕种重壤红黄土质山地褐土 | 13 |
| | | 沟淤褐土性土 | 沟淤土 | 耕种沙壤沟淤山地褐土 | 14 |
| | | | | 耕种轻壤沟淤山地褐土 | 15 |
| | | | | 耕种重壤沟淤山地褐土 | 16 |
| | | | | 耕种沙壤浅位薄沙砾层沟淤山地褐土 | 17 |

（续）

| 土类 | 亚类（新） | 土属（新） | 土种（新） | 土种（旧） | 代号 |
|------|----------|----------|----------|----------|------|
| 褐土 | 褐土性土 | 黄土质褐土性土 | 立黄土 | 轻壤黄土质褐土性土 | 18 |
| | | | | 耕种轻壤黄土质褐土性土 | 19 |
| | | 红黄土质褐土性土 | 红立黄土 | 轻壤红黄土质褐土性土 | 20 |
| | | | | 中壤红黄土质褐土性土 | 21 |
| | | | | 耕种中壤红黄土质褐土性土 | 22 |
| | | 沟淤褐土性土 | 沟淤土 | 黏土质沟淤褐土性土 | 23 |
| | | | | 耕种沙壤沟淤褐土性土 | 24 |
| | | | | 耕种轻壤沟淤褐土性土 | 25 |
| | | | | 耕种中壤沟淤褐土性土 | 26 |
| | | | | 耕种重壤沟淤褐土性土 | 27 |
| | | 黄土质褐土性土 | 耕洪立黄土 | 耕种中壤洪积褐土性土 | 28 |
| | | | | 耕种中壤深位厚沙层洪积褐土性土 | 29 |
| | | 黑垆土质褐土性土 | 耕黑立黄土 | 耕种中壤黑垆土质褐土性土 | 30 |
| | 石灰性褐土 | 洪积石灰性褐土 | 洪黄垆土 | 耕种沙壤洪积淡褐土 | 31 |
| | | | 底砾黄垆土 | 耕种轻壤深位厚沙砾石层洪积淡褐土 | 32 |
| | | | 洪黄垆土 | 耕种中壤洪积淡褐土 | 33 |
| | | 黄土状石灰性褐土 | 二合黄垆土 | 轻壤黄土状淡褐土 | 34 |
| | | | | 耕种沙质黄土状淡褐土 | 35 |
| | | | | 耕种沙壤黄土状淡褐土 | 36 |
| | | | | 耕种轻壤黄土状淡褐土 | 37 |
| | | | | 耕种中壤黄土状淡褐土 | 38 |
| | | | | 耕种重壤黄土状淡褐土 | 39 |
| | | 灌淤石灰性褐土 | 深黏黄垆土 | 耕种黏质黄土状淡褐土 | 40 |
| | | 黄土状石灰性褐土 | 二合深黏黄垆土 | 耕种轻壤深位厚沙层黄土状淡褐土 | 41 |
| | | | | 耕种重壤深位厚沙层黄土状淡褐土 | 42 |
| | | | | 耕种中壤浅位中沙层黄土状淡褐土 | 43 |
| | | | | 耕种中壤深位厚沙层黄土状淡褐土 | 44 |
| | | | | 耕种沙质深位厚沙层黄土状淡褐土 | 45 |
| 潮土 | 潮土 | 冲积潮土 | 河沙潮土 | 沙壤浅色草甸土 | 46 |
| | | | 绵潮土 | 耕种沙壤浅色草甸土 | 47 |
| | | | | 耕种轻壤浅色草甸土 | 48 |
| | | | | 耕种中壤浅色草甸土 | 49 |
| | | | | 耕种重壤浅色草甸土 | 50 |

（续）

| 土类 | 亚类（新） | 土属（新） | 土种（新） | 土种（旧） | 代号 |
|---|---|---|---|---|---|
| 潮土 | 潮土 | 冲积潮土 | 绵潮土 | 耕种黏质浅色草甸土 | 51 |
| | | | 耕二合潮土 | 耕种轻壤沙体浅色草甸土 | 52 |
| | | | | 耕种中壤沙体浅色草甸土 | 53 |
| | | | | 耕种轻壤黏体浅色草甸土 | 54 |
| | | | | 耕种中壤沙底浅色草甸土 | 55 |
| | | | | 耕种重壤沙体浅色草甸土 | 56 |
| | | | | 耕种黏质沙底浅色草甸土 | 57 |
| | | | | 耕种黏质壤体浅色草甸土 | 58 |
| | | | | 耕种重壤沙底浅色草甸土 | 59 |
| | | 堆垫潮土 | 堆垫潮土 | 耕种中壤沙砾体堆垫浅色草甸土 | 60 |
| | 盐化潮土 | 硫酸盐化潮土 | 耕轻白盐潮土 | 耕种沙质轻度 $Cl^- - SO_4^{2-}$ 盐化浅色草甸土 | 61 |
| | | | | 耕种壤质轻度 $Cl^- - SO_4^{2-}$ 盐化浅色草甸土 | 62 |
| | | | | 耕种壤质中度 $Cl^- - SO_4^{2-}$ 盐化浅色草甸土 | 63 |
| | | | 黏轻白盐潮土 | 耕种黏质轻度 $Cl^- - SO_4^{2-}$ 盐化浅色草甸土 | 64 |
| | | | 黏中白盐潮土 | 耕种黏质中度 $Cl^- - SO_4^{2-}$ 盐化浅色草甸土 | 65 |
| | | | 耕轻白盐潮土 | 耕种壤质浅位厚沙层轻度 $Cl^- - SO_4^{2-}$ 盐化浅色草甸土 | 66 |
| | | | | 耕种壤质深位厚沙层轻度 $Cl^- - SO_4^{2-}$ 盐化浅色草甸土 | 67 |
| | | | 黏轻白盐潮土 | 黏质深位厚沙层轻度 $SO_4^{2-}$ 盐化浅色草甸土 | 68 |
| | | | 重白盐潮土 | 黏质重度苏打-$SO_4^{2-}$ 盐化浅色草甸土 | 69 |
| | | | 轻白盐潮土 | 耕种壤质轻度苏打-$SO_4^{2-}$ 盐化浅色草甸土 | 70 |
| | | | 黏轻白盐潮土 | 耕种黏质轻度苏打-$SO_4^{2-}$ 盐化浅色草甸土 | 71 |
| 盐土 | 草甸盐土 | 草甸盐土 | 白盐土 | 壤质 $SO_4^{2-}$ 盐草甸盐土 | 72 |
| | | | 灰盐土 | 黏质 $Cl^- - SO_4^{2-}$ 盐草甸盐土 | 73 |

注：1. 表 3-1 中分类是按 1985 年分类系统分类，其中土种（旧）为 1983 年分类系统所命名的土种。

2. 为了方便地应用，土壤类型特征及主要生产性能中的分类是按照 1983 年标准分类。同时，制作了新旧土壤名称对照表，文中土类、亚类、土属、土种后面括号中即是 1985 年标准分类。

3. 本部分除注明数据为此次调查测定外，其余数据文字内容均为第二次土壤普查的资料数据。

表 3-2 榆次区土壤分布状况

| 土类 | 亚类 | 分　布 |
|---|---|---|
| 褐土 | 淋溶褐土 | 主要分布在本区东南部的基岩山区，长凝镇、庄子乡 2 个乡（镇）与和顺、太谷交界处的人头山、八缚岭、石人山、鸡关寨、杜家山、大塔、降立圪塔一带，海拔为 1 600～1 800 米 |

（续）

| 土类 | 亚类 | 分布 |
|------|------|------|
| 褐土 | 中性石灰质土 | 主要分布在区内东南山、北山和西北山区。在长凝镇、庄子乡、乌金山镇等乡（镇）的山地地形均可见其发育 |
| | 褐土性土 | 广泛分布在山地村庄的四周缓坡和浑圆山顶、丘陵、沟谷和台垣梁坡、山前丘陵及洪积扇地带，在什贴镇、庄子乡东部、长凝镇南部及东赵潇河两岸平缓山区 |
| | 石灰性褐土 | 主要分布在本区中南、西北部汾河二级阶地及潇河、涂河部分河谷高阶地以及地形较平坦的丘陵台垣地上。包括北田镇、庄子乡北部、东阳镇东南部及修文镇东部 |
| 潮土 | 潮土 | 分布于镜内西南、西北近代河流（潇河）河漫滩与一级阶地上，在一级阶地与二级阶地过渡地带的低洼处，也有小面积零星分布。包括东赵乡、长凝镇、郭家堡乡的涂河两岸低平地，东阳、修文、张庆、郭家堡等乡的广大冲积平原地区 |
| | 盐化潮土 | 多分布于西部汾河、潇河、涂河两岸局部低洼处，在东阳乡、修文镇、张庆乡、长凝镇、郭家堡乡等乡（镇）均有零星片状分布 |
| 盐土 | 草甸盐土 | 分布在境内西部东阳镇要村村周和开白村西一带，多呈零星小块插花于盐化潮土之中 |

## 二、土壤类型特征及主要生产性能

### （一）褐土

褐土是榆次区的主要地带性土壤。在面积广阔的山地、沟谷、丘陵梁坡、洪积扇裙及二级阶地上均有分布，海拔高为 790～1 810 米。成土母质主要是富含碳酸盐的第四纪马兰黄土及受其影响的红黄土、次生黄土、洪积、坡积、冲积母质，山区多是砂页岩风化母质。由于受本地区半干旱季风气候的影响，本地褐土的成土过程以碳酸盐的季节性淋溶、淀积过程为主，不受地下水影响，自然植被以刺槐、荆条、酸枣、醋柳、白草、蒿类等旱生草灌为主。

自然形成型褐土，土体厚度为 20～80 厘米，质地沙壤、轻壤，并多有砾石、石块侵入，土壤底部多为基岩或岩石半风化物，颜色以黄褐—褐色为主，全剖面均有不同程度的石灰反应，pH 为 7～8.5，碳酸钙含量 0.07%～13%，变幅很大，硅铁铝率在上下层无明显变化，在 30 厘米以下常可见发育微弱的褐色黏化层，厚度为 10～20 厘米，土壤疏松多孔，土壤表层多为团粒状或屑粒状结构，而心土底土层多为块状、棱块状结构。土壤上具有被覆率不等、种类不同的植物覆盖，土壤养分含量比较丰富。

农业型褐土，随着人为生产活动的不断深入和漫长的农垦历史，土壤表层熟化程度日趋提高，对褐土的形成发育产生着深厚的影响，土壤土层较深厚，质地较均匀，一般以壤质为主，颜色灰黄褐—浅褐，盐基基本饱和，土壤疏松多孔，耕层土壤耕性良好且有活跃的微生物活动。这类土壤继承了母质矿物质养分少的特点，土壤有机质、全氮含量均在中低水平。这一类型土壤是当地最主要的农业土壤。

褐土除了共同的弱度淋溶过程、淀积黏化过程外，由于所处的地形部位，自然植被、垂直气候带的不同而产生许多附加的成土过程，因而形成了淋溶褐土、山地褐土、褐土性土、淡褐土等亚类。分述如下：

**1. 淋溶褐土**

（1）地理分布：主要分布于本区东南部的基岩山区，庄子、长凝2个乡（镇）以及和顺、太谷交界处的人头山、八缚岭、石人山、鸡关寨、杜家山、大塔、降立圪塔一带，多在山地褐土之上或与山地褐土呈复域分布，海拔为1 600～1 800米。年平均气温在8℃，年降水量在500毫米以上。淋溶褐土大部分呈自然状态，无农耕开垦。

（2）形成与特征：淋溶褐土由于所处地形高，气温低，降水量多，湿度大，植物覆盖度好，土体不仅有较强的淋溶、黏化、淀积作用，还进行着弱腐殖化过程，大量的枯枝落叶腐烂于地表，产生丰富的腐殖质，改善了地表结构，疏松了表土。

淋溶褐土的共同特点是：土层浅薄，土体常呈湿润状态，具有明显的淋溶层，沙壤质地，颜色棕褐—黑褐，表层有明显的2～3厘米厚的凋落物层和3厘米左右的疏松腐殖质层，有机质含量80～90克/千克。团粒结构明显，剖面中的盐基被淋洗，呈不饱和状态；碳酸钙已基本淋失，其含量一般小于0.2%，无钙积层，只在基岩表面和母质碎屑上有微弱的钙积现象，并具有石灰反应，pH在7.0～7.5，为中性反应。在心土层有较微弱的黏粒聚积，土壤颜色多呈棕黑色。心土层之下为母质层或母岩层。

淋溶褐土的剖面构型大体可归结为：$A_{00}$—Ah—A—Bt—C、$A_{00}$—Ah—Bt—C 和 $A_{00}$—Ah—Bt—BC 3种。

（3）主要类型：本地淋溶褐土母质较为单一，只划分为砂页岩质淋溶褐土（沙泥质淋溶褐土）1个土属，其分布状况，基本性状同亚类保持一致。

按其土壤质地和土层厚度的不同可划分为薄层沙壤砂页岩质淋溶褐土（薄沙泥质淋土）和中层沙壤砂页岩质淋溶褐土（沙泥质淋土）2个土种，它们均承袭着淋溶褐土的特征特性，但又稍有区别。前者多分布于山坡上部或阳面陡坡，土体厚度小于30厘米以上，但达100厘米以上者甚少。

淋溶褐土水分条件好，自然肥力高，山高坡陡谷深，土层浅薄，无农业用地，多为林牧区。

现以薄层沙壤砂页岩质淋溶褐土（薄沙泥质淋土）的典型剖面为例：剖面采自庆城林场大塔山，地形为山地上部阳坡，海拔1 600米，母质为残积砂页岩（表3-3）。

**表3-3　薄层沙壤砂页岩质淋溶褐土剖面理化性质**（庆城林场大塔）

| 采样深度（厘米） | 有机质（克/千克） | 全氮（克/千克） | 全磷（克/千克） | pH | 机械组成（%） | | | | CaCO₃（%） | 代换量（me/百克土） |
|---|---|---|---|---|---|---|---|---|---|---|
| | | | | | <0.05（毫米） | <0.01（毫米） | <0.005（毫米） | <0.001（毫米） | | |
| 0～2 | 90.5 | 4.13 | 0.69 | 7.6 | 8 | | | 92 | 0.155 | 23.12 |
| 2～9 | 45.1 | 2.47 | 0.50 | 7.5 | 36.4 | 16.2 | 12.5 | 6.1 | 0.080 | 10.69 |
| 9～12 | 31.7 | 1.74 | 0.43 | 7.5 | 28.0 | 14.5 | 11.2 | 6.1 | 0.050 | 10.16 |
| 12～20 | 半风化物 | | | | | | | | | |
| 20以下 | 基岩 | | | | | | | | | |

$A_{00}$层：3厘米，枯枝落叶层。

$A_h$层：0~2厘米，黑褐色腐殖质层，团粒结构，土体疏松多孔且呈潮湿状态。

A层：灰暗褐色沙壤，屑粒结构，土壤疏松且湿润，有多重的植物根。

B层：9~13厘米，紫灰褐色沙壤，屑粒结构，土壤疏松湿润，植物根系比较发达。

C层：13~20厘米，砂岩半风化物。

D层：20厘米以下为砂质基岩。

**2. 山地褐土**

（1）地理分布：山地褐土主要分布于榆次区东部的土石山区。长凝镇东南部、庄子乡东北部、什贴、乌金山镇北部均有山地褐土的分布，海拔为1 000~1 600米，山地褐土的分布主要是在淋溶褐土的下限或与淋溶褐土呈复域分布，其下限为褐土性土所处。榆次区山峦起伏，沟壑纵横、地形复杂、侵蚀严重，年平均气温在8~9℃，年降水量在450毫米左右。

（2）形成与特征：山地褐土多发育在砂页岩风化物或黄土、红黄土、沟淤母质上，土体干旱，自然植被生长稀疏，主要生长一些旱生型的草灌植被，如醋柳、荆条、胡枝子、蒿类等。部分已垦为农田。

山地褐土土层厚度依母质、地形不同而各异，一般为20~100厘米，黄土可深达十几米，表土层有松散的枯枝落叶存在，腐殖层不明显，土壤的腐殖质转化过程极微弱，生物化学风化作用微弱，具有微弱的淋溶作用和有少量黏粒下移。土体中钙质未被淋洗掉，并有少量淀积，土体中有少量假菌丝体或石灰膜出现，石灰反应由上而下，逐渐增强，全剖面呈微碱性反应，pH为7.6~8.58，质地沙壤—中壤。

自然型山地褐土，剖面形态多为A—Bta—C型，较淋溶褐土发育差，土体较薄，只有在山腰平缓地段，才出现土层较厚的土壤，土体中往往含有砾石，土体结构较差，块状或棱块状。腐殖质层或表土层比淋溶褐土薄，有机质含量稍低，盐基饱和。

山地褐土耕垦后即变为耕种山地褐土。耕种历史比较短，熟化程度差，耕层厚15~25厘米，壤质疏松，有机质含量在10克/千克左右，并逐趋衰竭（只种不养）耕层下犁底层不明显，心土层较坚实，全剖面有石灰反应，一般土层深厚、耕性较好，宜耕期长，土体通透性能好，保水保肥性差。

（3）主要类型：据母质类型和利用方式的差异，榆次区山地褐土划分为：砂页岩质山地褐土、耕种砂页岩质山地褐土、黄土质山地褐土、耕种黄土质山地褐土、黄土质山地褐土、耕种黄土质山地褐土、红黄土质山地褐土、耕种红黄土质山地褐土、耕种沟淤山地褐土。现分述如下：

①砂页岩质山地褐土（沙泥质中性石质土）。主要分布于境内东南山、北山和西北山区。在长凝、庄子、乌金山等乡（镇）的山地地形均可见该土属的发育。一般多与裸露的基岩和黄土质山地褐土呈复域分布。

砂页岩质山地褐土多发育在黄土被剥蚀而基岩裸露或残积—坡积的灰色、紫色沙质母岩上，所处地形部位多属高耸、陡峭的山脊、山坡。另外，潇河沿岸陡峭山谷也有零星分布，海拔在1 200米以上。自然植被以旱生草灌为主，植被稀少，多是荒山芜岭，被覆率30%左右，土壤侵蚀相当剧烈，土体厚度为20~70厘米，地表有枯枝落叶存在，但量很少，腐殖质层也很薄，有机质含量为 15～35 克/千克，质地以沙壤为主，并含有少量的母岩碎屑。表层土壤有一定的淋溶现象，石灰反应较弱，其下逐渐强烈；心土、底土层土壤有一定的钙积，半风化母岩碎片常附着有石灰胶膜；全剖面呈微碱性反应，pH 为 8.0 左右，土壤颜色遗面有母岩基色，呈紫红或灰褐色，单粒结构（无结构）。

按土层厚度和表土质地的不同，该土属可分为薄层沙壤砂页岩质山地褐土（砂石砾土）、薄层轻壤砂页岩质山地褐土（砂石砾土）、中层沙壤砂页岩质山地褐土（砂石砾土）3 个土种（表 3-4、表 3-5）。

表 3-4　薄层沙壤砂页岩质山地褐土剖面理化性质（长凝镇张庄村虎头山）

| 采样深度<br>（厘米） | 有机质<br>（克/千克） | 全氮<br>（克/千克） | 全磷<br>（克/千克） | pH | 机械组成（%） | | | | CaCO_3<br>（%） | 代换量<br>（me/百克土） |
| --- | --- | --- | --- | --- | --- | --- | --- | --- | --- | --- |
| | | | | | <0.05<br>（毫米） | <0.01<br>（毫米） | <0.005<br>（毫米） | <0.001<br>（毫米） | | |
| 0～4 | 35 | 2.05 | 0.67 | 7.9 | 54.1 | 13.7 | 0.07 | 4.4 | 6.72 | 14.69 |
| 4～17 | 26.5 | 1.63 | 0.58 | 8.0 | 53.3 | 16.2 | 12.0 | 6.1 | 8.56 | 12.57 |
| 17～30 | 18.8 | 1.17 | 0.50 | 8.31 | 38.9 | 16.2 | 12.0 | 6.1 | 12.43 | 10.69 |
| 30 以下 | 基岩 | | | | | | | | | |

表 3-5　中层沙壤砂页岩质山地褐土剖面理化性质（庄子乡杜家山村张山）

| 采样深度<br>（厘米） | 有机质<br>（克/千克） | 全氮<br>（克/千克） | 全磷<br>（克/千克） | pH | 机械组成（%） | | | | CaCO_3<br>（%） | 代换量<br>（me/百克土） |
| --- | --- | --- | --- | --- | --- | --- | --- | --- | --- | --- |
| | | | | | <0.05<br>（毫米） | <0.01<br>（毫米） | <0.005<br>（毫米） | <0.001<br>（毫米） | | |
| 0～15 | 17.2 | 0.91 | 1.28 | 7.6 | 10.60 | 41.5 | 28.9 | 19.6 | 5.75 | 10.61 |
| 15～40 | 14.7 | 0.78 | 1.19 | 8.0 | 10.30 | 54.9 | 26.3 | 17.9 | 11.35 | 10.31 |

其中薄层沙壤砂页岩质山地褐土典型剖面描述如下：剖面采自长凝镇张庄村虎头山，海拔为 1 200 米，自然植被有荆条、蒿草、白草等。

0～4 厘米，黄灰褐色，沙壤，屑粒结构，疏松多孔，中量植物根，石灰反应较强。

4～17 厘米，灰黄褐色，沙壤，碎块状结构，土体紧实，有碎石块，多量根系，石灰反应较强。

17～30 厘米，灰褐色，沙壤，碎块状结构，土体紧实，有较多的碎石块，多量根系，石灰反应强烈，土体湿润。

30 厘米以下，基岩（砂质基岩）表面为强石灰反应。

②耕种砂页岩质山地褐土（砂泥质褐土性土）。由砂页岩质山地褐土经过一定的农业耕种措施改良而成的农垦土壤。就其性质而言和前者有许多共同之处，土层较薄，全剖面中度石灰反应，无明显可见的新生体出现，质地较均一，轻壤偏沙，土壤呈微碱性反应，pH 在 8.2 左右，土体紧实干旱，养分较丰富，土壤保水保肥性差，土地不平整，土壤干旱，土体构型不好，生产性能较差，作物产量较低，由于耕垦历史短，土壤熟化程度亦较差，侵蚀严重。

这种土壤数量极少，分布在沛林、平地泉、东沟一带，属山地沟谷地形，海拔 1 250

米左右。

该土属只有耕种中层轻壤砂页岩质山地褐土（砂泥质立黄土）一个土种，现将典型剖面描述如下：

0～18厘米，灰褐色，轻壤中孔，土壤紧实干燥，块状结构，多量植物根，中度石灰反应。

18～44厘米，灰黄色，轻壤少孔，土壤紧实湿润，块状结构，少量植物根，强石灰反应。

44厘米以下基岩。

砂页岩质山地褐土，开垦为农田的很少，大多为自然牧坡。已垦殖为耕地的土壤，物理性质差，无霜期短，土壤干旱，水土流失比较严重（表3－6）。

表3－6 耕种中层砂页岩质山地褐土剖面理化性质（沛林平地泉）

| 采样深度（厘米） | 有机质（克/千克） | 全氮（克/千克） | 全磷（克/千克） | pH | 机械组成（%） | | | | CaCO₃（%） | 代换量（me/百克土） |
| --- | --- | --- | --- | --- | --- | --- | --- | --- | --- | --- |
| | | | | | <0.05（毫米） | <0.01（毫米） | <0.005（毫米） | <0.001（毫米） | | |
| 0～18 | 33.8 | 0.95 | 0.34 | 8.2 | 48.29 | 24.80 | 20.10 | 11.52 | 1.84 | 12.27 |
| 18～44 | 8.4 | 0.48 | 0.33 | 8.3 | 50.33 | 28.27 | 22.76 | 13.56 | 4.43 | 8.71 |
| >44 | 基岩 | | | | | | | | | |

③黄土质山地褐土（黄土质褐土性土）。分布地带是山地上部（顶部）或缓坡。在境内东南部长凝镇的放羊局、黑背岭、盘肠岭，北部什贴镇的南坪、枝子岭、东西堡儿，乌金山镇的北山区结岭石、后沟一带均有广泛分布。该土壤主要发育于残积或坡积马兰黄土上，常和红黄土、沟淤母质的土种混存，海拔1 000米以上，其下限多为黄土质褐土性土和红黄土质山地褐土。这部分土壤有林地、也有牧地，大多为荒山荒坡，自然植被类型仍以旱生植物为主，覆盖度良好。

就其剖面形态来讲，土层厚度一般在50厘米左右，厚的可达几米、几十米；地表常有薄层枯枝落叶层，而腐殖质层也不明显，表土层有机质含量一般在20克/千克左右，土壤质地为轻壤，颜色较暗，灰黄色—黄褐色；土体疏松多孔，结构良好，团粒块状结构；全剖面石灰反应强烈，心土层有时可见少量CaCO₃新生体沉积，林地土壤表土层有一定淋溶现象，但黏粒移动不明显，pH为7.9～8.5，土壤抗蚀能力低，土壤阳离子代换量也比较低。

此土属根据土层厚薄的差异划分出薄层轻壤黄土质山地褐土（立黄土），中层轻壤黄土质山地褐土（立黄土）、厚层轻壤黄土质山地褐土（立黄土）3个土种（表3－7、表3－8）。

以中层轻壤黄土山地褐土的典型剖面为例，其形态特征的变化如下：

0～30厘米，灰黄色轻壤，块状结构，土层紧实，稍润，多量植物根，石灰反应强。

30～60厘米，灰黄褐色中壤，块状结构，土体紧实，稍润，石灰反应强。

60厘米以下为岩石（砂岩）。

剖面采自乌金山镇山后沟村，海拔在1 160米左右，自然植被以荆条、松柏、草灌为主，中度侵蚀。

**表3-7　中层轻壤黄土质山地褐土剖面理化性质**（乌金山镇山后沟村）

| 采样深度（厘米） | 有机质（克/千克） | 全氮（克/千克） | 全磷（克/千克） | pH | 机械组成（%） | | | | CaCO₃（%） | 代换量（me/百克土） |
|---|---|---|---|---|---|---|---|---|---|---|
| | | | | | <0.05（毫米） | <0.01（毫米） | <0.005（毫米） | <0.001（毫米） | | |
| 表层 | 15.8 | 0.76 | 0.41 | 8.3 | 79.96 | 29.91 | 21.74 | 11.52 | 10.57 | 8.52 |
| 0~30 | 5.0 | 0.33 | 0.41 | 8.5 | 83.02 | 29.68 | 23.78 | 13.97 | 12.96 | 9.08 |
| 30~60 | 3.7 | 0.42 | 0.49 | 8.7 | 79.43 | 32.15 | 23.95 | 13.65 | 11.8 | 6.17 |
| 60以下 | 基岩 | | | | | | | | | |

**表3-8　厚层轻壤黄土质山地褐土剖面理化性质分析结果**（长凝镇北蔺郊）

| 采样深度（厘米） | 有机质（克/千克） | 全氮（克/千克） | 全磷（克/千克） | pH | 机械组成（%） | | | | CaCO₃（%） |
|---|---|---|---|---|---|---|---|---|---|
| | | | | | <0.05（毫米） | <0.01（毫米） | <0.005（毫米） | <0.001（毫米） | |
| 0~17 | 8.8 | 0.58 | 0.62 | 8.5 | 78.5 | 28.5 | 17.5 | 4.8 | 10.57 |
| 17~100 | 4.9 | 0.37 | 0.59 | 8.4 | 81.1 | 35.3 | 22.5 | 8.2 | 12.96 |
| 100以下 | 基岩 | | | | | | | | |

④耕种黄土质山地褐土（黄土质褐土性土）。它是在山地褐土上直接耕种熟化形成的，它具有山地褐土的一般性质，土层深厚，无明显剖面发育特征，质地均匀，轻壤、中壤为主，土体疏松多孔，全剖面石灰反应强烈，心、底土层有时可见少量假菌丝体（CaCO₃沉积），pH 8.2左右。

耕种黄土质山地褐土广泛分布在山地村庄的四周缓坡和浑圆山顶上，多和黄土质山地褐土、红黄土质山地褐土交错出现，其中，东山区的长凝、庄子乡东南部分布较广，北部什贴镇的要罗，东、西堡儿，乌金山镇的北山区各村庄附近也有零星分布，为山区的主要耕地土壤。

由于它是耕种熟化和侵蚀共同作用下的产物，所以除有耕垦土壤的特点外，还有侵蚀冲刷留下的痕迹。它以梯田和二坡地为主要立地条件，具有程度不同的水土流失，耕作层疏松干爽，通透性能好，厚度15~20厘米，有机养分含量不高，有机质含量一般在5~8克/千克，耕层结构良好，屑粒状结构，耕层下具有3~6厘米厚的较紧实的犁底层，耕层以下无明显发育层次，底土具有黄土母质特征，密实、抗冲力强。不过有一部分土壤不仅耕层与底土层过渡不明显，同时也缺乏明显的犁底层和淀积层，土壤的黏粒聚积现象也不十分明显，上下层之间黏粒变化在3%左右，质地中壤者居多，由于耕作、侵蚀和淀积的影响，表土质地略有改变，除此而外土壤耕作熟化后还可形成大小不等的团粒—团块或微团块结构。

比较来看，这种土壤耕性较好，适耕期长，因有机质少，土色浅，比热小，土温变幅大、无霜期短等特点，决定了它的种植制度多为一年一熟，以大秋作物为主，作物生长易发小苗，但后劲较差，土壤透水性好，怕旱不怕涝，遇丰水年份，也可以获得丰收。而一般年份，产量比较低。

这种土壤以种植农作物为主，也有休闲轮牧轮荒地。在地埂、坡边、沟沿等处生长有零星旱生草本和灌木植被。

本土属根据不同表土质地划分为耕种轻壤黄土质山地褐土（耕立黄土）和耕种中壤黄土质山地褐土（耕立黄土）两个土种（表3-9、表3-10）。现以前者之典型剖面为例：

表3-9　耕种轻壤黄土质山地褐土剖面理化性质（长凝镇石圪塔村施康脑）

| 采样深度（厘米） | 有机质（克/千克） | 全氮（克/千克） | 全磷（克/千克） | pH | 机械组成（%） | | | |
| --- | --- | --- | --- | --- | --- | --- | --- | --- |
| | | | | | <0.05（毫米） | <0.01（毫米） | <0.005（毫米） | <0.001（毫米） |
| 0~18 | 5.7 | 0.41 | 0.59 | 8.2 | 73.8 | 26.3 | 18.7 | 10.2 |
| 18~24 | 5.4 | 0.40 | 0.55 | 8.2 | 78.5 | 28.5 | 20.9 | 9.9 |
| 24~88 | 3.8 | 0.28 | 0.55 | 8.2 | 80.2 | 30.2 | 20.9 | 11.6 |
| 88~140 | 4.0 | 0.29 | 0.57 | 8.3 | 81.9 | 34.5 | 25.2 | 13.3 |

表3-10　耕种中壤黄土质山地褐土剖面理化性质（什贴村富华村村北地）

| 采样深度（厘米） | 有机质（克/千克） | 全氮（克/千克） | 全磷（克/千克） | pH | 机械组成（%） | | | | CaCO₃（%） | 代换量（me/百克土） |
| --- | --- | --- | --- | --- | --- | --- | --- | --- | --- | --- |
| | | | | | <0.05（毫米） | <0.01（毫米） | <0.005（毫米） | <0.001（毫米） | | |
| 0~18 | 5.7 | 0.41 | 0.59 | 8.2 | 73.8 | 26.3 | 18.7 | 10.2 | 11.18 | 13.19 |
| 18~58 | 5.4 | 0.40 | 0.55 | 8.2 | 78.5 | 28.5 | 20.9 | 9.9 | 14.91 | 11.37 |
| 58~100 | 3.8 | 0.28 | 0.55 | 8.2 | 80.2 | 30.2 | 20.9 | 11.6 | 12.04 | 11.21 |

0~18厘米，黄灰色轻壤，屑粒状结构，疏松多孔，稍润，多量植物根，强石灰反应。

18~24厘米，灰黄褐色轻壤，片状结构，土体紧实少孔，湿润，多量植物根，强石灰反应。

24~88厘米，灰黄色中壤，块状结构，土体紧实少孔，湿润，少量植物根，石灰反应较强。

88~140厘米，浅灰褐色中壤，块状结构，土体紧实，石灰反应较强。

剖面采自石圪塔村施康脑，海拔1 065米的山坡。

这一类土壤俗称"黄土"、"白土"。改良利用时要针对干旱、肥力不足、活土层薄等特点，加以改良，增施有机肥，深耕改土，同时要注意农田基本建设，种植防护林网，保水蓄水抗旱，把培肥改土和工程改土有机结合起来，必要时可以种植牧草，以畜肥田，协调土地广大而肥源不足的矛盾。

⑤红黄土质山地褐土（黄土质褐土性土）。主要分布于什贴镇要罗山一带沟谷、山坡，混存于黄土山地中。由于它发育于黄土被侵蚀而出露的老黄土（离石黄土）母质上，因而它的表现性质趋向于母质。土层深度100厘米至十几米，呈暗棕红色，土壤中矿物质养分含量少，有机养分也较贫乏，表土层有机质含量仅15克/千克左右，加之其结构差，土体

干硬，土质较黏重，故而使自然植被不能正常生长，被覆率低于30％，多荒山秃岭。这类土壤质地以重壤中壤为多，棱块状结构为主，通透性差，对水分渗透能力很差，尽管土粒本身抗蚀能力强，但其土壤侵蚀也是相当严重的，表土层被冲刷成光板，植物不能很好地生存。全剖面强石灰反应，心底土层多有料姜淀积，pH弱于黄土在7.9左右，$CaCO_3$含量也远远低于黄土，土壤的阳离子代换量比较高（黏粒所致）。

该土属只分厚层中壤红黄土质山地褐土（红立黄土）1个土种（表3-11），现以典型剖面为例。

**表3-11　厚层中壤红黄土质山地褐土剖面理化性质**（什贴镇要罗北坡）

| 采样深度（厘米） | 有机质（克/千克） | 全氮（克/千克） | 全磷（克/千克） | pH | 机械组成（％） | | | | $CaCO_3$（％） | 代换量（me/百克土） |
|---|---|---|---|---|---|---|---|---|---|---|
| | | | | | <0.05（毫米） | <0.01（毫米） | <0.005（毫米） | <0.001（毫米） | | |
| 0～43 | 14.5 | 0.97 | 0.46 | 7.9 | 78.4 | 41.8 | 30.7 | 7.7 | 4.70 | 18.98 |
| 43～85 | 13.6 | 0.29 | 0.38 | 7.9 | 73.3 | 44.3 | 36.7 | 11.9 | 5.72 | 15.46 |
| 85以下 | 基岩 | | | | | | | | | |

剖面采自什贴镇要罗北坡，海拔1 300米，自然植被以荆条、蒿草、白草等草灌混合体为主，中、重度侵蚀。

0～43厘米，黄灰色中壤，棱块状结构，土体较紧实，孔隙度中等，有少量料姜和砾石，具有较多的植物根，石灰反应较强。

43～85厘米，红褐色中壤，棱块状结构，土体紧实少孔稍润，少量料姜石块，具少量植物根，石灰反应强烈。

85厘米，基岩，强石灰反应。

⑥耕种红黄土质山地褐土（黄土质褐土性土）。主要分布于东南部长凝镇、庄子乡的上庄、芦子坪、鱼儿池、高家山一带，另外，北部什贴、要罗、东西堡儿等地也有零星分布。这一部分土壤多与耕种黄土质山地褐土交错（复域）分布。发育地形是沟谷或山坡中下部的二坡地，母质为裸露的红黄土（离石黄土）。土壤性状同红黄土山地褐土基本一致，又略有变异。表土层结构多为碎石块状，重壤质地，心土以下质地偏重，土壤通透性和保水、保肥性适中，有机质含量10克/千克左右，全剖面呈微碱性反应，pH为8.2左右，石灰反应由上而下减弱，有少量$CaCO_3$在心土层淀积。地埂边缘生长的自然植被多与耕种黄土质山地褐土相同。

由于其耕作历史较短，土壤熟化程度也较差，耕层活土层薄，宜耕期短，宜耕性较差，土壤犁底层不明显，易板结，肥效有后劲、缺前劲，作物发老苗、不发小苗。一般以种杂粮秋作为宜，单产比较低。

该土属只分厚层重壤红黄土质山地褐土（红立黄土）1个土种（表3-12）。现以典型剖面为例。

0～14厘米，棕灰色重壤，屑粒状结构，土体较疏松，具有较多的植物根，石灰反应强烈。

14～22厘米，浅棕灰褐色重壤，棱块状结构，土体紧实，白色$CaCO_3$假菌丝体较多，有少量料姜，少量植物根，石灰反应强烈。

22～100 厘米，灰棕褐色重壤，棱块状结构，土体坚硬，白色 $CaCO_3$ 假菌丝体较多，有少量料姜，少量植物根，石灰反应强烈。

剖面采自长凝镇南庄村胶泥圪洞，海拔 1 290 米的二坡地上。

表 3-12　耕种重壤红黄土质山地褐土剖面理化性质（长凝镇南庄村）

| 采样深度（厘米） | 有机质（克/千克） | 全氮（克/千克） | 全磷（克/千克） | pH | 机械组成（%） | | | | $CaCO_3$（%） | 代换量（me/百克土） |
| | | | | | <0.05（毫米） | <0.01（毫米） | <0.005（毫米） | <0.001（毫米） | | |
|---|---|---|---|---|---|---|---|---|---|---|
| 0～14 | 11.7 | 0.83 | 0.54 | 8.0 | 85.9 | 50.9 | 39.9 | 14.4 | 13.96 | 16.44 |
| 14～22 | 5.0 | 0.43 | 0.61 | 8.2 | 91.0 | 56.9 | 45.9 | 12.7 | 10.78 | 18.54 |
| 22～100 | 4.1 | 0.35 | 0.62 | 8.2 | 91.9 | 56.9 | 45.0 | 8.4 | 9.58 | 17.42 |

这一类型土壤的改良同样以改良土壤结构为主，掺沙改土，增施有机肥，深耕翻，疏松表土层，同时注意作物生长前期养分的补充，尽量为作物生长创造好的环境条件。

在利用上可适当种植牧草，提高土壤肥力，以畜养地，进而达到改善土壤物理性状之目的。

⑦耕种沟淤山地褐土（沟淤褐土性土）。分布于土石山区的 V 形谷或 U 形谷内，或河流两侧。在东南部长凝、庄子乡一带的鱼儿池、段家垴、霍城一带沟壑均有较广泛的分布，另乌金山镇及潇河两岸大的沟壑里也有零星分布。

土壤发育于沟淤母质上，系洪水携带的黄土性洪积物质沉积于山地沟谷后，自行耕作熟化的旱作土壤。它的土层厚度、土壤质地视上淤岩石，洪水量大小，所处地形不同而异，土块厚度 60～150 厘米，有的达数米，土壤质地沙壤—重壤兼有，质地剖面往往较均一，有时夹有少量砾石。有的剖面具有明显的沉积层理，二元或多元结构明显。全剖面石灰反应强烈，pH 在 7.5 左右，有机质含量上下层接近一致，一般在 10 克/千克左右。由于土壤不断被侵蚀、淤积，故而无明显的发育层次，淋溶、淀积、黏化过程极其微弱，在剖面发育形态上无明显的发育特征。随着熟化程度的提高，土壤剖面构型多由 A－C 型发育成 A－P 或 A－P－B－C 型。

沟淤山地褐土所处地形相对低，并接近河流，故土体中水分充足，每遇大雨暴雨，大量肥沃的表土集聚地表，故土壤养分含量较高，是山区较肥沃的农耕土壤。土壤较疏松，结构良好，土色黑，土地增温快，宜耕期较长，但耕性稍差，无固定活土层，保水、保肥性能较差，多种植玉米、小麦等，产量较高。

据土体构型的差异，该土属可分为耕种沙壤沟淤山地褐土（沙土）（沟淤土）、耕种轻壤沟淤山地褐土（二合土）（沟淤土）、耕种重壤沟淤山地褐土（淤土）（沟淤土），耕种沙壤浅位薄沙砾层沟淤山地褐土（沙土）（沟淤土）4 个土种（表 3-13～表 3-16），它们所表现出的理化性质及生产性能有所不同。

二合土质地适中，土层内质地较均一，耕性良好，保肥性稍差，供肥性良好，作物发老苗又发小苗，但各种有机养分含量均较低，故改良利用要注重有机肥的施用，加厚活土层，培养保水保肥的犁底层，协调肥水的供保关系。

　　淤土由于质地较黏重，故而耕性不良，水分与空气的通透性均差，怕涝怕旱，土壤潜在养分高而有效养分低，作物发老苗而不发小苗，土壤保水肥性强，供水（有效水量较低）肥性差。改良利用要以掺沙改土，疏松表土，改良不良的土壤质地为主攻方向，改善耕性，改善作物生长的生态环境。

　　沙土耕作也比较困难（多有石块顶犁跳犁），土壤各养分含量都比较低，作物发小苗而不发老苗，且土壤的干旱问题表现得很突出，土壤保水供水能力很差，土层又较浅薄，故利用以林果利用为宜，亦可作为绿肥生产基地，或种植瓜果蔬菜类。

　　现以耕种沙壤沟淤山地褐土的典型剖面为例。剖面采自长凝镇霍城村涂河支沟谷底，海拔 1 536 米，母质系洪积物。

　　0～13 厘米，紫灰褐色沙壤，屑粒状结构，疏松多孔，稍润，有较多的植物根，石灰反应强。

　　13～45 厘米，紫灰褐色沙壤，块状结构，土体稍紧，有较多植物根，石灰反应强。

　　45～100 厘米，灰褐色轻壤，块状结构，土体紧实，少孔稍润，少量植物根，石灰反应强烈。

**表 3-13　耕种沙壤沟淤山地褐土剖面理化性质**（长凝镇霍城村园只地）

| 采样深度<br>（厘米） | 有机质<br>（克/千克） | 全氮<br>（克/千克） | 全磷<br>（克/千克） | pH | 机械组成（%） | | | | CaCO₃<br>（%） | 代换量<br>（me/百克土） |
|---|---|---|---|---|---|---|---|---|---|---|
| | | | | | <0.05<br>（毫米） | <0.01<br>（毫米） | <0.005<br>（毫米） | <0.001<br>（毫米） | | |
| 0～13 | 12.4 | 0.70 | 0.81 | 7.2 | 26.0 | 14.2 | 11.7 | 4.1 | 2.49 | 7.83 |
| 13～45 | 7.2 | 0.41 | 0.80 | 8.2 | 23.5 | 12.5 | 10.8 | 3.3 | 3.57 | 6.17 |
| 45～100 | 10.5 | 0.67 | 0.17 | 8.2 | 51.6 | 21.1 | 14.3 | 4.9 | 5.92 | 9.94 |

**表 3-14　耕种沙壤浅位薄沙砾层沟淤山地褐土剖面理化性质**（庄子乡西河村外头河）

| 采样深度<br>（厘米） | 有机质<br>（克/千克） | 全氮<br>（克/千克） | 全磷<br>（克/千克） | pH | 机械组成（%） | | | | CaCO₃<br>（%） | 代换量<br>（me/百克土） |
|---|---|---|---|---|---|---|---|---|---|---|
| | | | | | <0.05<br>（毫米） | <0.01<br>（毫米） | <0.005<br>（毫米） | <0.001<br>（毫米） | | |
| 0～15 | 8.1 | 0.53 | 0.71 | 8.1 | 35.4 | 15.2 | 11.0 | 5.9 | 3.33 | 7.99 |
| 15～40 | 6.1 | 0.42 | 0.70 | 8.3 | 40.5 | 17.9 | 11.9 | 7.6 | 4.85 | 7.48 |
| 40～60 | 3.8 | 0.32 | 0.70 | 8.3 | 32.1 | 17.8 | 12.7 | 5.1 | 6.14 | 7.88 |

**表 3-15　耕种轻壤沟淤山地褐土剖面理化性质**（长凝镇石槽头北坡儿）

| 采样深度<br>（厘米） | 有机质<br>（克/千克） | 全氮<br>（克/千克） | 全磷<br>（克/千克） | pH | 机械组成（%） | | | |
|---|---|---|---|---|---|---|---|---|
| | | | | | <0.05<br>（毫米） | <0.01<br>（毫米） | <0.005<br>（毫米） | <0.001<br>（毫米） |
| 0～13 | 6.1 | 0.32 | 0.70 | 8.1 | 59.5 | 24.2 | 15.7 | 7.3 |
| 13～78 | 4.3 | 0.31 | 0.59 | 8.1 | 70.9 | 26.0 | 18.4 | 10.7 |
| 78～114 | 3.3 | 0.33 | 0.80 | 8.3 | 50.6 | 20.0 | 14.9 | 7.4 |
| 114～140 | 2.3 | 0.11 | 0.79 | 8.3 | 34.1 | 18.2 | 12.3 | 3.1 |
| 140～155 | 3.0 | 0.21 | 0.79 | 8.3 | 47.7 | 20.8 | 14.9 | 7.3 |

**表3-16　耕种重壤沟淤山地褐土剖面理化性质**（长凝镇霍城村园只地）

| 采样深度（厘米） | 有机质（克/千克） | 全氮（克/千克） | 全磷（克/千克） | pH | 机械组成（%） | | | | CaCO₃（%） | 代换量（me/百克土） |
|---|---|---|---|---|---|---|---|---|---|---|
| | | | | | <0.05（毫米） | <0.01（毫米） | <0.005（毫米） | <0.001（毫米） | | |
| 0～15 | 12.0 | 0.74 | 0.68 | 8.0 | 73.6 | 45.3 | 36.3 | 10.9 | 12.93 | 13.02 |
| 10～15 | 3.1 | 0.29 | 0.60 | 7.6 | 74.6 | 53.5 | 43.3 | 15.3 | 12.84 | 13.94 |
| 15～100 | 12.2 | 0.86 | 0.66 | 7.7 | 74.6 | 44.9 | 34.8 | 14.5 | 13.16 | 15.98 |

耕种沟淤山地褐土的利用除了以改进土壤不良性状，充分发挥生产潜力，不断提高粮食产量为目的外，还要加强农田基本建设，营造沟岸、河岸防蚀林网，拦河筑坝，为作物生长创造良好环境，在用地的同时，要注意培肥土壤，保护土壤，尽可能减少水土流失。

**3. 褐土性土**

（1）地理分布：褐土性土是本区土壤垂直带中的重要分支，它主要分布在山地褐土之下，淡褐土以上，就其所处的地形部位来讲，属于丘陵、沟谷和丘陵台垣梁坡，山前丘陵及洪积扇地带，即北田镇，庄子乡的小祁、田乔、福堂、东祁、义井、紫坑以东；长凝镇南梁、北梁，东赵乡潇河两岸平缓山区；什贴镇山前倾斜平原地（或山前丘陵）和乌金山镇、郭家堡乡的洪积扇地区，海拔850～1 300米。年降水量在430毫米左右，气候温和，年平均气温在9.0～9.3℃，这类土壤分布范围广，耕种褐土性土是丘陵区的主要农业用地。

（2）形成与特征：褐土性土以微弱的褐土化过程为特征。钙化明显，有较明显钙积层，腐殖化及黏化过程微弱，没有明显的腐殖质层和黏化层，表土以下，有黏粒聚集现象，黏粒含量比上层黏粒含量稍高3%～5%（含<0.01黏粒），且由于水土流失造成黏化过程不能持续，黏化层次有逐渐下移现象。褐土性土的钙化过程表现在其还在脱钙阶段，盐基饱和，土壤呈微碱性，通体强石灰反应。在心土或底土层稍有CaCO₃新生体及料姜出现。

耕种褐土性土壤以耕作熟化过程为主。其主要取决于人类的耕种措施，其中以施用有机肥料最为重要。一般土壤经过耕作，土壤结构度提高，各有效养分含量提高，活土层变厚，有机质、全氮、代换量也有不同程度的提高，同时也提高了土壤的保肥性能，土壤质地逐步壤质化等。而那些不合理的耕作将会导致土壤养分含量下降，土壤性状变差，表土严重流失等。

就其剖面构型讲，褐土性土多为A—B—Bca—C型或A—Bt—Bca—C型剖面。耕地A—P—B—C型剖面，有犁底层，但特征不明显。

褐土性土层较深厚，几米至几十米，质地轻而疏松多孔，通透性良好，黏着力强，垂直节理发育，抗蚀能力较弱，加之地势起伏不平，沟壑纵横交错，雨量集中，土壤侵蚀比较严重，大量表土被地表径流冲走，严重时表土失尽，心土出露，迫使成土过程不能持续，依始而起，如此循环往复，成土过程常处于幼年阶段，土体中发育层次极不明显。除表土层外，其他层次均表现出母质特征。土壤养分瘠薄，土壤干旱是这类土壤主要特征。当然在较平坦的地形部位也可见剖面中有少量假菌丝体或料姜出现，有棕褐色的黏化层存在，有稳定的犁底层存在等。

（3）主要类型：褐土性土主要发育于第四纪黄土和红黄土母质上，另有少部分发育在洪积、沟淤及黑垆土母质上，故据母质各异，利用状况不同，可划分为黄土质褐土性土、耕种黄土质褐土性土、耕种洪积褐土性土、红黄土质褐土性土、耕种红黄土质褐土性土、沟淤褐土性土、耕种沟淤褐土性土、耕种黑垆土质褐土性土8个土属。现分述如下。

①黄土质褐土性土。分布于境内东部和北部的低山丘陵过渡地区，北田、东赵、庄子、什贴等乡的桥头、杨壁、紫中坪、东赤土、麻地沟、相立、辉举、郑家岭、东山、港上、石山、东后沟、阔子头、小寨、前后十里沟一带均有较大面积的分布。

黄土质褐土性土系褐土性土之典型土属，故其各种理化性状，剖面形态与亚类基本相同。按其表层质地的熟化程度，分为轻壤黄土质褐土性土（立黄土）1个土种（表3-17）。现以典型剖面为例说明。

**表3-17 轻壤黄土质褐土性土剖面理化性质**（什贴镇山庄头村）

| 采样深度（厘米） | 有机质（克/千克） | 全氮（克/千克） | 全磷（克/千克） | pH | 机械组成（%） | | | |
|---|---|---|---|---|---|---|---|---|
| | | | | | <0.05（毫米） | <0.01（毫米） | <0.005（毫米） | <0.001（毫米） |
| 0～20 | 8.6 | 0.54 | 0.52 | 8.1 | 82.3 | 30.6 | 22.9 | 10.2 |
| 20～52 | 5.6 | 0.38 | 0.40 | 8.3 | 81.4 | 36.5 | 28 | 16.2 |
| 52～100 | 3.0 | 0.17 | 0.33 | 8.5 | 78.7 | 27.9 | 23.6 | 14.3 |

0～20厘米，黄灰褐色轻壤，块状结构，疏松多孔，稍润，有较多的植物根，强石灰反应。

20～52厘米，黄灰褐轻壤，块状结构，土体紧实少孔湿润，有些植物根，石灰反应强。

52～100厘米，浅灰褐色轻壤，块状结构，土体紧实湿润，少量植物根，石灰反应较强。

剖面采自什贴镇山庄头村背坡儿，海拔1 150米处的丘陵梁坡中部。

这类土壤干旱瘠薄，多生长稀疏的旱生灌木草本植被，腐殖质层（即表土层）虽然较厚，但腐殖质含量不高。所以改良利用首先要改善土壤养分状况，种植牧草绿肥最为适宜，也可发展果木林，或在提高肥力的基础上发展农业。

②耕种黄土质褐土性土。在广大丘陵地区的各乡、村的梁、坡、垣上均有不同面积的分布。如北部什贴镇大部分地区，长凝、庄子、乌金山等乡（镇）的部分地区都有这类土壤的发育。面积广大，是本区的主要耕作土壤。

它发育于黄土母质上，多以梯田和二坡地为立足之地。经过长期的耕种，土壤熟化程度较高，耕层厚15～25厘米，壤质疏松，有机质10克/千克左右，耕层下为稍紧实的犁底层，心土层较紧实，有时有少量白色假菌丝体或料姜出现，黏化现象不明显，全剖面强石灰反应，pH为8.0左右。一般土层深厚，土色以浅黄褐或灰黄褐为主，块状结构。耕性较好，适耕期长，土性暖，通透性较好，但土体干旱，水土流失严重，活土层薄，土壤蓄水保肥能力差，耕作粗放，故肥力水平较低，一般多种植玉米、谷子、小麦，一年一熟或二年三熟。

本土属只划分耕种轻壤黄土质褐土性土（耕立黄土）1个土种（表3-18），现以典型剖面为例说明。

**表3-18　耕种轻壤黄土质褐土性土剖面理化性质**（什贴镇山庄头村）

| 采样深度（厘米） | 有机质（克/千克） | 全氮（克/千克） | 全磷（克/千克） | pH | 机械组成（%） | | | |
| --- | --- | --- | --- | --- | --- | --- | --- | --- |
| | | | | | <0.05（毫米） | <0.01（毫米） | <0.005（毫米） | <0.001（毫米） |
| 0～29 | 9.7 | 0.60 | 0.57 | 8.2 | 78.5 | 29.4 | 21.8 | 9.9 |
| 29～66 | 6.2 | 0.46 | 0.52 | 8.2 | 78.5 | 29.39 | 23.5 | 13.3 |
| 66～100 | 4.8 | 0.32 | 0.54 | 8.3 | 76.0 | 28.54 | 22.6 | 13.3 |

0～29厘米，浅灰褐色轻壤，屑粒结构，土层疏松，稍润，多量植物根，石灰反应强，有少量的侵入体灰渣。

29～66厘米，黄灰褐色轻壤，块状结构，土体紧实湿润，中量植物根，石灰反应强。

66～100厘米，黄灰褐色轻壤，块状结构，土体紧实湿润，少量植物根，石灰反应强。有中量的 $CaCO_3$ 斑点。

剖面采自什贴镇山庄头村文号头地，海拔1 150米处的丘陵梁坡中部。

这一类土壤的利用以种植夏秋作物为宜，深秋或夏末深耕翻，接纳雨水，种植绿肥或轮作施肥，提高土壤熟化度，培肥地力，培养犁底层。对于二坡地要修筑梯田或横坡耕种，有条件的地方要加强水利建设，防旱抗旱。

③红黄土质褐土性土。零星分布在庄子、长凝、什贴等乡（镇）的丘陵荒坡梁峁上。发育于黄土侵蚀冲失而老黄土（离石黄土）出露的母质上，它常于黄土质褐土性土交错出现。自然植被生长稀疏，养分含量低，表土层常由于侵蚀，黄土的侵入呈黄棕褐色，质地轻壤至中壤，而心土、底土质地黏重，土壤紧实微密，通透性差，黏着性好，抗蚀力强。全剖面无明显发育层次，石灰反应较强，pH为7.8～8.4。

据表土质地，本土属划分为中壤红黄土质褐土性土（红立黄土）和轻壤红黄土质褐土性土（红立黄土）2个土种（表3-19、表3-20）。二者其他性状基本一致，兹以前者的典型剖面为例说明。

0～24厘米，灰棕褐色重壤，块状结构，土体较紧，稍润，有较多的植物根。

24～60厘米，灰棕褐色棕壤，棱块状结构，土体紧实，中量植物根。

60～100厘米，浅棕灰褐色重壤，棱块状结构，土体紧实少孔稍润，少量植物根。土壤理化性状见表3-19。

**表3-19　中壤红黄土质褐土性土剖面理化性质分析**（什贴镇柏林头村）

| 采样深度（厘米） | 有机质（克/千克） | 全氮（克/千克） | 全磷（克/千克） | pH | 机械组成（%） | | | | $CaCO_3$（%） | 代换量（me/百克土） |
| --- | --- | --- | --- | --- | --- | --- | --- | --- | --- | --- |
| | | | | | <0.05（毫米） | <0.01（毫米） | <0.005（毫米） | <0.001（毫米） | | |
| 0～24 | 7.8 | 0.64 | 0.52 | 8.3 | 84.4 | 41.8 | 29.9 | 2.6 | 5.21 | 5.21 |
| 24～60 | 4.3 | 0.39 | 0.53 | 8.4 | 85.2 | 45.2 | 34.9 | 2.6 | 7.37 | 7.37 |
| 60～100 | 3.2 | 0.31 | 0.43 | 8.2 | 87.8 | 49.5 | 38.4 | 0.9 | 6.74 | 6.74 |

**表 3-20　轻壤红黄土质褐土性土剖面理化性质**（北田镇田乔村）

| 采样深度（厘米） | 有机质（克/千克） | 全氮（克/千克） | 全磷（克/千克） | pH | 机械组成（%） | | | | CaCO₃（%） | 代换量（me/百克土） |
|---|---|---|---|---|---|---|---|---|---|---|
| | | | | | <0.05（毫米） | <0.01（毫米） | <0.005（毫米） | <0.001（毫米） | | |
| 0～20 | 4.0 | 0.33 | 0.54 | 8.2 | 71.4 | 29.1 | 23.1 | 12.1 | 6.25 | 9.22 |
| 20～100 | 2.2 | 0.18 | 0.59 | 8.2 | 72.3 | 23.1 | 17.2 | 10.4 | 6.21 | 8.96 |

红黄土质褐土性土在利用上应以牧为主，辅助林业，在土壤改良方面着重结构、质地的改良。

④耕种红黄土质褐土性土。耕垦后的红黄土质褐土性土，主要分布于什贴、庄子等乡（镇）的丘陵梁坡中下部，常与耕种黄土质褐土性土呈复域分布，多为二坡地或梯田地形，母质主要为红黄土，也有少量黄土的东西残留。自然植被类似于黄土质褐土性土，散见于地埂坡边，土壤有不同程度的侵蚀。剖面形态初看起来类似于非耕垦的红黄土质褐土性土，但仔细观察，它的理化性质有部分偏重于黄土质褐土性土，这是由于受上层黄土的影响所致。土层较深厚，土壤质地以中壤为主，颜色灰棕褐—棕褐色，耕层薄，碎块状结构，土壤黏着力强，不宜耕作，有机质含量介于黄土、红黄土之间为5～10克/千克，心土底层土体紧实，干旱、棱块状结构，全剖面呈微碱性反应，pH为8.0～8.2，通体石灰反应强烈，CaCO₃含量4%～9%不等，代换量9～13me/百克土，前者高于红黄土质，后者低于红黄土质，而介于黄土、红黄土之间（表3-21）。

**表 3-21　耕种中壤红黄土质褐土性土剖面理化性质**（什贴镇十里沟村）

| 采样深度（厘米） | 有机质（克/千克） | 全氮（克/千克） | 全磷（克/千克） | pH | 机械组成（%） | | | | C/N |
|---|---|---|---|---|---|---|---|---|---|
| | | | | | <0.05（毫米） | <0.01（毫米） | <0.005（毫米） | <0.001（毫米） | |
| 0～16 | 5.2 | 0.38 | 0.35 | 8.1 | 71.9 | 41.3 | 34.5 | 20.8 | 6 |
| 16～48 | 2.7 | 0.27 | 0.29 | 8.0 | 68.5 | 39.6 | 33.6 | 14.9 | 6 |
| 48～120 | 3.3 | 0.26 | 0.33 | 8.0 | 68.5 | 38.7 | 33.6 | 12.3 | 7 |

就耕种红黄土质褐土性土的生产性来讲，土壤紧实少孔，不宜耕作，宜耕期短，土壤干燥、冷凉，养分状况较一般，肥效平缓，作物发老不发小，但土壤保水保肥性良好。主要种植玉米、谷子。本土属仅耕种中壤红黄土质褐土性土一个土种。现以典型剖面为例说明：

0～16厘米，棕灰褐色中壤，屑粒结构，土层疏松，稍润，多量植物根，强石灰反应。

16～48厘米，灰棕褐色中壤，块状结构，土层紧实湿润，中量植物根，少量料姜侵入。

48～120厘米，黄棕灰褐色中壤，块状结构，土层坚实湿润，少量植物根。少量料姜侵入。

此类型土壤在改良利用上要注意作物生长前期速效性养分的供给补充，增加热性有机肥的施用，以此改良土壤结构质地，提高地温，疏松表土。另外，深耕翻可增厚熟化土层，平田整地，防止水土流失，精耕细作，使促土壤进一步向熟化方向发展。

⑤沟淤褐土性土。大部分在北部什贴镇及西北部北田镇的荒丘V形狭谷零星分布，土壤多发育于第三纪红黄土和第四纪红黄土的洪淤母质上，自然植被生长良好，以旱生草被为主，覆盖度50%左右，土壤自然肥力较差，由于土壤极易被季节性洪水冲失和淤积，故土层沉积层次明显，土层较薄，土壤质地黏重，土体中有料姜，石块等侵入体，物理性状不良，剖面发育程度差，黏化钙积甚微，石灰反应强烈，全剖面呈微碱性反应，pH为8.1～8.2。

该土属只划分黏质沟淤褐土性土（沟淤土）1个土种，现以典型剖面为例说明（表3-22）。

**表3-22　黏质沟淤褐土性土剖面理化性质**（什贴镇葛家庄村）

| 采样深度（厘米） | 有机质（克/千克） | 全氮（克/千克） | 全磷（克/千克） | pH | 机械组成（%） | | | | CaCO₃（%） | 代换量（me/百克土） |
| --- | --- | --- | --- | --- | --- | --- | --- | --- | --- | --- |
| | | | | | <0.05（毫米） | <0.01（毫米） | <0.005（毫米） | <0.001（毫米） | | |
| 0～30 | 4.1 | 0.34 | 0.28 | 8.0 | 85.1 | 67.2 | 55.2 | 8.3 | 4.37 | 25.15 |
| 30～60 | 4.4 | 0.27 | 0.28 | 7.9 | 85.9 | 66.3 | 56.1 | 9.1 | 5.45 | 26.27 |
| 60～100 | 3.2 | 0.26 | 0.26 | 8.0 | 85.9 | 66.3 | 55.2 | 11.7 | 5.52 | 27.69 |

剖面采自什贴镇葛家庄村沟内荒地，距村1 000米左右。

0～30厘米，深棕褐色黏土，核粒状结构，疏松多孔，少量植物根，石灰反应较强。

30～60厘米，深棕褐色黏土，块状结构，土体紧实少孔，有少量植物根，石灰反应较强烈。

60～100厘米，深棕褐色黏土，块状结构，土体紧实少孔，石灰反应较强烈。

沟淤褐土性土所处地形低洼，水分条件良好，除生长有部分旱生草被外，有时还长有一些喜湿性草被。由于土壤常受暂时性溪水冲刷或淤积，因而在利用方面要种植防蚀带，同时配合工程措施拦洪、筑坝。

⑥耕种沟淤褐土性土。遍布于境内丘陵沟壑区较宽阔的沟谷。尤其什贴、北田、庄子、乌金山等乡（镇）的耕种沟淤褐土性土发育良好，特征明显，是本地丘陵区域主要的农耕土壤。它多属人为整修或筑坝拦洪淤积而成的沟谷地，母质为次生的黄土、红黄土性物质。土层较深厚，颜色多变，质地沙壤、重壤俱全（视上淤土质而定），沉积层次明显，侵入体遍及整个剖面，土壤结构性地，水分条件良好，土壤肥沃抗旱，全剖面石灰反应强烈，呈微碱性反应，pH为8～8.4。

就它的生产性来讲，其具有旱耕熟化土壤的特点，经过最初的改造熟化，农田基本建设，淤砂漫土，它的土层逐渐增厚，并趋于平整田块状。后通过培肥熟化（增加土壤有机质）和耕作熟化，使土壤有机质积累趋于上升，活化熟土层增厚，稳定紧实的犁底层发育，增加了土壤的保水保肥性，同时也促进了土壤结构的改善。所以是丘陵区生产性能好的高产土壤。

据其表土性质的差别，本属土壤划分为耕种砂壤沟淤褐土性土（沟淤土）、耕种轻壤沟淤褐土性土（沟淤土）、耕种中壤沟淤褐土性土（沟淤土）、耕种重壤沟淤褐土性土（沟淤土）4 个土种（表 3 - 23～表 3 - 25），它们除了母质的一些共性外，还有一些由质地引起的个性差异及区域性生产带来的差异，现以耕种中壤沟淤褐土性土为例说明。

**表 3 - 23　耕种中壤沟淤褐土性土剖面理化性质**（什贴镇龙白村）

| 采样深度 (厘米) | 有机质 (克/千克) | 全氮 (克/千克) | 全磷 (克/千克) | pH | 机械组成（%） | | | | CaCO₃ (%) | 代换量 (me/百克土) |
| | | | | | <0.05 (毫米) | <0.01 (毫米) | <0.005 (毫米) | <0.001 (毫米) | | |
|---|---|---|---|---|---|---|---|---|---|---|
| 0～16 | 12.0 | 0.74 | 0.80 | 8.2 | 74.9 | 36.7 | 27.3 | 7.7 | 9.71 | 14.41 |
| 16～33 | 8.8 | 0.66 | 0.58 | 8.2 | 78.4 | 38.4 | 29.0 | 4.3 | 10.54 | 13.95 |
| 33～59 | 9.6 | 0.56 | 0.67 | 8.4 | 79.3 | 32.4 | 28.2 | 5.2 | 10.33 | 14.51 |
| 59～100 | 11.3 | 0.61 | 0.91 | 8.4 | 78.0 | 33.9 | 23.2 | 4.3 | 11.48 | 13.91 |

**表 3 - 24　耕种轻壤沟淤褐土性土剖面理化性质**（庄子乡张坪村罗龙凹）

| 采样深度 (厘米) | 有机质 (克/千克) | 全氮 (克/千克) | 全磷 (克/千克) | pH | 机械组成（%） | | | | CaCO₃ (%) | 代换量 (me/百克土) |
| | | | | | <0.05 (毫米) | <0.01 (毫米) | <0.005 (毫米) | <0.001 (毫米) | | |
|---|---|---|---|---|---|---|---|---|---|---|
| 0～15 | 6.60 | 0.55 | 0.51 | 8.2 | 52.1 | 29.4 | 24.3 | 15.1 | 3.33 | 8.63 |
| 15～100 | 2.40 | 0.26 | 0.39 | 8.1 | 38.6 | 25.2 | 21.8 | 9.2 | 1.96 | 7.19 |

**表 3 - 25　耕种重壤沟淤褐土性土剖面理化性质**（北田镇小祁村南湾）

| 采样深度 (厘米) | 有机质 (克/千克) | 全氮 (克/千克) | 全磷 (克/千克) | pH | 机械组成（%） | | | | CaCO₃ (%) | 代换量 (me/百克土) |
| | | | | | <0.05 (毫米) | <0.01 (毫米) | <0.005 (毫米) | <0.001 (毫米) | | |
|---|---|---|---|---|---|---|---|---|---|---|
| 0～30 | 7.2 | 0.46 | 0.57 | 8.4 | 84.1 | 47.7 | 37.9 | 23.9 | 13.14 | 12.29 |
| 30～45 | 6.9 | 0.48 | 0.71 | 8.3 | 90.8 | 68.7 | 55.1 | 13.4 | 12.78 | 20.57 |
| 45～100 | 5.8 | 0.51 | 0.61 | 8.3 | 94.4 | 72.6 | 55.2 | 16.1 | 11.84 | 20.10 |

剖面采自什贴镇龙白村白龙河，海拔 919.8 米，沟淤母质。

0～16 厘米，灰棕色中壤，屑粒结构，土壤较疏松多孔，潮湿，有较多植物根，石灰反应强烈。

16～33 厘米，灰棕褐色中壤，块状结构，土壤紧实少孔，有植物根，石灰反应强。

33～59 厘米，黄灰褐色中壤，块状结构，土体疏松多孔，少量植物根，石灰反应较强。

59～100 厘米，灰褐色中壤，块状结构，土体疏松多孔，有少量植物根，石灰反应较强。

⑦耕种洪积褐土性土（黄土质褐土性土）。主要分布于乌金山镇一带洪积扇所形成的倾斜平地上，多属壤质洪积物发育而成的土壤，是乌金山镇的主要农业土壤。

耕种洪积褐土性土，是一种比较好的耕作土壤，耕性良好，宜耕期长，土壤较肥沃，有机质含量高达 20 克/千克左右，且通体相差不大，结构性好，熟化程度高。但作物产量属中低水平，主要是由于通体有砾石石块侵入且疏松，土体底部多为砂砾石，土层较薄而有机质高（是北山地区风化煤所致）等，故土壤保肥性差，抗旱性亦差，土地越湿越硬，一般全剖面呈灰褐色且均有石灰反应，pH 为 8.0～8.5。层次发育不明显，土色混杂，黏化，钙积极弱。

该土属据土体构型的差异（出现深度的不同）分为：耕种中壤洪积褐土性土（耕洪立黄土），耕种中壤深位厚沙层洪积褐土性土（耕洪立黄土）2 个土种（表 3 - 26、表 3 - 27）。这两种土壤在剖面形态，理化性质方面差异不大。仅表现出生产性能的差异。

**表 3 - 26　耕种中壤洪积褐土性土的理化性质**（乌金山镇秋村杨家地）

| 采样深度（厘米） | 有机质（克/千克） | 全氮（克/千克） | 全磷（克/千克） | C/N | pH | 机械组成（%） | | | | CaCO₃（%） | 代换量（me/百克土） | 质地名称 |
|---|---|---|---|---|---|---|---|---|---|---|---|---|
| | | | | | | <0.05（毫米） | <0.01（毫米） | <0.005（毫米） | <0.001（毫米） | | | |
| 0～38 | 12.4 | 0.72 | 0.45 | 10 | 8.2 | 82.67 | 30.52 | 21.33 | 13.16 | 7.31 | 22.91 | 中壤 |
| 38～69 | 10.6 | 0.07 | 0.44 | 13 | 8.1 | 82.1 | 34.82 | 25.57 | 16.32 | 6.48 | 11.11 | 中壤 |
| 69～99 | 7.5 | 0.46 | 0.6 | 9 | 8 | 81.9 | 37.91 | 29.68 | 15.7 | 8.23 | 15.49 | 中壤 |
| 99～150 | 7.8 | 0.3 | 0.39 | 15 | 8.2 | 50.53 | 23.27 | 9.27 | 6.01 | 5.44 | 9.4 | 轻壤 |

**表 3 - 27　耕种中壤深位厚沙层洪积褐土性土的理化性质**（乌金山镇流村下堰）

| 采样深度（厘米） | 有机质（克/千克） | 全氮（克/千克） | 全磷（克/千克） | C/N | pH | 机械组成（%） | | | | CaCO₃（%） | 质地名称 |
|---|---|---|---|---|---|---|---|---|---|---|---|
| | | | | | | <0.05（毫米） | <0.01（毫米） | <0.005（毫米） | <0.001（毫米） | | |
| 0～25 | 20.3 | 1.29 | 0.51 | 9 | 8.1 | 80.66 | 38.93 | 28.66 | 15.29 | 7.25 | 中壤 |
| 25～50 | 19 | 0.82 | 0.88 | 13 | 8.2 | 77.99 | 37.91 | 29.68 | 16.53 | 7.1 | 中壤 |
| 50～85 | 12.6 | 0.51 | 0.45 | 14 | 8.2 | 76.96 | 32.77 | 24.54 | 14.27 | 5.77 | 中壤 |
| 85～150 | 5.6 | 0.27 | 0.37 | 12 | 8.5 | 25.37 | 11.71 | 10.07 | 5.06 | 2.38 | 砂壤 |

现以耕种中壤深位厚沙层洪积褐土性土的典型剖面为例，其形态特征如下。

0～25 厘米，灰褐色中壤，屑粒结构，土壤疏松多孔潮湿，多量植物根，少量砾石侵入，强石灰反应。

25～50 厘米，灰褐色中壤，碎块状结构，紧实中孔湿润，中量植物根，少量砾石侵入，强石灰反应。

50～85 厘米，灰褐色中壤，碎块状结构，紧实少孔，少量植物根，少量砾石侵入，强石灰反应。

85～150 厘米，灰褐色沙壤，无结构，紧实少孔，潮湿，少量砾石侵入体，弱石灰反应。

该剖面采自乌金山镇流村附近丘陵洪积扇地形部位，海拔 865 米，侵蚀中度。

耕种洪积褐土性土水肥条件较好，农业生产多精耕细作，由于频繁的耕作与施肥，土壤耕层逐渐加厚，活土层熟化程度不断提升，有机质含量水平较高，但土壤多二年三作，利用率高，故还要不断加强土壤的培肥，除石加肥，垫土筑坝，营造护田林，实行轮作，固土保水，不断改善土壤物化性质。

⑧耕种黑垆土褐土性土。简称黑土，面积很少，仅在鸣谦镇河口村侵蚀较重的黄土残丘中下部零星出露。这种土壤是由古老的第三纪黑色的黑垆土发育而来，其性质特点带有母质特征，土层深厚，质地中壤，结构棱块状，表土疏松多孔，底土紧实微密，具有一个深厚的黑色垆土层，有机质及其他养分含量比较丰富，石灰反应由强到弱。土壤黏化作用微弱，而钙化作用较强，在心、底土层多有白色假菌丝体，粉状石灰新生体出现，pH 8.2 左右。

黑土均已耕垦，天然植被少，仅见于地边田埂和荒芜崖坡，以旱生草被为主。它的耕性良好，宜耕期长，肥效和缓，作物发小又发老，保水保肥性强，通透性适中，多以棉粮轮作，乃属高产土壤。但土壤干旱限制了作物产量的再提高。

黑土仅耕种中壤黑垆土褐土性土（耕黑立黄土）1 个土种，现以其典型剖面为例描述剖面形态（表 3 - 28）。

表 3 - 28 耕种中壤黑垆土褐土性土的理化性质（乌金山镇河口村蝌蚪坡）

| 采样深度（厘米） | 有机质（克/千克） | 全氮（克/千克） | 全磷（克/千克） | C/N | pH | 机械组成（%） | | | | CaCO₃（%） | 代换量（me/百克土） | 质地名称 |
|---|---|---|---|---|---|---|---|---|---|---|---|---|
| | | | | | | <0.05（毫米） | <0.01（毫米） | <0.005（毫米） | <0.001（毫米） | | | |
| 0～35 | 15.4 | 0.74 | 0.51 | 12 | 8.2 | 79.96 | 31.95 | 23.78 | 13.56 | 4.02 | 10.78 | 中壤 |
| 35～72 | 10.5 | 0.6 | 0.5 | 10 | 8.2 | 76.96 | 37.91 | 30.3 | 20.23 | 2.17 | 12.73 | 中壤 |
| 72～150 | 0.3 | 0.22 | 0.45 | 8 | 8.3 | 68.31 | 26.03 | 20.1 | 12.36 | 7.96 | 8.48 | 轻壤 |

0～35 厘米，淡黄褐色中壤，屑粒结构，疏松多孔，土体稍润，多量植物根，强石灰反应。

35～72 厘米，棕褐色中壤，碎块状结构，紧实少孔，土体湿润，多量粉丝状 CaCO₃ 沉积，中量植物根，石灰反应较强。

72～150 厘米，黄灰褐色轻壤，块状结构，紧实少孔，土体湿润，多量 CaCO₃ 粉末沉积，少量植物根，石灰反应较强。

**4. 淡褐土（石灰性褐土）**

（1）地理分布：淡褐土分布在本市中南、西北部汾河二级阶地及潇河、涂河部分河谷高阶地以及地形较平坦的丘陵台垣地上。包括北田、庄子乡的小祁、田乔、福堂、东祁、义井、紫坑以西；东阳、陈侃乡的王都、东长寿、修文、南要以东及郊区大部分地区，开发区部分地区以及乌金山镇西南部的倾斜平原；东赵乡潇河两岸，长凝镇南合流一带也均有淡褐土的分布。

（2）形成与特征：该土壤多发育在早期洪淤沉积的黄土状母质上，在洪积扇形部位的下部也多有洪淤母质发育的淡褐土。地势低平，坡降小。侵蚀轻微，少有深浅不等的季节性流水划割而成的切沟。这一区域年平均气温 9.3℃，年降水量 430～500 毫米，海拔高度为 780～850 米。大多为耕垦土壤，自然植被寥寥无几，只在村周、路旁、地边、田埂散生一些甘草、狗尾草、马齿苋、青蒿等草本植被。

淡褐土由于地势平坦，侵蚀轻微，气候干燥，土体下部不受地下水影响，故土壤的成土过程主要以弱黏化、弱钙积、弱淋溶及耕种熟化过程为主，土壤心土层有明显可见的 CaCO₃ 新生体淀积和弱黏化层存在。耕作土壤有深厚的耕作熟化层，和紧实少孔的犁底层，剖面成 A—P—Bt—Bca—C 和 A—Bt—Bca—C 型。从剖面形态上讲，淡褐土土层深厚，在有的自然断面中，还可以见深褐色的埋藏黑垆土层，多出现在 50 厘米以下，厚度 30 厘米左右。土壤表层生物活动旺盛，发育层次较明显，在 50 厘米以下常出现一层厚度约 20 厘米的浅褐色弱度黏化层，并可见少量白色假菌丝体。土壤质地多为中壤、轻壤，但在海拔 800 米以下，靠近一级阶地的过渡阶段，质地紊乱，杂乱无章，沉积层次明显。全剖面石灰反应强烈，碳酸钙含量较高，一般为 7% 左右，高者可达 11%。pH 为 8～8.5，呈微碱性。

淡褐土为本区主要的耕作土壤之一，它的耕作历史长，土壤熟化程度高。由于地势平缓，土层深厚，故机耕面积较大，活土层厚 25 厘米左右，生产性能好，多数具有灌溉条件，但大部分灌溉保证率低。施肥较多，精耕细作，为高产土壤。由于表土层微生物活动旺盛，腐殖质分解释放快，积累少，土地利用率高，故有机质养分消耗大，有机质含量在 12 克/千克以下。

（3）主要类型：该土壤据母质和利用情况的不同分为耕种洪积淡褐土、黄土状淡褐土、耕种黄土状淡褐土 3 个土属，现分别加以介绍。

①黄土状淡褐土（黄土状石灰性褐土）。分布于长凝镇南合流至沙沟一带涂河两岸二级阶地，多与耕种黄土状淡褐土和浅色草甸土呈复城分布，面积较少。

该土壤土层深厚，通体均质轻壤，自然植被稀疏，土体干旱，淋溶作用微弱，黏化层不太明显，心底土层有 $CaCO_3$ 白色假菌丝体出现，碳酸钙含量由上而下增加，表层有机质含量 1.4%，全剖面强石灰反应，pH 为 8.1～8.3。

该土属只划分轻壤黄土状淡褐土（二合黄垆土）1 个土种（表 3 - 29）。土壤发育多不典型，以下述剖面为例。

表 3 - 29　轻壤黄土状淡褐土的理化性质（长凝镇南合流村裤儿叉地）

| 采样深度（厘米） | 有机质（克/千克） | 全氮（克/千克） | 全磷（克/千克） | pH | CaCO₃（%） | 代换量（me/百克土） | 机械组成（%） | | | |
|---|---|---|---|---|---|---|---|---|---|---|
| | | | | | | | <0.05（毫米） | <0.01（毫米） | <0.005（毫米） | <0.001（毫米） |
| 0～25 | 14.2 | 0.84 | 0.56 | 8.1 | 7.23 | 10.19 | 53.9 | 22.7 | 16.1 | 6.8 |
| 25～100 | 4.8 | 0.37 | 0.59 | 8.3 | 8.19 | 8.17 | 48.1 | 21.1 | 16.1 | 9.3 |

0～25 厘米，浅灰褐色轻壤，块状结构，土体疏松多孔，有较多的植物根，石灰反应强烈。

25～100 厘米，棕灰褐色轻壤，块状结构，土体稍紧多孔，有少量植物根，石灰反应较强。

此剖面采自长凝镇南合流村裤儿叉地，海拔 850 米的二级阶地和高阶地过渡的地形部位。

②耕种黄土状淡褐土（黄土状石灰性褐土）。系淡褐土亚类之典型土属，分布范围、成土过程、土壤特征特性与亚类大体一致。

该土壤主要发育在黄土状母质和一些古代河流冲积物构成的母质上，一般土色杂乱，土壤机械组成，质地排列组合差异显著，主要土种有耕种沙质黄土状淡褐土（二合黄垆土），耕种沙壤黄土状淡褐土（二合黄垆土），耕种轻壤黄土状淡褐土（二合黄垆土），耕种中壤黄土状淡褐土（二合黄垆土）、耕种重壤黄土状淡褐土、耕种黏质黄土状淡褐土（深黏黄垆土），耕种轻壤深位厚沙层黄土状淡褐土（二合黄垆土）、耕种沙质深位厚壤层黄土状淡褐土（二合黄垆土）等十几个土种，由于土壤剖面构型质地的显著差异，带来其土壤物理性质和化学性质各异，使土壤在利用和改良方面都有所不同。现将几个主要土种之剖面形态描述如下（表3-30）。

　　a. 耕种轻壤黄土状淡褐土。典型剖面采自北田镇北田村沟边头的二级阶地，海拔800米的地形（表3-30）。

表3-30　耕种轻壤黄土状淡褐土剖面理化性质（北田镇北田村沟边头）

| 采样深度（厘米） | 有机质（克/千克） | 全氮（克/千克） | 全磷（克/千克） | C/N | pH | 机械组成（%） | | | |
| --- | --- | --- | --- | --- | --- | --- | --- | --- | --- |
| | | | | | | <0.05（毫米） | <0.01（毫米） | <0.005（毫米） | <0.001（毫米） |
| 0～23 | 9.2 | 0.61 | 0.64 | 9 | 8.2 | 72.1 | 22 | 22.1 | 11.7 |
| 23～55 | 4.9 | 0.4 | 0.44 | 7 | 8.2 | 633 | 24.6 | 17.9 | 11.9 |
| 55～74 | 4.4 | 0.36 | 0.54 | 7 | 8.2 | 65.3 | 23.8 | 18.7 | 12.8 |
| 74～102 | 3.5 | 0.32 | 0.59 | 6 | 8.0 | 80.6 | 38.2 | 28.9 | 17.9 |
| 102～150 | 4.3 | 0.41 | 0.63 | 6 | 8.2 | 67.9 | 29.7 | 22.1 | 14.5 |

　　0～23厘米，灰褐色轻壤，屑粒状结构，土壤疏松多孔湿润，有较多的植物根，石灰反应较强。

　　23～55厘米，灰黄褐色轻壤，块状结构，土壤紧实少孔湿润，有植物根，石灰反应较强。

　　55～74厘米，浅棕褐色轻壤，块状结构，土体紧实少孔，有少量植物根，石灰反应较强。

　　74～102厘米，浅棕褐色中壤，块状结构，土体紧实少孔，有少量植物根，石灰反应较强。

　　102～150厘米，浅褐色轻壤，块状结构，土体坚实少孔，石灰反应强烈。

　　b. 耕种中壤黄土状淡褐土。典型剖面采自修文镇杨安村大三角地海拔803米的二级阶地上（表3-31）。

表3-31　耕种中壤黄土状淡褐土的剖面理化形质（修文镇杨安村大三角地）

| 采样深度（厘米） | 有机质（克/千克） | 全氮（克/千克） | 全磷（克/千克） | C/N | pH | 机械组成（%） | | | |
| --- | --- | --- | --- | --- | --- | --- | --- | --- | --- |
| | | | | | | <0.05（毫米） | <0.01（毫米） | <0.005（毫米） | <0.001（毫米） |
| 0～25 | 9.8 | 0.68 | 0.49 | 8 | 8.2 | 71.8 | 31.7 | 24.1 | 13.9 |
| 25～71 | 4.1 | 0.37 | 0.57 | 6 | 8.1 | 78.6 | 39.4 | 30.9 | 12.2 |
| 71～118 | 2.8 | 0.27 | 0.47 | 6 | 8.2 | 68.9 | 30.7 | 23.9 | 9.6 |
| 118～140 | 1.9 | 0.17 | | 6 | 8.4 | 44 | 17.9 | 14.6 | 7.9 |

0～25 厘米，黄灰褐色中壤，碎块状结构，土体紧实，孔隙中度，有较多的植物根，石灰反应较强。

25～71 厘米，灰棕褐色中壤，块状结构，土壤紧实少孔，有少量植物根，石灰反应较强。

71～118 厘米，棕灰褐色中壤，块状结构，土体紧实少孔，有少量植物根，石灰反应较强。

118～140 厘米，灰黄褐色沙壤，碎块状结构，土体紧实少孔，有少量植物根，石灰反应较强。

c. 耕种黏质黄土状淡褐土（深黏黄垆土）。在开发区、北田、修文河流漫淤处有分布，发育在由黄土、红黄土淤积而成的母质上，土质黏重，土体坚硬，耕作阻力大，宜耕期短，土壤各养分含量丰富，但释放能力和缓，作物发老、不发小，持水保水性强，但有效水量不高，怕涝怕旱。现以典型剖面为例（表 3 - 32）。

表 3 - 32　耕种黏质黄土状淡褐土剖面理化性质（开发区龙田村西河）

| 采样深度（厘米） | 有机质（克/千克） | 全氮（克/千克） | 全磷（克/千克） | C/N | pH | CaCO₃（%） | 机械组成（%） | | | |
|---|---|---|---|---|---|---|---|---|---|---|
| | | | | | | | <0.05（毫米） | <0.01（毫米） | <0.005（毫米） | <0.001（毫米） |
| 0～28 | 11.8 | 0.84 | 0.53 | 8 | 8.2 | 10.31 | 98.8 | 70.52 | 54.36 | 31.94 |
| 28～48 | 11.3 | 0.67 | 0.51 | 10 | 8.2 | 8.9 | 97.46 | 63.07 | 48.15 | 29.09 |
| 48～79 | 10.8 | 0.67 | 0.43 | 9 | 8.2 | 7.92 | 97.46 | 60.88 | 47.73 | 27.43 |
| 79～150 | 10.4 | 0.69 | 0.16 | 9 | 8.1 | 8.04 | 94.76 | 62.65 | 50.22 | 44.01 |

0～28 厘米，浅棕黄色黏土，屑粒结构，土壤疏松多孔湿润，多量植物根，强石灰反应。

28～48 厘米，褐黄色黏土，片块状结构，土壤坚硬少孔湿润，有较多的植物根，强石灰反应。

48～79 厘米，褐黄色重壤，块状结构，土壤坚硬少孔湿润，少量植物根，石灰反应较强。

79～150 厘米，褐黄色黏土，块状结构，土壤坚硬少孔湿润，石灰反应强烈。

另外对于沙质型的耕种淡褐土，由于它的物理性黏粒和黏粒的含量极低，黏着性很差，宜耕期长，耕作性能好，通透性较强而持水性较差，蓄积养分能力也很差，有机质、全氮及速效磷钾的含量皆低，土壤干旱表现突出，利用以林果种植为宜，也可作为绿肥基地，淤土深翻，淤压沙土以改换土质，在水源、肥源充足情况下也可种植小麦、棉花、花生以及瓜果蔬菜等。由于它潜在肥力低，应强调种植绿肥或多施、少施、勤施有机肥，逐步提高土壤肥力，改造质地。因这一类型土壤分布少，面积不大，故在此不做事例分析。

总之，对于当地特殊的土壤应持特殊的态度，针对其不良性质对症下药进行改良利用，因土制宜，真正达到充分发挥土地潜力，不断提高土壤肥力之目的。

③耕种洪积淡褐土（洪积石灰性褐土）。主要分布于乌金山镇、郭家堡乡西南部洪积扇裙下缘。是二级阶地（或一级阶地）与丘陵洪积扇上缘的交接地带，相当于二级阶地地

形部位。成土母质受早期洪淤影响，在局部低洼地洪淤物质较粗糙，并同时具有洪积扇地形的特点；扇缘部分土质粗糙，分选性差，土层较深厚，土壤层次发育不明显。整个土体疏松多孔、干旱、全剖面均有较强石灰反应，pH 在 8.2 左右。由于所处地形地下水位较深，灌溉条件也较差，故多以旱作为主，二年三作，以麦秋轮作。耕性良好，宜耕期也长。土壤保水肥性较差，抗涝不抗旱。不过这一类型土壤乃属本地高产土壤。它高产的原因在于土壤肥沃，土质适中，活土层深厚等。

该土属据土质、土体构型的差异可分：耕种沙壤洪积淡褐土（洪黄垆土），耕种轻壤深位厚砂砾石层洪积淡褐土（底砾黄垆土），耕种中壤洪积淡褐土（洪黄垆土）3 个土种，由于土质的不同，带来物理性质、化学性质及生产利用改良的严格区别，这里不再详细说明，具体不同点可参阅耕种黄土状淡褐土部分。现以典型剖面描述其特征。

a. 耕种中壤洪积淡褐土（洪黄垆土）。典型剖面采自乌金山镇南砖井村沙坡地，海拔 825 米，相当二级阶地的地形部位，自然植被以白茅草为主，中度侵蚀（表 3 - 33）。

表 3 - 33　耕种中壤洪积淡褐土剖面理化性质（乌金山镇南砖井村沙坡地）

| 采样深度（厘米） | 有机质（克/千克） | 全氮（克/千克） | 全磷（克/千克） | C/N | pH | 机械组成（%） | | | | 质地 |
|---|---|---|---|---|---|---|---|---|---|---|
| | | | | | | <0.05（毫米） | <0.01（毫米） | <0.005（毫米） | <0.001（毫米） | |
| 0～26 | 26.9 | 0.82 | 0.51 | 19 | 8.3 | 37.08 | 30.93 | 24.60 | 14.18 | 中壤 |
| 26～105 | 16.5 | 0.91 | 0.51 | 11 | 8.1 | 25.93 | 43.46 | 34.41 | 20.025 | 中壤 |
| 105～150 | 27.0 | 0.65 | 0.51 | 24 | 8.3 | 62.18 | 23.57 | 18.26 | 14.18 | 轻壤 |

0～26 厘米，灰褐色中壤，屑粒结构，疏松多孔，土体稍润，多量植物根，石灰反应较强，有石块侵入。

26～105 厘米，深褐色中壤，块状结构，坚实少孔，土体湿润，少量植物根，强石灰反应，有石块侵入。

105～150 厘米，黄褐色轻壤，块状结构，坚实少孔，土体湿润，强石灰反应，有少量灰渣石块侵入。

b. 耕种沙壤洪积淡褐土（洪黄垆土）（表 3 - 34）。典型剖面采自开发区王杜村犁恒地，相当二级阶地的地形部位，轻度侵蚀。

表 3 - 34　耕种沙壤洪积淡褐土剖面理化性质（王杜村犁恒地）

| 采样深度（厘米） | 有机质（克/千克） | 全氮（克/千克） | 全磷（克/千克） | C/N | pH | 机械组成（%） | | | | 代换量（me/百克土） |
|---|---|---|---|---|---|---|---|---|---|---|
| | | | | | | <0.05（毫米） | <0.01（毫米） | <0.005（毫米） | <0.001（毫米） | |
| 0～40 | 18.2 | 0.79 | 0.42 | 13 | 8 | 56.77 | 19.05 | 13.95 | 3.39 | 9.93 |
| 40～72 | 11.5 | 0.61 | 0.43 | 11 | 8 | 57.08 | 23.37 | 17.24 | 12.13 | 10.41 |
| 72～96 | 5 | 0.25 | 0.25 | 12 | 8.2 | 40.66 | 19.05 | 15.17 | 9.05 | 13.31 |
| 96～150 | 6.3 | 0.32 | 0.33 | 11 | 8.2 | 59.12 | 21.23 | 16.22 | 9.48 | 15.09 |

0～40 厘米，灰黄色沙壤，块状结构，土松多孔，土体稍润，中量植物根，石灰反应较强。

40～72 厘米，浅黄色轻壤，块状结构，疏松中孔，土体稍润，中量植物根，石灰反应强烈。

72～96 厘米，灰黄色沙壤，无结构，紧实中孔，土体稍润，少量植物根，强石灰反应。

96～150 厘米，浅黄色轻壤，无结构，紧实中孔，土体稍润，石灰反应强烈。

## （二）草甸土（潮土）

草甸土主要分布于境内南、西北近代河流（潇河）河漫滩与一级阶地上，在一级阶地与二级阶地过渡地带的低洼处也有小面积零星分布。包括东赵、长凝、郭家堡乡的潇河上。在一级阶地涂河两岸低平地和东阳、修文、张庆、郭家堡等乡（镇）的广大冲积平原地区。

草甸土所处地区，地势平坦，气候温和，海拔高度 770～800 米，年平均气温接近10℃，年平均降水量 500 毫米左右，光照充足，榆次区地上水、地下水、径流汇于此，水源丰富，地下水位 1.5～3 米，土壤下部受地下水的影响，土壤湿度大，一般地下水流动畅通，水质较好，多为以硫酸根、重硫酸根为主的淡水。局部封闭洼地，地下水位 1 米左右，矿化度较高，土壤含盐量较大。本土类多为耕作土壤，少部分为弃荒地。自然植被生长稀疏，只残存于田埂、路旁、渠旁，并主要以喜湿、耐盐的芦草、稗子、青蒿、苦菜、三棱草、碱蓬等草甸植物为主。

草甸土是一种受生物气候影响较小的半水成隐域性土壤，成土过程以草甸化过程为主。局部低洼地附加有盐渍化成土过程。由于年降水分配的不均匀性，使干湿季节明显，地下水位季节性上下移动，使土体中下部进行着氧化还原交替的潴育化成土过程，土粒表面产生大量铁锰胶膜（或锈纹锈斑），并附着根孔裂隙、动物洞穴等处的土壤结构表面，形成该土壤的典型发生学层次（诊断层次）。同时，土壤盐分也随水分移动与蒸发，从而上升聚积于地表，使土壤发生盐渍化，而形成盐化型土壤。

分布于榆次区境内的草甸土类型，主要发育于近代河流沉积母质上，土壤质地因河流携带物不同而各异。一般潇河、圪塔河两岸多为黏重的红土，红黄土沉积物，而涂河、象峪河多为粗糙的灰砂土，津水河则沙黏相间分布，而且冲积层次明显，土体构型、土壤结构复杂多样，土壤类型也随之而多复杂变化。

草甸土是本区水源充足，肥力较高的主要耕作土壤之一，由于该区域人口密度大，人均耕地少，劳动集约度高，土壤的耕作管理水平也较高，土壤熟化度高，肥力水平居榆次区耕作土壤之首，耕层厚度大多在 25 厘米左右，结构碎块或屑粒状（水稳性团粒屑粒结构），有机质含量在 12 克/千克左右，耕层下多有托水托肥的犁底层，再往下则由质地层次各异的沉积物构成，土体湿润，锈纹锈斑明显，全剖面呈弱碱性、碱性反应，石灰反应强烈，pH 为 8～8.5，甚至高达 9 以上。

草甸土据土壤发育程度（潴育化过程和积盐过程）的不同划分为浅色草甸土和盐化浅色草甸土两个亚类。

**1. 浅色草甸土**（潮土）　是本区草甸土的典型亚类。它直接受地下水浸润，而无草甸植被参与下发育而成的一种隐域性土壤，整个土体承袭着沉积母质的成层性和质地的带状分布规律，并独具它所谓"锈色斑纹层"这样一个发生层次。这部分浅色草甸土都已开垦种植。由于垦植指数大，耕作历史较长，自然植被残存甚少，土壤表层受人为耕作施肥的影响和好气性厌气性微生物活动影响，有机质的矿化过程远远强于腐殖质积累过程，有机质含量偏低，土壤颜色较浅，故谓之"浅色草甸土"。

浅色草甸土分布范围，自然环境条件与土类基本保持一致。同时也具备前面所述土类中各基本特征特性。据其利用状况和母质来源的不同又可分为浅色草甸土、耕种浅色草甸土、耕种堆垫浅色草甸土3个土属。现分述如下。

①浅色草甸土（冲积潮土）。在涂河、潇河、象峪河两岸河漫滩和一级阶地低凹处有零星分布，尤以西南部东阳镇西范村，修文镇东长寿村潇河沿岸分布面积最大。土壤母质为近代河流沉积物，土壤质地沙壤—中壤，冲积层次比较明显，因常受河水洪淤冲失、崩塌或淤积，立地条件处于不稳定状态，大多为沙荒地或轮荒地，植树甚少，农业利用也只是在旱季种植小麦等夏收作物，但也常被一场洪水一冲而光。土壤无明显的发育迹象，无结构，土体疏松多孔，有不同程度的石灰反应。只划分沙壤浅色草甸土（河沙潮土）1个土种（表3-35）。现以典型剖面（580）为例。

0～9厘米，黄灰褐沙壤，碎块状结构，土体疏松有较多的植物根，强石灰反应。

9～100厘米，五花色沙质，粒状结构，土体松散，弱石灰反应。

剖面采自长凝镇南沙沟村的河滩地，海拔800米。

**表3-35　沙壤浅色草甸土剖面理化性质**（长凝镇南沙沟村）

| 采样深度（厘米） | 有机质（克/千克） | 全氮（克/千克） | 全磷（克/千克） | pH | 机械组成（%） | | | |
|---|---|---|---|---|---|---|---|---|
| | | | | | <0.05（毫米） | <0.01（毫米） | <0.005（毫米） | <0.001（毫米） |
| 0～9 | 2.6 | 0.14 | 0.99 | 8.9 | 48.1 | 12.0 | 7.1 | 5.3 |
| 9～100 | 1.1 | 0.17 | 0.75 | 9.1 | 2.6 | 1.7 | 1.7 | 1.7 |

改良这类型土壤，首先要改善成土环境，不能任河流自由泛滥，河岸要垒坝，使河道固定或河床岸边种植杨柳树防水固沙，把这部分宜农牧荒地充分利用起来，变无益为有益。

②耕种浅色草甸土（冲积潮土）。是浅色草甸土的典型土属。它的成土过程包括两个方面：一是地下水位较浅，土层下部直接受地下水和河流侧渗水的浸润，有季节性氧化还原交替的过程；有时局部甚至有微弱盐渍化过程参与，沉积层次明显，沙黏交替；二是长期人为耕作影响下，进行着培肥熟化过程，表层孔隙度大，疏松肥沃，屑粒或碎块结构，活土层厚，微生物活动旺盛，土壤供肥能力强而持久，蚯蚓等生物活动频繁。耕层以下有厚度不同的犁底层，坚实少孔，多呈片状结构，并可见微弱黏粒沉积现象，其中土体均具有复杂的层理特征，锈纹锈斑显而易见，侵入体屡见不鲜，全剖面呈微碱性反应，pH为8～8.5。

地处河漫滩的土壤常因河水泛滥影响，成土过程和地质沉积作用交替出现，并形成重叠层次，出现几个疏松的腐殖质层，而新层次发育程度低，表土腐殖质含量不高。

此土壤水源丰富，灌溉条件优越，不受干旱威胁，土体常保持湿润，肥水较协调，生产性能基本良好，是本区高产土壤之一，土壤高产的原因不在于土壤本身，而是人为环境所致。

耕种浅色草甸土，按其不同的表层质地和土体构型，划分为：耕种沙壤浅色草甸土（绵潮土）、耕种轻壤浅色草甸土（绵潮土）、耕种中壤浅色草甸土（绵潮土）、耕种重壤浅色草甸土（绵潮土）、耕种黏质浅色草甸土（绵潮土）、耕种轻壤沙体浅色草甸土（耕二合潮土）、耕种中壤沙体浅色草甸土（耕二合潮土）、耕种轻壤黏体浅色草甸土（耕二合潮土）、耕种中壤沙底浅色草甸土（耕二合潮土）、耕种重壤沙体浅色草甸土（耕二合潮土）、耕种黏质沙底浅色草甸土（耕二合潮土）、耕种黏质壤体浅色草甸土（耕二合潮土）、耕种重壤沙底浅色草甸土（耕二合潮土）13 个土种。

上述土种由于质地排列组合的差异，具备不同的土体构型，造成土壤物理性质，土壤养分状况，生产性能的显著差异，但可归纳为以下几个类型。

a. 通体沙壤型。耕种沙壤浅色草甸土（河砂潮土）所属构型（表 3 - 36）。主要分布在涂河沿岸，面积较少。其剖面特点是表层质地以沙壤为主，下层质地多为沙土或沙壤土，轻壤者甚少，但上下层质地相差不超过两级。土体内毛管孔隙少，非毛管孔隙多，通气透水蒸发快，毛管作用弱，易旱耐涝，土壤热容量小，增降温快，昼夜温差大，微生物活动强烈，土壤有机质分解快，积累少，结构差，保水保肥能力低。土壤肥力低，养分含量低。兹将典型剖面描述如下。

剖面采自长凝镇东长凝村南河滩地。

0～20 厘米，暗灰褐沙壤，块状结构，土体疏松，有较多的植物根，强石灰反应。

20～33 厘米，灰褐沙壤，块状结构，土体疏松，有植物根，强石灰反应。

33～46 厘米，五花石沙质土，粒状结构，土体疏松，有中量植物根，强石灰反应。

46～75 厘米，黄灰褐色轻壤，块状结构，土体紧实，有少量植物根，强石灰反应。

75～90 厘米，灰褐色沙质土，粒状结构，土体疏松，有少量植物根。

表 3 - 36　耕种沙壤浅色草甸土理化性状（长凝镇东长凝村）

| 采样深度（厘米） | 有机质（克/千克） | 全氮（克/千克） | 全磷（克/千克） | pH | 机械组成（%） | | | | CaCO₃（%） | 代换量（me/百克土） |
|---|---|---|---|---|---|---|---|---|---|---|
| | | | | | <0.05（毫米） | <0.01（毫米） | <0.005（毫米） | <0.001（毫米） | | |
| 0～20 | 4.1 | 0.38 | 0.67 | 8.5 | 38.5 | 13.5 | 10.2 | 6.8 | 7.47 | 7.31 |
| 20～33 | 5.4 | 0.48 | 0.66 | 8.6 | 32.1 | 11.0 | 7.6 | 4.3 | 8.83 | 5.68 |
| 33～46 | 1.5 | 0.21 | 0.66 | 8.6 | 11.8 | 4.3 | 2.6 | 0.9 | 6.19 | 4.16 |
| 46～75 | 6.0 | 0.41 | 0.67 | 8.4 | 74.6 | 22.9 | 14.5 | 7.7 | 9.29 | 11.78 |
| 75～90 | 2.9 | 0.21 | 0.91 | 8.3 | 16.8 | 4.3 | 2.6 | 1.7 | 5.24 | 4.50 |

土壤的利用以种植林果，瓜果、蔬菜为宜，也可种植绿肥或浅根作物。在改良方面要注意加厚土层淤泥深翻压，且在改良质地的同时，加施湿性腐熟堆沤程度良好的有机肥，改良其结构性，提高土壤持水性，提高土壤肥力。

b. 通体壤质型。包括耕种中壤浅色草甸土（绵潮土）和耕种轻壤浅色草甸土（绵潮土）2个土种，在整个浅色草甸土地区均有广泛分布（表3-37、表3-38）。它的剖面主要特点是：表土层质地以轻壤或中壤为主，其下质地差异不超过两级。土壤沙黏比例适中，既有一定数量的大孔孔隙（通气透水孔隙），又有较多的毛管孔隙，透水通气性良好，毛管作用强，田间持水量大，耐旱耐涝，土壤结构性能好，水稳性团粒和微团粒较多，保水保肥性能强。土温比较稳定，水肥气热协调，肥劲足而长。黏着性不大，耕性良好，宜耕期长，适种作物广泛，生产性能良好。现以耕种中壤浅色草甸土之典型剖面加以说明。

剖面采自修文镇陈侃村谷垅壖南边。

0～27厘米，灰黄褐色中壤，屑粒结构，土体紧实，有较多的植物根。

27～46厘米，浅灰褐色中壤，块状结构，土体紧实，有较多的植物根。

46～57厘米，灰黄褐色轻壤，块状结构，土体紧实少孔，有植物根，有少量铁锰锈斑。

57～98厘米，浅黄褐色轻壤，块状结构，土体紧实少孔潮湿，有少量植物根，有少量铁锰锈斑。

98～150厘米，中黄褐色中壤，块状结构，土体坚实。

通体有较强的石灰反应，大体湿润。

表3-37 耕种中壤浅色草甸土理化性质（修文镇陈侃村谷垅壖）

| 采样深度（厘米） | 有机质（克/千克） | 全氮（克/千克） | 全磷（克/千克） | pH | 机械组成（%） | | | |
| --- | --- | --- | --- | --- | --- | --- | --- | --- |
| | | | | | <0.05（毫米） | <0.01（毫米） | <0.005（毫米） | <0.001（毫米） |
| 0～27 | 12.2 | 0.83 | 0.71 | 8.3 | 78.9 | 44.8 | 36.3 | 21.9 |
| 27～46 | 8.7 | 0.56 | 0.46 | 8.3 | 66.9 | 32.1 | 25.3 | 15.1 |
| 46～57 | 5.8 | 0.26 | 0.37 | 8.4 | 58.2 | 22.6 | 17.5 | 11.6 |
| 57～98 | 2.8 | 0.20 | 0.43 | 8.4 | 65.4 | 27.5 | 21.6 | 15.7 |
| 98～150 | 2.8 | 0.20 | 0.50 | 8.4 | 74.3 | 35.3 | 28.5 | 20.9 |

表3-38 耕种轻壤浅色草甸土理化性质（长凝镇南合流村）

| 采样深度（厘米） | 有机质（克/千克） | 全氮（克/千克） | 全磷（克/千克） | pH | 机械组成（%） | | | | C/N | 质地 |
| --- | --- | --- | --- | --- | --- | --- | --- | --- | --- | --- |
| | | | | | <0.05（毫米） | <0.01（毫米） | <0.005（毫米） | <0.001（毫米） | | |
| 0～20 | 6.9 | 0.52 | 0.57 | 8.3 | 82.8 | 22.4 | 20.9 | 1.4 | 8 | 轻壤 |
| 20～40 | 5.6 | 0.43 | 0.55 | 8.3 | 74.3 | 25.2 | 17.5 | 3.1 | 8 | 轻壤 |
| 40～100 | 3.1 | 0.35 | 0.67 | 8.3 | 76.0 | 18.4 | 11.6 | 5.6 | 5 | 砂壤 |

这一类型土壤利用广泛，以小麦、蔬菜种植为主，一年二作或二年三作，今后改良利用要在增加复种指数同时，还要加强土壤培肥熟化，改变土壤养分现状低的特点，培养坚实的犁底层，创造良好的土体构型。

c. 通体黏质型。包括耕种重壤质浅色草甸土（绵潮土），耕种黏质浅色草甸土（绵潮土），耕种黏质壤体浅色草甸土（绵潮土）3个土种，主要分布于逯村，西湖乔、张庆、西河堡、近城、张超一带。全剖面质地多为重壤或黏土，有时底土可出现壤质的东西，出现部位较深。土壤黏粒比表面积大，粒间排列密实，毛管孔隙多，非毛管孔隙少，通气透水性差，好气性微生物活动常受抑制，有机质分解慢。多形成腐殖质积累于土壤内。水分进入土壤，下渗很慢，但也不多蒸发，地下水能沿毛管缓慢上升而补给整个土层，故田间持水量大，保水抗旱力强，但土壤热容量大，土温上升或下降慢，昼夜温差小，底土冷湿；土壤黏着力强，结构坚实多呈块状或核状，湿时泥"一团糟"，干时硬"一把刀"，宜耕期短，耕作质量差，怕旱怕涝，捉苗难。土壤后劲足，易发老苗。养分容量大，而供应程度较低。现将耕种重壤浅色草甸土典型剖面描述如下：

剖面采自修文镇西湖乔村，丁黄畛地。

0～22厘米，棕灰褐色重壤，碎块状结构，土体疏松多孔湿润，有较多的植物根。

22～44厘米，浅色褐色黏土，碎块状结构，土体坚实少孔湿润，有植物根。

44～65厘米，浅褐色重壤，核状结构，土体坚实少孔湿润，有少量植物根，少量锈纹锈斑。

65～105厘米，灰棕褐色重壤，块状结构，土体坚实少孔湿润，有少量植物根，少量锈纹锈斑。

105～123厘米，黄灰褐色中壤，块状结构，土体坚实少孔潮湿，有少量的植物根。

123～150厘米，灰棕色中壤，块状结构，土体坚实潮湿。

通体有较强的石灰反应。

这一类型土壤改良先要从质地入手，客沙深翻压，中和黏性，或施用秸秆肥，煤渣肥缓冲黏性，大量施用有机肥，培育深厚的质地适中的活土层，以满足作物生长期对水分、养分的要求。使其黏重、板结、冷湿、养分不足，怕涝怕旱的特点加以改善（表3-39、表3-40）。

**表3-39　耕种重壤浅色草甸土理化性质**（修文镇西湖乔村丁黄畛地）

| 采样深度（厘米） | 有机质（克/千克） | 全氮（克/千克） | 全磷（克/千克） | pH | 机械组成（%） | | | |
| --- | --- | --- | --- | --- | --- | --- | --- | --- |
| | | | | | <0.05（毫米） | <0.01（毫米） | <0.005（毫米） | <0.001（毫米） |
| 0～22 | 10.6 | 0.90 | 0.65 | 8.1 | 91.1 | 50.9 | 38.9 | 21.1 |
| 22～44 | 8.3 | 0.65 | 0.48 | 8.0 | 97.2 | 79.8 | 62.3 | 18.9 |
| 44～65 | 8.3 | 0.65 | 0.56 | 8.0 | 97.2 | 58.0 | 44.9 | 19.7 |
| 65～105 | 5.7 | 0.45 | 0.61 | 8.0 | 94.6 | 50.2 | 38.0 | 16.3 |
| 105～123 | 3.9 | 0.41 | 0.63 | 8.1 | 82.5 | 37.3 | 28.7 | 16.8 |
| 123～150 | 4.8 | 0.33 | 0.91 | 8.1 | 86.8 | 40.7 | 30.5 | 18.5 |

**表3-40　耕种黏质浅色草甸土剖面理化性质**（东阳镇逯村庙东地）

| 采样深度（厘米） | 有机质（克/千克） | 全氮（克/千克） | 全磷（克/千克） | pH | 机械组成（%） | | | | CaCO₃（%） | 代换量（me/百克土） |
| --- | --- | --- | --- | --- | --- | --- | --- | --- | --- | --- |
| | | | | | <0.05（毫米） | <0.01（毫米） | <0.005（毫米） | <0.001（毫米） | | |
| 0～20 | 13.1 | 0.93 | 0.63 | 8.1 | 96.3 | 64.9 | 47.5 | 14.5 | 8.77 | 19.70 |
| 20～100 | 0.74 | 0.59 | 0.44 | 8.2 | 93.7 | 57.2 | 44.1 | 12.7 | 8.50 | 16.12 |

d. 小蒙金型。耕种轻壤黏体浅色草甸土土属之。主要分布在绿豆湾村，其土壤主要特点是上松下紧，上壤下黏，水肥气热状况良好，下层紧实，毛管作用强，既可托水托肥又可充分利用地下水。土壤水肥足，肥力高，耕性好，生产性能良好。

代表剖面采自长凝镇绿豆湾村40亩地。

0～19厘米，灰褐色轻壤，屑粒结构，土体疏松多孔湿润，有较多的植物根。

19～39厘米，灰褐色中壤，块状结构，土体坚实少孔湿润，有较多的植物根。

39～100厘米，灰黄色重壤，块状结构，大体坚实少孔潮湿，有少量的植物根，少量锈纹锈斑。

全剖面石灰反应强烈（表3-41）。

表3-41　耕种轻壤黏体浅色草甸土理化性状（长凝镇绿豆湾村四十亩地）

| 采样深度（厘米） | 有机质（克/千克） | 全氮（克/千克） | 全磷（克/千克） | pH | 机械组成（%） | | | | CaCO₃（%） | 代换量（me/百克土） |
|---|---|---|---|---|---|---|---|---|---|---|
| | | | | | <0.05（毫米） | <0.01（毫米） | <0.005（毫米） | <0.001（毫米） | | |
| 0～19 | 8.7 | 0.49 | 0.62 | 8.0 | 83.6 | 30.24 | 38.7 | 5.7 | 8.28 | 15.87 |
| 19～39 | 5.5 | 0.49 | 0.72 | 8.3 | 72.6 | 31.90 | 17.5 | 8.2 | 7.93 | 8.03 |
| 39～100 | 4.0 | 0.35 | 0.53 | 8.5 | 86.8 | 45.2 | 23.6 | 3.1 | 6.60 | 13.49 |

这一类型土壤改良要深耕翻，疏松表层，加厚活土层，淤土淤沙，多施有机肥，注意作物生长前后期养分补充，筑坝垒堰，防止洪水危害。

e. 漏沙型土壤。耕种轻壤沙体浅色草甸土（耕二合潮土）、耕种中壤沙体浅色草甸土（耕二合潮土）、耕种重壤沙体浅色草甸土（耕二合潮土）等均属漏沙型土壤，主要分布在车辋、修文、壁达、辉举等地（表3-42、表3-43）。

表3-42　耕种轻壤沙体浅色草甸土理化性质（东阳镇车辋村大堰地）

| 采样深度（厘米） | 有机质（克/千克） | 全氮（克/千克） | 全磷（克/千克） | pH | 机械组成（%） | | | | CaCO₃（%） | 代换量（me/百克土） |
|---|---|---|---|---|---|---|---|---|---|---|
| | | | | | <0.05（毫米） | <0.01（毫米） | <0.005（毫米） | <0.001（毫米） | | |
| 0～20 | 13.1 | 0.81 | 0.89 | 8.1 | 72.3 | 29.89 | 22.3 | 14.6 | 5.23 | 11.43 |
| 20～40 | 3.5 | 0.28 | 0.60 | 8.5 | 63.8 | 26.5 | 19.7 | 11.3 | 6.25 | 8.49 |
| 40～114 | 0.9 | 0.17 | 0.56 | 8.5 | 14.5 | 6.1 | 4.4 | 4.4 | 3.59 | 3.59 |
| 114～125 | 1.6 | 0.19 | 0.61 | 8.5 | 72.3 | 16.3 | 12.1 | 10.4 | 5.61 | 8.39 |

表3-43　耕种重壤沙体浅色草甸土理化性质（张庆乡郝村）

| 采样深度（厘米） | 有机质（克/千克） | 全氮（克/千克） | 全磷（克/千克） | pH | 机械组成（%） | | | | C/N | 质地 |
|---|---|---|---|---|---|---|---|---|---|---|
| | | | | | <0.05（毫米） | <0.01（毫米） | <0.005（毫米） | <0.001（毫米） | | |
| 0～20 | 9.7 | 0.69 | 0.49 | 8.2 | 83.37 | 52.29 | 39.86 | 23.29 | 8 | 重壤 |
| 20～50 | 1.5 | 0.13 | 0.34 | 8.4 | 12.64 | 6.76 | 6.16 | 4.54 | 7 | 沙土 |
| 50～150 | 1.3 | 0.34 | 0.40 | 8.3 | 63.70 | 14.36 | 11.71 | 8.65 | 5 | 沙壤 |

剖面的主要特征是：垆盖沙，表层轻壤至重壤，下层沙土—沙壤，非毛管孔隙多，毛管孔隙少，漏水漏肥严重，而且表层厚度越小，质地越轻，漏水肥现象越严重；水分养分的供应能力也越差。它的生产性不良，属一种不良的土体构型。现将耕种轻壤沙体浅色草甸土的典型剖面描述如下。

剖面采自东阳镇车辋村大堰地，海拔 780 米。

0～20 厘米，灰褐色轻壤，屑粒状结构，土体松散，有少量的植物根，石灰反应强烈。

20～40 厘米，棕灰褐色轻壤，块状结构，土体疏松，有少量的植物根，石灰反应强烈。

40～114 厘米，浅褐色沙土，无结构，土体疏松，石灰反应强烈。

114～125 厘米，灰黄色沙壤，块状结构，土体疏松，石灰反应强烈。

土壤的改良利用以淤泥漫土，改良结构为主，浅耕浅种，培养犁底层，勤施少施肥。

f. 沙底型土壤。包括耕种中壤沙底浅色草甸土（耕二合潮土），耕种黏质沙底浅色草甸土（耕二合潮土），耕种沙底浅色草甸土（耕二合潮土）3 个土种，主要分布在南庄、开白、陈胡等处。剖面构型同漏沙型相似，但上层黏质土层厚，下沙层出现部位深，表层质地黏重，结构不良，通透性能差，耕性不良，下层有程度不同的漏水漏肥现象，但较漏沙型轻。其主要缺点是下层毛管力弱，地下水位难借助于毛管引力而补给上层土壤，使土壤不能经常保持湿润，而造成水肥气热不能协调供应，使肥力降低。这种土壤仍属一种不良构型。现以耕种黏质沙底浅色草甸土土种为例，兹将典型剖面描述如下（表3-44）。

表 3-44　耕种黏质沙底浅色草甸土理化性状（东阳镇南庄村金刚堰地）

| 采样深度<br>（厘米） | 有机质<br>（克/千克） | 全氮<br>（克/千克） | 全磷<br>（克/千克） | pH | 机械组成（%） | | | | CaCO₃<br>（%） | 代换量<br>（me/百克土） |
|---|---|---|---|---|---|---|---|---|---|---|
| | | | | | <0.05<br>（毫米） | <0.01<br>（毫米） | <0.005<br>（毫米） | <0.001<br>（毫米） | | |
| 0～32 | 11.7 | 0.83 | 0.89 | 8.1 | 91.9 | 75.4 | 62.3 | 11.9 | 9.15 | 22.54 |
| 32～50 | 3.7 | 0.29 | 0.74 | 8.4 | 42.1 | 26.8 | 21.7 | 9.9 | 5.13 | 7.93 |
| 50～100 | 1.6 | 0.13 | 0.69 | 8.5 | 16.5 | 8.9 | 8.1 | 3.1 | 4.76 | 4.73 |

剖面采自东阳镇南庄村金刚堰地。

0～32 厘米，紫灰褐色黏土，屑粒状结构，土体疏松，有中量植物根，石灰反应强烈。

32～50 厘米，浅紫褐色轻壤，碎块状结构，土体疏松，有较多的植物根，石灰反应强。

50～100 厘米，灰褐色沙土，粒状结构，土体疏松，有少量的植物根，石灰反应弱。

这一类型土壤应以培养犁底层为主攻方向，客土改良，深翻，调剂土质，改善土壤质地排列，机耕镇压，同时要增施土壤有机肥料，增加土壤各养分含量。

总之，耕种浅色草甸土利用改良是要全面规划，因土耕作，合理轮作，充分发挥土地潜力。

③耕种堆垫型浅色草甸土（堆垫潮土）。其母质为近代人工堆垫淤积物。在西长凝至

石圪塔之间的涂河岸边相立村西有分布，其他各村河漫滩上也有极零星的分布。由于洪淤泛滥，河流两岸河漫滩受侵严重，成为不毛之地，多是沙河滩和卵石河滩。后经人工筑坝，垫土漫泥，建成了有灌水条件的耕作土壤。土壤受河水和人为共同作用，既具有浅色草甸土之特性，又具有堆垫土之特征。土层较薄，上土层多为均质型的黄土堆垫物，下层多为沙土沙砾石。土体潮湿冷凉，有时有锈纹锈斑，通体有强石灰反应。层次过渡也极不明显，土壤疏松多孔，多块状，团块状结构，有机质含量不高。土壤上部多生长旱生草被和部分喜湿性草甸植被。这一类型土壤比较来看，疏松柔和，土壤通透性好，耕性良好，多小麦—玉米轮作，灌溉设施不完备。

该土属只分耕作中壤砂砾体堆垫浅色草甸土（堆垫潮土）1个土种，现以典型剖面为例描述（表3-45）。

表3-45　耕种中壤砂砾体堆垫浅色草甸土理化性状（长凝镇壁达村西河滩地）

| 采样深度（厘米） | 有机质（克/千克） | 全氮（克/千克） | 全磷（克/千克） | pH | 机械组成（%） | | | | 代换量（me/百克土） |
| --- | --- | --- | --- | --- | --- | --- | --- | --- | --- |
| | | | | | <0.05（毫米） | <0.01（毫米） | <0.005（毫米） | <0.001（毫米） | |
| 0～20 | 3.5 | 0.24 | 0.72 | 8.2 | 71.7 | 32.1 | 23.7 | 12.7 | 9.37 |
| 20以下 | 1.6 | 0.12 | 0.86 | 8.5 | 29.4 | 7.6 | 5.1 | 1.4 | 4.60 |

0～20厘米，黄灰褐色中壤，土体疏松多孔，屑粒状结构，多量植物根，强石灰反应。

20厘米以下为砂砾石层，少量植物根，弱石灰反应。

该剖面采自长凝镇壁达村西河滩地。

此类型土壤今后要不断加厚土层，植树育草或者植绿肥，瓜果蔬菜等浅根作物，多施各种有机肥，施肥灌水均要掌握"少量多次"原则，在作物生长期间，要勤追化学性肥料，氮磷配合，提高土壤全量养分的同时，也不断提高速效养分含量，沿河岸边要营造防蚀林带。

浅色草甸土母质单一，但土壤类型复杂多样，改良利用也要因土制宜。总的方针如下。

a.加强土壤耕作管理，增加复种指数，充分发挥土地应有的生产能力，合理利用土地，宜果则果，宜菜则菜，宜粮则粮，不断提高粮棉油菜的产量产值，增加单位面积的土地收入。

b.加厚土层。加厚整个土体厚度和耕层活土层厚度，培养保水保肥的犁底层及疏松多孔的耕作层。

c.增施各种有机肥、氮磷钾肥，改善土壤结构，改善土壤肥力状况。各种肥料要协调供应，发挥其最大生产效果。

d.淤沙漫土。客土改良土壤质地过沙过黏之现象。

e.要工程、生物措施相结合，筑坝垒堰，营造防蚀林带及护田林网，修建有排有灌的工程灌溉网，合理灌溉，防止土壤盐渍现象的发生。

f.要防止土壤污染，对工厂所排废水要经过鉴定再加以利用，防止土壤物理性状恶化。

**2. 盐化浅色草甸土**（盐化潮土） 盐化浅色草甸土的成土母质同浅色草甸土一样，均属近代河流沉积物，虽受水文（水质）气候影响易发生盐渍化，但仍为地下水、河流侧渗水直接参与成土过程的隐域性土壤，只是在主导的潴育化过程中又附加了盐渍化成土过程，因而使土壤属性也随之发生变异。

盐化浅色草甸土零星分布于草甸土地的局部低洼处，多属封闭、半封闭式洼地，由于地表水和地下水均向该区汇积，受阻水和滞水的影响，地下水位抬高，可溶性盐大量聚积，有的则因渠道侧渗与不合理的灌溉所致。在本区半干旱气候条件下，由于蒸发量大于降水量的 3～4 倍，而且干湿季节交替明显，导致土壤盐分的季节性变化。夏季降雨集中，土壤产生季节性脱盐，盐分随水淋溶下降至心、底土层，而春秋干旱季节，蒸发大于降水，地下水沿土壤毛管上升至地表大量蒸发，使盐分积聚于地表，这样产生土壤季节性积盐和脱盐的成土过程，形成了盐渍化浅色草甸土。由于本地地下水水质尚好，一般盐化程度较轻，耕层全盐含量一般在 0.2%～0.6%。但它对农业生产影响很大，作物不能正常生长，出苗困难，自然植被也常是些喜温耐盐的碱蓬、苦菜之类生长。

本区盐化浅色草甸土主要分布在西部汾河、潇河、涂河两岸局部低洼地区，如东阳镇的要村、逯村、开白、车辋，修文镇的修文、王都、陈侃、南要、北要，东赵的下戈、上戈、李堒、尚村，长凝的南合流、绿豆湾、壁达、贾渔沟，郭家堡乡的郭村、北合流、马营、高村、南六堡、上营村，张庆乡的怀仁、西河堡、永康、张庆、郝庄、东贾、西长寿一带均有零星片状分布。

盐化浅色草甸土大多数为农业利用，少部分盐渍化程度高的土壤弃耕撩荒。多和浅色草甸土、盐土呈插花状复域分布。就其剖面形态来讲，土壤土层厚度多在 1 米以上，质地沙壤—黏土，偏重者为多，表土板结硬化，特别在返盐季节呈白花花一片，霜质粉盐结晶于地表，全剖面均有较强的石灰反应，pH8.5 以上，屑粒块状结构为多，土体下部多呈潮湿状态，并多有铁锰锈纹斑或胶膜附着于土粒表面，剖面构型呈 Asc－A－B－Bc－Cg－C 型。

本盐化浅色草甸土按其盐分组成和垦植情况大致划分为耕种氯化物硫酸盐盐化浅色草甸土、硫酸盐盐化浅色草甸土、耕种苏打硫酸盐盐化浅色草甸土、苏打硫酸盐盐化浅色草甸土 4 个土属。现分述如下。

①耕种氯化物硫酸盐盐化浅色草甸土（硫酸盐盐化潮土）。是本区盐化浅色草甸土的主要类型。它的分布与亚类分布基本保持一致，主要是潇河、涂河两岸及局部下湿盐碱地分布。盐分组成以硫酸盐为主，土壤 pH 8～8.5，全剖面均有较强的石灰反应。返盐季节地表盐霜为针状或粉状结晶，味道发凉稍带苦或咸，群众称之为白毛碱。一般耕层盐量为 0.2%～0.4%，也有的可达 0.4%～0.6%，但面积小，只占本土属面积的 10%左右。这一类型土壤目前主要种植玉米、高粱等作物，田间杂草以芦苇、甜苣、苦苣等为主。

本土属据盐化程度和土体构型的不同划分为：耕种沙质轻度 $Cl^-$－$SO_4^{2-}$ 盐盐化浅色草甸土（耕轻白盐潮土）、耕种壤质轻度 $Cl^-$－$SO_4^{2-}$ 盐盐化浅色草甸土（耕轻白盐潮土）、耕种壤质浅位厚沙层轻度 $Cl^-$－$SO_4^{2-}$ 盐盐化浅色草甸土（耕轻白盐潮土）、耕种壤质深位厚沙层轻度 $Cl^-$－$SO_4^{2-}$ 盐盐化浅色草甸土（耕轻白盐潮土）、耕种黏质轻度 $Cl^-$－$SO_4^{2-}$ 盐盐化浅色草甸土（黏轻白盐潮土）、耕种壤质中度 $Cl^- - SO_4^{2-}$ 盐盐化浅色草甸土（耕中白盐潮土）、耕种黏质中度 $Cl^- - SO_4^{2-}$ 盐盐化浅色草甸土（黏中白盐潮土）7 个土种。

分布现状、主要剖面形态特征，理化性状及其盐分状况分述如下。

a. 耕种沙质轻度 $Cl^- - SO_4^{2-}$ 盐化浅色草甸土（耕轻白盐潮土）。剖面采自长凝镇绿豆湾大队，涂河河漫滩上。土壤质地多为沙壤，盐分组成以硫酸盐为主，盐斑大而多。表层盐霜很明显，有的形成盐结皮，海拔 824 米，母质为近代河流沉积物（表 3-46）。

表 3-46　耕种沙质轻度 $Cl^- - SO_4^{2-}$ 盐盐化浅色草甸土剖面理化性质

| 采样深度（厘米） | 有机质（克/千克） | 全氮（克/千克） | 全磷（克/千克） | pH | 机械组成（%） | | | | CaCO₃（%） | 代换量（me/百克土） |
|---|---|---|---|---|---|---|---|---|---|---|
| | | | | | <0.05（毫米） | <0.01（毫米） | <0.005（毫米） | <0.001（毫米） | | |
| 0～5 | 4.9 | 0.33 | 0.76 | 8.3 | 67.5 | 21.9 | 15.2 | 3.4 | 6.67 | 9.41 |
| 5～10 | 4.3 | 0.30 | 0.50 | 8.8 | 64.9 | 18.6 | 13.5 | 6.8 | 6.96 | 8.99 |
| 10～20 | 3.7 | 0.25 | 0.60 | 8.7 | 66.1 | 18.9 | 14.7 | 8.8 | 7.19 | 8.47 |
| 20～50 | 3.8 | 0.30 | 0.62 | 8.6 | 58.5 | 18.1 | 13.0 | 6.3 | 7.63 | 7.96 |
| 50～64 | 3.9 | 0.46 | 0.45 | 8.4 | 76.2 | 25.7 | 17.3 | 10.5 | 7.85 | 10.02 |
| 64～100 | 0.7 | 0.11 | 0.69 | 8.7 | 3.8 | 2.1 | 1.2 | 0.4 | 3.42 | 3.97 |
| 混 0～20 | 4.7 | 0.35 | 0.50 | 8.5 | 46.7 | 16.4 | 12.2 | 5.5 | 7.03 | 6.55 |

0～20 厘米，灰黄褐色沙壤，屑粒结构，土体疏松多孔稍润，有较多的植物根。

20～50 厘米，浅褐色沙壤，块状结构，土体疏松多孔湿润，有较多的植物根。

50～64 厘米，浅黄褐色轻壤，块状结构，土体坚实少孔湿润，有植物根。

64～100 厘米，浅灰褐色沙土，块状结构，土体疏松，有少量的植物根。

全剖面石灰反应强烈。

b. 耕种壤质轻度 $Cl^- - SO_4^{2-}$ 盐盐化浅色草甸土（耕轻白盐潮土）。剖面采自东赵乡上戈村，潇河一级阶地，土壤受支沟山洪影响，质地多以轻壤为主，下层有沙壤层次，盐化物以硫酸盐为主，氯化物含量次之，盐斑有潮碱现象，海拔 806 米，母质为近代沉积物（表 3-47）。

表 3-47　耕种壤质轻度 $Cl^- - SO_4^{2-}$ 盐盐化浅色草甸土剖面理化性质

| 采样深度（厘米） | 有机质（克/千克） | 全氮（克/千克） | 全磷（克/千克） | pH | 机械组成（%） | | | | CaCO₃（%） | 代换量（me/百克土） |
|---|---|---|---|---|---|---|---|---|---|---|
| | | | | | <0.05（毫米） | <0.01（毫米） | <0.005（毫米） | <0.001（毫米） | | |
| 0～5 | 8.4 | 0.66 | 0.51 | 8.0 | 72.3 | 25.7 | 18.9 | 9.6 | 6.25 | 9.92 |
| 5～10 | 10.3 | 0.67 | 0.52 | 8.4 | 61.4 | 25.8 | 19.9 | 11.4 | 6.39 | 9.80 |
| 10～20 | 8.5 | 0.52 | 0.50 | 8.7 | 73.3 | 26.7 | 19.9 | 11.4 | 6.27 | 10.26 |
| 20～116 | 1.7 | 0.14 | 0.58 | 8.6 | 61.4 | 13.9 | 10.5 | 6.3 | 5.58 | 7.51 |
| 混 0～20 | 7.2 | 0.49 | 0.53 | 8.0 | 79.2 | 33.5 | 25.8 | 7.2 | 6.09 | 11.23 |

0～5 厘米，灰黄褐色轻壤，屑粒状结构，土体疏松多孔稍润，有较多植物根，石灰

反应强烈。

5～10 厘米，灰黄褐色轻壤，屑粒状结构，土体松散，多孔湿润，有较多植物根，石灰反应强烈。

10～20 厘米，灰黄褐色轻壤，屑粒状结构，土体松散多孔湿润，有较多的植物根，石灰反应强烈。

20～119 厘米，浅黄褐色沙壤，屑粒状结构，土体疏松潮湿，有少量植物根，石灰反应强烈。

c. 耕种黏质轻度 $Cl^- - SO_4^{2-}$ 盐盐化浅色草甸土（黏轻白盐潮土）。剖面采自东阳镇逯村，潇河一级阶地，质地黏重，地表积盐时间比较长，易板结，土壤盐分以硫酸盐为主，心土以下盐分含量较低（表 3 - 48）。

表 3 - 48 耕种黏质轻度 $Cl^- - SO_4^{2-}$ 盐盐化浅色草甸土剖面理化性质

| 采样深度（厘米） | 有机质（克/千克） | 全氮（克/千克） | 全磷（克/千克） | pH | 机械组成（%） | | | | 碳酸钙（%） |
| --- | --- | --- | --- | --- | --- | --- | --- | --- | --- |
| | | | | | <0.05（毫米） | <0.01（毫米） | <0.005（毫米） | <0.001（毫米） | |
| 0～24 | 13.7 | 0.93 | 0.72 | 7.8 | 95.3 | 66.6 | 52.6 | 13.3 | 7.68 |
| 24～100 | 10.6 | 0.88 | 0.68 | 8.0 | 94.4 | 68.3 | 54.6 | 7.4 | 7.35 |

0～24 厘米，紫灰褐色黏土，屑粒状结构，土体疏松，有较多的植物根。

24～100 厘米，紫褐色黏土，棱块状结构，土体紧实，少量植物根，有砖块侵入体，全剖面石灰反应强烈。

d. 耕种黏质中度 $Cl^- - SO_4^{2-}$ 盐盐化浅色草甸土（黏中白盐潮土）。剖面采自长凝镇南合流村潇河、涂河汇合处，土壤表层质地黏重，下层轻壤黏土交替成层出现，土壤盐分以硫酸盐为主，氯化物次之，地下水位不到 1 米，表层盐结皮厚而硬，心底土层稍低（表 3 - 49）。

表 3 - 49 耕种黏质中度 $Cl^- - SO_4^{2-}$ 盐盐化浅色草甸土剖面理化性质

| 采样深度（厘米） | 有机质（克/千克） | 全氮（克/千克） | 全磷（克/千克） | pH | 机械组成（%） | | | | 碳酸钙（%） | 质地 |
| --- | --- | --- | --- | --- | --- | --- | --- | --- | --- | --- |
| | | | | | <0.05（毫米） | <0.01（毫米） | <0.005（毫米） | <0.001（毫米） | | |
| 0～5 | 8.6 | 0.67 | 0.45 | 8.2 | 93.4 | 53.4 | 39.7 | 4.8 | 8.39 | 重壤 |
| 5～10 | 8.3 | 0.61 | 0.46 | 8.3 | 93.4 | 52.5 | 38.0 | 16.8 | 8.80 | 重壤 |
| 10～20 | 6.8 | 0.48 | 0.42 | 8.6 | 93.4 | 41.4 | 31.4 | 16.8 | 8.39 | 中壤 |
| 20～34 | 3.8 | 0.42 | 0.41 | 8.6 | 92.5 | 35.5 | 26.9 | 16.8 | 5.80 | 中壤 |
| 34～53 | 4.4 | 0.37 | 0.55 | 8.7 | 86.2 | 37.9 | 27.7 | 14.9 | 8.49 | 中壤 |
| 53～60 | 7.2 | 0.55 | 0.55 | 8.6 | 100 | 79.8 | 61.5 | 19.7 | 12.25 | 黏壤 |
| 60～90 | 4.2 | 0.36 | 0.64 | 8.7 | 64.1 | 29.4 | 20.9 | 13.3 | 8.22 | 轻壤 |
| 混 0～20 | 8.7 | 0.60 | 0.56 | 8.2 | 94.2 | 48.3 | 36.3 | 1.4 | 8.31 | 重壤 |

0～20 厘米，灰黄褐色重壤，碎块状结构，土体较疏松稍润，有较多的植物根。

20～34 厘米，黄褐色中壤，碎块状结构，土体疏松多孔湿润，有较多的植物根。

34～53厘米，黄灰褐色中壤，碎块状结构，土体疏松多孔湿润，有较多的植物根。

53～60厘米，浅棕褐色黏土，块状结构，土体紧实少孔潮湿，有植物根。

60～90厘米，灰褐色轻壤，块状结构，土体紧实少孔潮湿，有较多的植物根。

全剖面均有较强烈的石灰反应。

盐化浅色草甸土的形成说明"盐随水来"、"盐随水去"，没有水分由高处向低处流，盐分就不会分异和汇集，没有水分上下移动，盐分就不会向上累积和向下淋失，所以在这地区土壤的改良首先要解决水的问题，调节和控制这一区域水盐运动状况，并改变引起土壤积盐的地面和地下径流状况及其相应的自然条件。农业、工程、水利、生物措施结合起来，不仅排除了盐分，也培肥了土壤，巩固了改土效果。具体来讲，这一土壤的主要改良措施有：水利措施改良、农业措施改良、生物措施改良、化学方法改良。

②硫酸盐盐化浅色草甸土（硫酸盐盐化潮土）。

a. 地理分布。主要分布在开发区南六堡、张庆上营村、西河堡、永康、张庆等地。盐分组成以硫酸盐为主，盐分含量0.8%以上，土壤pH 8.5以上，呈碱性。土壤盐分含量高，致使作物不能正常生长，为撂荒地，在各盐化浅色草甸土的局部地区均可见这种呈白斑状的不毛之地，零星分布。它的存在严重影响着作物生长，作物产量，也预示着这一区域土壤如果管理不当，都会朝此方向发展。

b. 形成与特征。这一类型土壤土层较深厚，土质黏重，土体下部多为沙质土或砂砾石，土壤表层多有1～2厘米厚的盐霜板结，中层土壤也均有较多的盐霜分布，通体有较强的石灰反应，土壤坚实少孔较干燥。土色以灰黄—灰棕黄色为主，生长的自然植被也极少。这一部分土壤多在渠道旁、路边、局部高凸地分布，面积小，但危害大。

本土属据土体硫酸盐含量划分黏质深位厚层沙壤轻度 $SO_4^{2-}$ 盐盐化浅色草甸土（黏轻白盐潮土）1个土种。剖面采自开发区乡南六堡海拔782米的一级阶地，地下水位1.8米左右，在退水渠旁（表3-50）。

表3-50 黏质深位厚层沙壤轻度 $SO_4^{2-}$ 盐盐化浅色草甸土剖面理化性质

| 采样深度（厘米） | 有机质（克/千克） | 全氮（克/千克） | 全磷（克/千克） | pH | 机械组成（%） | | | | 碳酸钙（%） | 质地 |
| | | | | | <0.05（毫米） | <0.01（毫米） | <0.005（毫米） | <0.001（毫米） | | |
|---|---|---|---|---|---|---|---|---|---|---|
| 0～5 | 30.8 | 1.75 | 0.63 | 7.9 | 92.07 | 64.52 | 56.25 | 12.72 | 10.25 | 黏土 |
| 5～23 | 14.6 | 0.88 | 0.54 | 8.0 | 95.18 | 74.46 | 62.03 | 36.75 | 11.53 | 黏土 |
| 23～68 | 11.4 | 0.64 | 0.51 | 8.0 | 89.38 | 67.27 | 55.81 | 15.83 | 10.62 | 黏土 |
| 68～89 | 3.7 | 0.21 | 0.36 | 8.5 | 43.72 | 15.17 | 12.11 | 8.44 | 6.63 | 沙壤 |
| 89～142 | 2.7 | 0.25 | 0.43 | 8.4 | 69.62 | 19.25 | 16.19 | 12.11 | 7.08 | 沙壤 |
| 142～180 | 3.9 | 0.25 | 0.41 | 8.3 | 73.29 | 20.27 | 16.19 | 12.11 | 6.84 | 轻壤 |

0～5厘米，棕黄色黏土，块状结构，土体紧实少孔，有多量点状盐霜，多量植物根。

5～23厘米，灰棕黄色黏土，棱块状结构，土体紧实，有多量分散盐霜存在，有较多的植物根。

23～68厘米，灰棕黄色黏土，棱块状结构，土体紧实，有较多盐霜分布，有植物根，并有煤渣侵入。

68～89 厘米，灰黄色沙壤，无结构，少量植物根。

89～142 厘米，灰黄色沙壤，碎块结构，少量植物根。

142～180 厘米，灰黄色沙壤，碎块结构，少量植物根。全剖面均有强烈的石灰反应。

这一类型土壤形成盐渍化的原因有以下几条：土地不平整，盐分随水向相对高处走（微地形的高处），使高处的盐分相对高（达重度），农业不能利用。局部地区地上水地下水排泄不畅，使带有盐分的水聚积或上升地表，水分蒸发，盐分遗留，时长日久，盐化程度提高，作物不能正常生长，弃耕。渠道渗漏，引起的次生盐渍化。当然，引起盐化的原因很多，这里不再一一列举。由于上述各种原因，需要在改良上注意的问题有：平整土地，使水分均匀下渗，在平地的基础上筑畦打埝，减少地面径流，增强土壤蓄水保墒保肥能力。深耕匀翻，可以疏松表土层，打破板结层，切断毛细管，阻止盐分的上升。种植耐盐牧草、绿肥，减少土壤盐分含量或者种植耐盐作物配合一定的农艺措施。强调工程水利措施、生物措施、农业生产措施相结合。

③耕种苏打硫酸盐盐化浅色草甸土（硫酸盐盐化潮土）。

a. 地理分布。该土属主要分布于东阳镇车辋村西、王寨、岂家庄、长凝的贾鱼沟；使赵高村花不落等地，面积较少。盐分组成以硫酸盐、重碳酸钠为主。耕层含盐量多小于0.4％，pH 在8.5以上，盐霜为黄白色。

b. 形成与特征。由于土壤中代换性钠含量较高，故而土壤多呈碱性反应，上层质地均较下层质地黏重，透水通气性能差，有的群众称之为"瓦碱土"，主要种植高粱、甜菜、扫帚等。田间杂草有隐花草、砂蓬、莎草等。

c. 主要类型。据表层质地的不同该土属可划分为：耕种壤质轻度苏打—$SO_4^{2-}$ 盐盐化浅色草甸土（轻白盐潮土）和耕种黏质轻度苏打—$SO_4^{2-}$ 盐盐化浅色草甸土（黏轻白盐潮土）2个土种（表3－51）。

现以后者典型剖面为例：剖面采自东阳镇王寨村，海拔800米左右，地形为一级阶地上，常受津水河洪漫而积水，地下水位1～2米，盐斑小而乱，表层有板结盐结壳，母质为近代沉积物。

表3－51 耕种苏打硫酸盐盐化浅色草甸土剖面理化性状

| 采样深度（厘米） | 有机质（克/千克） | 全氮（克/千克） | 全磷（克/千克） | pH | 机械组成（％） | | | | 碳酸钙（％） | 质地 |
| --- | --- | --- | --- | --- | --- | --- | --- | --- | --- | --- |
| | | | | | <0.05（毫米） | <0.01（毫米） | <0.005（毫米） | <0.001（毫米） | | |
| 0～20 | 0.44 | 0.037 | 0.061 | 8.9 | 83.6 | 29.39 | 27.7 | 14.1 | 9.29 | 重壤 |
| 20～60 | 0.34 | 0.033 | 0.062 | 9.2 | 71.2 | 30.38 | 17.6 | 9.9 | 8.63 | 重壤 |
| 60～100 | 0.35 | 0.028 | 0.041 | 8.7 | 76.0 | 27.70 | 19.2 | 4.8 | 8.03 | 中壤 |

0～20 厘米，灰褐色重壤，屑粒状结构，土体疏松，少量植物根，石灰反应强烈。

20～60 厘米，紫灰褐色重壤，核状结构，土体紧实，多量植物根，石灰反应强烈。

60～100 厘米，棕灰褐色中壤，块状结构，土体较紧，少量植物根，石灰反应强烈。

该土种的改良同于一般盐化浅色草甸土，但由于盐分组成上的差异，它对作物危害更大，易直接产生对作物的盐害作用。可进行合理灌溉，多施有机肥料，种植绿肥，有条件时结合使用石膏、黑矾等能够加速这一土壤的改良。

④苏打硫酸盐盐化浅色草甸土（硫酸盐盐化潮土）。

a. 地理分布。主要分布在要村村东，王都村西南、郝村东滩、永康老龙窝一带。

b. 形成与特征。盐分组成以硫酸盐为主，氯化物和碳酸盐含量也比较高，pH 大于 8.3，土壤中代换性钠含量很高。因地面不平，表层盐分含量并不高，如经过适当平整，深耕翻等改良措施即可加以耕种。

该土属只分黏质重度苏打 $SO_4^{2-}$ 盐盐化浅色草甸土（重白盐潮土）1 个土种。现将其剖面形态描述如下（表 3 - 52）。

表 3 - 52　苏打硫酸盐盐化浅色草甸土剖面理化性状

| 采样深度 (厘米) | 有机质 (克/千克) | 全氮 (克/千克) | 全磷 (克/千克) | pH | 机械组成（%） | | | | 质地 |
|---|---|---|---|---|---|---|---|---|---|
| | | | | | <0.05 (毫米) | <0.01 (毫米) | <0.005 (毫米) | <0.001 (毫米) | |
| 0~5 | 1.50 | 0.090 | 10 | 8.7 | 90.8 | 62.7 | 49.1 | 22.7 | 黏土 |
| 5~10 | 1.36 | 0.082 | 10 | 8.5 | 86.7 | 60.3 | 47.6 | 27.1 | 黏土 |
| 10~20 | 1.94 | 0.107 | 11 | 8.5 | 88.4 | 61.2 | 49.3 | 27.1 | 黏土 |
| 20~110 | 0.60 | 0.046 | 8 | 8.4 | 94.6 | 78.4 | 65.6 | 32.3 | 黏土 |

剖面采自东阳镇要村育圪洞，海拔 785 米的一级阶地下水位 1 米左右。

0~5 厘米，灰褐色黏土，块状结构，土体松散，有少量的植物根。

5~10 厘米，灰褐色黏土，块状结构，土体疏散，有少量的植物根。

10~20 厘米，灰褐色黏土，块状结构，土体松散，有少量的植物根。

20~110 厘米，灰棕褐色黏土，核状结构，土体坚实，有少量的植物根。

全剖面石灰反应较强烈。

这一类型土壤由于它易溶性盐中含有相当数量的碳酸钠，这些碱性盐类不仅直接为害作物，还有可能引起土壤碱化。由于土壤 $CO_3^{2-}$ 含量高于 0.5me/百克土，使作物不能出苗，而多为光板状盐碱荒地，尽管目前状况下，土壤养分含量比较丰富，但随着盐碱化的严重发展，有机质易遭淋失，故加强对这一类型土壤的改良是非常重要的问题。它的改良同于其他的盐化土壤，但更强调合理的灌溉，合理的耕作施肥，平田整地，同时也强调充分利用这一部分荒地，种植绿肥，植树，种植高粱、向日葵、甜菜等耐盐碱作物。

总之，对于所有的盐化土壤，要想尽办法，充分利用，改良措施要得当、保险，土地平整，条田耕种，植树造林，种植绿肥等都是防止土壤盐化的有效措施。

# 第二节　有机质及大量元素

## 一、含量与分布

土壤大量元素背景值的表达方式以各统计单元养分汇总结果的算术平均值和标准差来

表示，分别以单体 N、P、K 表示。表示单位：有机质、全氮用克/千克表示，有效磷、速效钾、缓效钾用毫克/千克表示。

土壤有机质、全氮、有效磷、速效钾等以《山西省耕地土壤养分含量分级参数表》为标准各分 6 个级别，见表 3 - 53。

表 3 - 53　山西省耕地地力土壤养分耕地标准

| 级别 | I | II | III | IV | V | VI |
|---|---|---|---|---|---|---|
| 有机质（克/千克） | >25.00 | 20.01~25.00 | 15.01~20.00 | 10.01~15.00 | 5.01~10.00 | ≤5.00 |
| 全氮（克/千克） | >1.50 | 1.201~1.50 | 1.001~1.200 | 0.701~1.000 | 0.501~0.700 | ≤0.50 |
| 有效磷（毫克/千克） | >25.00 | 20.01~25.00 | 15.1~20.0 | 10.1~15.0 | 5.1~10.0 | ≤5.0 |
| 速效钾（毫克/千克） | >250 | 201~250 | 151~200 | 101~150 | 51~100 | ≤50 |
| 缓效钾（毫克/千克） | >1200 | 901~1200 | 601~900 | 351~600 | 151~350 | ≤150 |
| 阳离子代换量（厘摩尔/千克） | >20.00 | 15.01~20.00 | 12.01~15.00 | 10.01~12.00 | 8.01~10.00 | ≤8.00 |
| 有效铜（毫克/千克） | >2.00 | 1.51~2.00 | 1.01~1.51 | 0.51~1.00 | 0.21~0.50 | ≤0.20 |
| 有效锰（毫克/千克） | >30.00 | 20.01~30.00 | 15.01~20.00 | 5.01~15.00 | 1.01~5.00 | ≤1.00 |
| 有效锌（毫克/千克） | >3.00 | 1.51~3.00 | 1.01~1.50 | 0.51~1.00 | 0.31~0.50 | ≤0.30 |
| 有效铁（毫克/千克） | >20.00 | 15.01~20.00 | 10.01~15.00 | 5.01~10.00 | 2.51~5.00 | ≤2.50 |
| 有效硼（毫克/千克） | >2.00 | 1.51~2.00 | 1.01~1.50 | 0.51~1.00 | 0.21~0.50 | ≤0.20 |
| 有效钼（毫克/千克） | >0.30 | 0.26~0.30 | 0.21~0.25 | 0.16~0.20 | 0.11~0.15 | ≤0.10 |
| 有效硫（毫克/千克） | >200.00 | 100.1~200 | 50.1~100.0 | 25.1~50.0 | 12.1~25.0 | ≤12.0 |
| 有效硅（毫克/千克） | >250.0 | 200.1~250.0 | 150.1~200.0 | 100.1~150.0 | 50.1~100.0 | ≤50.0 |
| 交换性钙（克/千克） | >15.00 | 10.01~15.00 | 5.01~10.0 | 1.01~5.00 | 0.51~1.00 | ≤0.50 |
| 交换性镁（克/千克） | >1.00 | 0.76~1.00 | 0.51~0.75 | 0.31~0.50 | 0.06~0.30 | ≤0.05 |

### （一）有机质

榆次区耕地土壤有机质含量变化为 5.67~47.63 克/千克，平均值为 16.19 克/千克，属三级水平。①不同行政区域。开发区平均值最高，为 36.34 克/千克；其次是乌金山镇，平均值为 25.62 克/千克；最低是东赵乡，平均值为 10.48 克/千克。②不同地形部位。冲、洪积扇（中、上）部平均值最高，为 38.34 克/千克；其次河流一级、二级阶地平均值为 16.92 克/千克；最低是河流宽谷阶地，平均值为 10.14 克/千克。③不同母质。洪积物平均值最高，为 29.52 克/千克；其次是冲积物，平均值为 18.87 克/千克；最低是人工堆垫物，平均值为 13.55 克/千克。④不同土壤类型。洪黄垆土最高，平均值为 47.63 克/千克；堆垫潮土最低，平均值为 10.45 克/千克（表 3 - 54）。

### （二）全氮

榆次区土壤全氮含量变化范围为 0.33~2.19 克/千克，平均值为 0.82 克/千克，属四级水平。①不同行政区域。开发区平均值最高，为 1.39 克/千克；其次是乌金山镇，平均值均为 1.06 克/千克；最低是东赵乡，平均值为 0.57 克/千克。②不同地形部位。冲、洪积扇（中、上）部平均值最高，为 1.36 克/千克；最低是河流宽谷阶地，平均值为 0.55 克/千克。③不同母质。洪积物平均值最高，为 1.14 克/千克；其次是冲积物，平均值为 0.98 克/千克；最低是黄土母质，平均值为 0.75 克/千克。④不同土壤类型。耕黑立黄土最高，平均值为 1.64 克/千克；最低是堆垫潮土，平均值为 0.60 克/千克（表 3-54）。

**（三）有效磷**

榆次区有效磷含量变化范围为 2.51~59.76 毫克/千克，平均值为 14.46 毫克/千克，属省四级水平。①不同行政区域。东阳镇平均值最高，为 23.75 毫克/千克；其次是北田镇，平均值为 20.49 毫克/千克；最低是东赵乡，平均值为 6.73 毫克/千克。②不同地形部位。一级、二级阶地平均值最高，为 19.77 毫克/千克；其次是开阔河湖冲、沉积平原，平均值为 15.81 毫克/千克；最低是河流宽谷阶地，平均值为 6.15 毫克/千克。③不同母质。最高是黄土状母质，平均值为 17.74 毫克/千克；其次是冲积物，平均值为 17.13 毫克/千克；最低是人工堆垫物，平均值为 7.18 毫克/千克。④不同土壤类型。重白盐潮土平均值最高，为 40.99 毫克/千克；其次是白盐土，平均值为 26.68 毫克/千克；最低是耕洪立黄土，平均值为 6.32 毫克/千克（表 3-54）。

**（四）速效钾**

榆次区土壤速效钾含量变化范围为 82~494.28 毫克/千克，平均值 195.24 毫克/千克，属三级水平。①不同行政区域。北田镇最高，平均值为 284.39 毫克/千克；其次是张庆乡，平均值为 231.92 毫克/千克；最低是什贴镇，平均值为 149.74 毫克/千克。②不同地形部位。黄土垣、梁平均值最高，为 207.94 毫克/千克；其次是开阔河湖冲、沉积平原，平均值为 204.59 毫克/千克；最低是冲、洪积扇（中、上）部，平均值为 157.81 毫克/千克。③不同母质。最高为黄土状母质，平均值为 230.40 毫克/千克；其次是冲积物，平均值为 212.86 毫克/千克；最低是洪积物平均值为 161.23 毫克/千克。④不同土壤类型。石灰性褐土最高，平均值为 269.49 毫克/千克；其次是红立黄土，平均值为 289.39 毫克/千克；最低是洪黄垆土，平均值为 125.53 毫克/千克（表 3-54）。

**（五）缓效钾**

榆次区土壤缓效钾变化范围 502.02~1 334.65 毫克/千克，平均值为 825.71 毫克/千克，属三级水平。①不同行政区域。张庆乡平均值最高，为 967.582 毫克/千克；其次是修文镇，平均值为 913.17 毫克/千克；乌金山镇最低，平均值为 679.31 毫克/千克。②不同地形部位。河流一级、二级阶地最高，平均值为 888.83 毫克/千克；其次是山地、丘陵（中、下）部的缓坡地段，平均值为 869.79 毫克/千克；最低是冲、洪积扇（中、上）部，平均值为 639.82 毫克/千克。③不同母质。黄土状母质最高，平均值为 1 000.65 毫克/千克；其次是冲积物，平均值为 900.30 毫克/千克；洪积物最低，平均值为 697.91 毫克/千克。④不同土壤类型。重白盐潮土最高，平均值为 970.76 毫克/千克；其次是黏轻白盐潮土，940.92 毫克/千克；耕黑立黄土最低，平均值为 599.56 毫克/千克（表 3-54）。

## 表3-54　榆次区大田土壤大量元素分类统计结果

单位：克/千克、毫克/千克

| 类别 | | 有机质 | | 全氮 | | 有效磷 | | 速效钾 | | 缓效钾 | |
|---|---|---|---|---|---|---|---|---|---|---|---|
| | | 平均 | 区域值 | 平均 | 区域值 | 平均 | 区域值 | 平均 | 区域值 | 平均 | 区域值 |
| 行政区域 | 乌金山镇 | 25.62 | 9.3～47.63 | 1.06 | 0.52～2.19 | 8.47 | 3.19～22.74 | 164.57 | 90～307 | 679.31 | 502～860 |
| | 东阳镇 | 15.23 | 11.33～20.67 | 0.82 | 0.62～1.09 | 23.75 | 12.74～54 | 165.56 | 82～345 | 817.58 | 547～1 060 |
| | 什贴镇 | 12.17 | 6.33～16.99 | 0.65 | 0.35～0.91 | 13.59 | 4.8～42.4 | 149.74 | 98～270 | 800.78 | 538～1 000 |
| | 长凝镇 | 13.70 | 5.67～23.31 | 0.75 | 0.33～1.13 | 13.24 | 4.3～36.7 | 200.53 | 108～457 | 827.55 | 520～1 060 |
| | 北田镇 | 15.49 | 6.66～47.63 | 0.85 | 0.40～1.36 | 20.49 | 6.4～54 | 284.39 | 127～494 | 860.20 | 661～1 335 |
| | 修文镇 | 17.32 | 10.34～47.63 | 0.93 | 0.45～1.6 | 19.77 | 4.1～59.8 | 224.41 | 124～419 | 913.17 | 661～1 080 |
| | 榆次城区 | 23.74 | 14.63～47.63 | 1.15 | 0.83～1.55 | 12.43 | 7.7～20 | 180.90 | 140～270 | 829.00 | 740～1 040 |
| | 郭家堡乡 | 18.37 | 10.34～47.63 | 0.98 | 0.55～1.7 | 12.26 | 4.1～42.4 | 167.33 | 104～307 | 810.39 | 591～1 100 |
| | 张庆乡 | 18.60 | 11.33～47.63 | 1.02 | 0.63～1.46 | 18.85 | 6.8～42.4 | 231.92 | 140～345 | 967.52 | 780～1 100 |
| | 庄子乡 | 12.72 | 7.65～22.32 | 0.69 | 0.45～1.24 | 14.35 | 5～48 | 194.48 | 114～401 | 870.29 | 700～1 120 |
| | 东赵乡 | 10.48 | 6.66～15.67 | 0.57 | 0.36～0.86 | 6.73 | 2.5～24.4 | 158.69 | 97～345 | 775.34 | 621～921 |
| | 开发区 | 36.34 | 19.30～47.63 | 1.39 | 1.05～2.09 | 12.48 | 7.1～20 | 186.72 | 114～326 | 789.91 | 582～1 021 |
| 土壤类型 | 白盐土 | 18.48 | 17.32～19.63 | 1.02 | 0.96～1.07 | 26.68 | 23.4～30.9 | 200.99 | 187～208 | 919.11 | 900～921 |
| | 薄砂泥质淋土 | 15.97 | 13.64～16.99 | 0.90 | 0.77～0.96 | 11.19 | 10.8～11.8 | 243.58 | 224～270 | 852.99 | 820～900 |
| | 底砾黄垆土 | 47.63 | 47.63～47.63 | 1.67 | 1.36～2.00 | 11.64 | 8.1～15.8 | 157.10 | 124～221 | 615.04 | 591～640 |
| | 堆垫潮土 | 10.45 | 7.65～15.67 | 0.60 | 0.41～0.83 | 11.28 | 5.8～21.8 | 160.93 | 130～190 | 715.77 | 582～760 |
| | 二合黄垆土 | 17.71 | 8.97～47.63 | 0.90 | 0.52～2.19 | 18.58 | 3.2～59.8 | 204.70 | 82～494 | 831.68 | 547～1 335 |
| | 二合深黏黄垆土 | 17.01 | 12.98～47.63 | 0.87 | 0.68～1.50 | 21.04 | 10～42.43 | 153.71 | 100～230 | 805.79 | 591～941 |
| | 耕二合潮土 | 18.47 | 10.67～47.63 | 1.01 | 0.58～1.46 | 19.24 | 6.4～39.5 | 220.70 | 137～382 | 935.79 | 641～1 100 |
| | 耕黑立黄土 | 47.63 | 47.63～47.63 | 1.64 | 1.38～1.95 | 8.25 | 5.4～11.4 | 141.18 | 127～150 | 599.56 | 538～641 |
| | 耕洪立黄土 | 42.10 | 11.99～47.63 | 1.38 | 0.63～2.19 | 6.32 | 3.2～19.1 | 159.78 | 90～288 | 632.79 | 502～760 |
| | 耕立黄土 | 15.37 | 7.65～47.63 | 0.77 | 0.45～1.50 | 12.24 | 4.3～42.4 | 199.56 | 114～457 | 818.42 | 564～1 040 |
| | 耕轻白盐潮土 | 15.66 | 10.34～21.99 | 0.84 | 0.45～1.20 | 13.65 | 4.6～24.4 | 188.71 | 124～307 | 875.33 | 681～1 060 |
| | 沟淤土 | 14.18 | 6.66～47.63 | 0.77 | 0.30～1.40 | 12.22 | 3.9～42.4 | 200.11 | 101～438 | 806.52 | 564～1 080 |
| | 河砂潮土 | 13.65 | 6.99～21.99 | 0.77 | 0.38～1.26 | 11.32 | 6.1～30.9 | 175.72 | 121～247 | 820.96 | 680～1 000 |
| | 红立黄土 | 13.19 | 9.30～16.00 | 0.73 | 0.33～1.86 | 14.90 | 6.8～36.7 | 289.39 | 137～382 | 853.99 | 741～920 |
| | 洪黄垆土 | 47.63 | 47.63～47.63 | 1.48 | 1.38～1.70 | 8.19 | 6.4～10.0 | 125.53 | 108～171 | 600.72 | 573～621 |
| | 灰盐土 | 19.05 | 14.96～47.63 | 1.03 | 0.82～1.40 | 18.47 | 9.7～39.5 | 218.90 | 140～288 | 937.83 | 780～1 060 |
| | 立黄土 | 13.19 | 5.67～47.63 | 0.71 | 0.33～1.95 | 12.16 | 2.5～42.4 | 185.38 | 97～457 | 811.04 | 520～1 120 |
| | 绵潮土 | 18.73 | 6.00～47.63 | 0.98 | 0.33～1.70 | 18.26 | 3.9～39.8 | 210.46 | 108～419 | 909.39 | 520～1 100 |

（续）

| 类别 | | 有机质 | | 全氮 | | 有效磷 | | 速效钾 | | 缓效钾 | |
|---|---|---|---|---|---|---|---|---|---|---|---|
| | | 平均 | 区域值 | 平均 | 区域值 | 平均 | 区域值 | 平均 | 区域值 | 平均 | 区域值 |
| 土壤类型 | 轻白盐潮土 | 14.22 | 13.64~14.96 | 0.76 | 0.72~0.80 | 13.69 | 12.7~15.1 | 181.22 | 171~193 | 830.20 | 820~840 |
| | 沙泥质立黄土 | 19.37 | 18.97~19.63 | 1.00 | 0.99~1.00 | 9.52 | 9.4~9.7 | 175.18 | 174~177 | 728.55 | 721~740 |
| | 沙泥质淋土 | 16.66 | 16.33~16.99 | 0.94 | 0.93~0.96 | 11.67 | 11.4~11.8 | 247.55 | 247~250 | 840.16 | 840~840 |
| | 砂石砾土 | 20.36 | 10.67~47.63 | 0.99 | 0.58~1.55 | 9.05 | 6.1~18.7 | 174.47 | 124~211 | 704.05 | 621~780 |
| | 深黏黄垆土 | 17.90 | 14.63~47.63 | 0.93 | 0.78~1.55 | 18.26 | 9.4~28 | 192.65 | 140~243 | 907.17 | 591~1 021 |
| | 黏轻白盐潮土 | 18.81 | 10.67~47.63 | 1.00 | 0.58~1.55 | 15.26 | 4.8~36.7 | 209.33 | 121~270 | 940.92 | 760~1 041 |
| | 黏中白盐潮土 | 12.67 | 7.32~17.98 | 0.71 | 0.40~0.99 | 14.32 | 6.8~33.8 | 161.93 | 124~250 | 777.91 | 681~941 |
| | 重白盐潮土 | 17.65 | 16.99~18.31 | 0.91 | 0.88~0.94 | 40.99 | 39.5~42.4 | 232.03 | 214~250 | 970.76 | 961~981 |
| 地形部位 | 冲、洪积扇中、上部 | 38.34 | 13.31~47.63 | 1.36 | 0.72~2.19 | 7.78 | 3.2~19.1 | 157.81 | 90~288 | 639.82 | 502~900 |
| | 低山丘陵坡地 | 12.12 | 8.31~14.96 | 0.65 | 0.47~0.80 | 15.72 | 4.8~36.7 | 162.00 | 98~345 | 786.99 | 641~941 |
| | 河流冲积平原的河漫滩 | 15.48 | 6.00~47.63 | 0.81 | 0.33~1.36 | 11.10 | 4.1~27.99 | 181.26 | 108~307 | 739.77 | 520~941 |
| | 河流宽谷阶地 | 10.14 | 6.99~11.99 | 0.55 | 0.40~0.67 | 6.15 | 3.9~10.0 | 159.18 | 101~237 | 750.73 | 621~840 |
| | 河流一级、二级阶地 | 16.92 | 6.99~47.63 | 0.92 | 0.38~1.60 | 19.77 | 2.5~59.8 | 204.10 | 82~419 | 888.83 | 547~1 100 |
| | 黄土丘陵沟谷、坡麓及缓坡 | 12.40 | 5.67~23.31 | 0.68 | 0.33~1.28 | 10.68 | 2.5~36.7 | 183.64 | 104~363 | 813.89 | 538~1 060 |
| | 黄土垣、梁 | 13.30 | 7.98~23.31 | 0.73 | 0.45~1.19 | 13.42 | 3.4~39.5 | 207.94 | 114~457 | 859.02 | 564~1 060 |
| | 开阔河湖冲、沉积平原 | 15.83 | 6.33~47.63 | 0.83 | 0.35~1.70 | 15.81 | 2.9~54.0 | 204.59 | 97~494 | 822.09 | 547~1 335 |
| | 山地、丘陵（中、下）部的缓坡地段 | 11.78 | 8.97~14.63 | 0.65 | 0.52~0.86 | 11.02 | 6.1~18.8 | 197.51 | 114~363 | 869.79 | 741~1 120 |
| | 山前倾斜平原的中、下部 | 13.49 | 11.00~15.34 | 0.76 | 0.62~0.86 | 7.63 | 4.3~9.06 | 166.57 | 137~204 | 855.52 | 800~880 |
| 土壤母质 | 人工堆垫物 | 13.55 | 11.66~16.33 | 0.74 | 0.67~0.88 | 7.18 | 4.1~10.0 | 199.87 | 167~250 | 702.86 | 641~760 |
| | 洪积物 | 29.52 | 8.31~47.63 | 1.14 | 0.47~2.19 | 9.04 | 3.2~42.43 | 161.23 | 91~326 | 697.91 | 502~1 000 |
| | 黄土状母质 | 17.65 | 17.65~17.65 | 0.98 | 0.98~0.98 | 17.74 | 17.7~17.7 | 230.40 | 230~230 | 1 000.65 | 1 000~1 000 |
| | 黄土母质 | 14.02 | 6.00~47.63 | 0.75 | 0.33~1.95 | 14.59 | 2.5~59.8 | 195.53 | 82~494 | 825.96 | 520~1 335 |
| | 冲积物 | 18.87 | 5.67~47.63 | 0.98 | 0.33~1.70 | 17.13 | 5~59.76 | 212.86 | 114~419 | 900.30 | 591~1 100 |
| | 风沙沉积物 | 15.05 | 12.32~19.96 | 0.80 | 0.65~1.03 | 10.73 | 7.7~24.1 | 183.40 | 143~270 | 751.09 | 701~961 |

## 二、分级论述

### （一）有机质

Ⅰ级　有机质含量为 25.0 克/千克以上，面积为 44 047.51 亩，占总耕地面积的 6.02％。主要分布于乌金山镇西北部冲洪积扇及开发区、榆次城区的冲积扇边缘区域，其他有零星分布，除山区外种植玉米、蔬菜、小麦、果树等作物。

Ⅱ级　有机质含量为 20.01～25.0 克/千克，面积为 72 419.81 亩，占总耕地面积的 10.01％。主要分布在乌金山镇及榆次城区的大部分区域，种植玉米、蔬菜、小麦等作物。

Ⅲ级　有机质含量为 15.01～20.0 克/千克，面积为 226 097.63 亩，占总耕地面积的 31.27％。主要分布张庆、郭家堡、修文、东阳等乡（镇），榆次东南部一级、二级阶地及北田镇北部区域。主要种植玉米、蔬菜、小麦、果树等作物。

Ⅳ级　有机质含量为 10.01～15.0 克/千克，面积为 339 310.25 亩，占总耕地面积的 46.92％。主要分布在什贴、东赵、庄子、长凝等乡（镇）的高阶地及黄土丘陵区域，主要作物有玉米、谷子、果树、蔬菜等作物。

Ⅴ级　有机质含量为 5.01～10.1 克/千克，面积为 41 237.05 亩，占总耕地面积的 5.70％。主要分布在东赵、庄子、长凝、什贴等乡（镇）的土石山区，主要作物有玉米、谷子和果树等作物。

Ⅵ级　全区无分布。

### （二）全氮

Ⅰ级　全氮量大于 1.50 克/千克，面积为 16 328.03 亩，占总耕地面积的 2.25％。主要分布在开发区。

Ⅱ级　全氮含量为 1.201～1.50 克/千克，面积为 53 783.03 亩，占总耕地面积的 7.44％。主要分布于开发区、榆次城区、乌金山镇北部洪积扇区域，主要作物有玉米、蔬菜、小麦、果树等作物。

Ⅲ级　全氮含量为 1.001～1.20 克/千克，面积为 112 359.54 亩，占总耕地面积的 15.53％。主要分布在郭家堡、张庆等乡（镇），主要作物有小麦、玉米、果树等作物。

Ⅳ级　全氮含量为 0.701～1.000 克/千克，面积为 273 356.42 亩，占总耕地面积的 37.81％。主要分布在河流一级、二级阶地大部分地区，修文、东阳镇及北田镇北部区域，主要作物有玉米、蔬菜、小麦、果树等作物。

Ⅴ级　全氮含量为 0.501～0.70 克/千克，面积为 255 592.45 亩，占总耕地面积的 35.35％。分布在丘陵山地、涂河两侧高阶地，什贴镇、庄子乡及长凝镇东南部，作物有玉米、谷子等。

Ⅵ级　全氮含量小于 0.5 克/千克，面积为 11 692.78 亩，占总耕地面积的 1.62％。主要分布在土石山区，东赵及长凝乡，作物为玉米、果树、谷子等。

### （三）有效磷

Ⅰ级　有效磷含量大于 25.00 毫克/千克，面积 69 806.52 亩，占总耕地面积的

9.65%。主要分布东阳镇、修文镇的潇河二级阶地上，主要作物有小麦、蔬菜、玉米等（表3-55）。

Ⅱ级　有效磷含量在20.1～25.00毫克/千克，面积86 139.10亩，占总耕地面积的11.91%。主要分布在张庆乡、郭家堡乡的二级阶地，北田镇的大部分地带，作物有玉米、果树等。

表3-55　榆次区耕地土壤大量元素分级面积（万亩）

单位:%、万亩

| 类别 | Ⅰ | | Ⅱ | | Ⅲ | | Ⅳ | | Ⅴ | | Ⅵ | |
|---|---|---|---|---|---|---|---|---|---|---|---|---|
| | 百分比 | 面积 | 百分比 | 面积 | 百分比 | 面积 | 百分比 | 面积 | 百分比 | 面积 | 百分比 | 面积 |
| 有机质 | 6.09 | 4.404 8 | 10.02 | 7.242 | 31.27 | 22.609 8 | 46.92 | 33.931 | 5.70 | 4.123 7 | 0.00 | 0 |
| 全氮 | 2.26 | 1.632 8 | 7.44 | 5.378 3 | 15.54 | 11.236 | 37.80 | 27.335 6 | 35.35 | 25.559 2 | 1.62 | 1.169 3 |
| 有效磷 | 9.65 | 6.980 7 | 11.91 | 8.613 9 | 21.54 | 15.576 9 | 30.71 | 22.203 3 | 23.72 | 17.150 7 | 2.47 | 1.785 8 |
| 速效钾 | 14.95 | 10.810 4 | 26.43 | 19.114 1 | 35.75 | 25.849 7 | 22.30 | 16.128 | 0.57 | 0.408 9 | 0.00 | 0 |
| 缓效钾 | 0.03 | 0.021 7 | 27.48 | 19.868 2 | 70.42 | 50.920 8 | 2.08 | 1.500 5 | 0.00 | 0 | 0.00 | 0 |

Ⅲ级　有效磷含量在15.1～20.1毫克/千克，面积155 768.62亩，占总耕地面积的21.54%。主要分布在庄子乡的大部分地带，张庆、修文、东阳等部分二级阶地，主要作物有小麦、玉米、果树等。

Ⅳ级　有效磷含量在10.1～15.0毫克/千克，面积222 032.76亩，占总耕地面积的30.71%。主要分布在什贴镇、乌金山镇的大部分地区及长凝河谷地带，主要作物为玉米。

Ⅴ级　有效磷含量在5.1～10.0毫克/千克，面积171 506.92亩，占总耕地面积的23.72%。其主要分布在庄子乡、长凝镇的东南部，东赵乡西部平川地带和什贴北部等丘陵山区及高阶地。主要作物为玉米和谷子等作物。

Ⅵ级　有效磷含量小于5.0毫克/千克，面积17 858.33亩，占总耕地面积的1.785 8%。主要分布在东赵乡、长凝镇山地、丘陵的梯田。

**（四）速效钾**

Ⅰ级　速效钾含量大于250毫克/千克，面积108 104.11亩，占总耕地面积的14.95%。主要分布在张庆、修文镇潇河一级、二级阶地大部分地带，作物为小麦、玉米、蔬菜。

Ⅱ级　速效钾含量在201～250毫克/千克，面积191 141.49亩，占总耕地面积的26.43%。主要分布在开发区、郭家堡乡大部分及北田镇平川地带，作物有小麦、玉米、果树等。

Ⅲ级　速效钾含量在151～200毫克/千克，面积187 066.28亩，占总耕地面积的32.16%。主要分布在乌金山镇、郭家堡乡的冲、洪积扇边缘区域，什贴镇旱垣地、庄子乡六台、杨方、牛村等地，作物有玉米、蔬菜、果树。

Ⅳ级　速效钾含量在101～150毫克/千克，面积57 736.67亩，占总耕地面积的

9.92%。主要分布在庄子乡东南部、长凝镇及什贴镇丘陵山地，周围主要作物有玉米、谷子、马铃薯、杂粮等耐旱作物。

Ⅴ级　速效钾含量在 51～100 毫克/千克，面积 3 306.21 亩，占总耕地面积的 0.57%。主要分布在东赵乡、长凝镇涂河高阶地及梯田，作物以谷子等杂粮为主。

Ⅵ级　速效钾含量小于 50 毫克/千克，全区无。

**（五）缓效钾**

Ⅰ级　缓效钾含量大于 1 200 毫克/千克，面积216.97 亩，占总耕地面积0.06%。零星分布，作物有蔬菜、玉米。

Ⅱ级　缓效钾含量在 901～1 200 毫克/千克，面积 198 681.55 亩，占总耕地面积的 27.48%。主要分布在张庆、修文镇、郭家堡乡等平川一级、二级阶地，作物有小麦、玉米、蔬菜等。

Ⅲ级　缓效钾含量在 601～900 毫克/千克，面积 509 208.48 亩，占总耕地面积的 70.42%。广泛分布在各个乡（镇），包括平川地区及丘陵垣地，作物有小麦、玉米等。

Ⅳ级　缓效钾含量在 351～600 毫克/千克，面积 15 005.25 亩，占总耕地面积的 2.08%。主要分布在东赵乡、长凝镇、乌金山镇的丘陵山区，主要作物有玉米、谷子。

Ⅴ级　缓效钾含量为 151～350 毫克/千克，全区无分布。

Ⅵ级　缓效钾含量小于等于 150 毫克/千克，全区无分布。

# 第三节　中量元素

中量元素背景值的表达方式以各统计单元养分汇总结果的算术平均值和标准差来表示。以单位体 S 表示，表示单位：用毫克/千克来表示。

由于有效硫目前全国范围内仅有酸性土壤临界值，而全区土壤属石灰性土壤，没有临界值标准。因而只能根据养分分量的具体情况进行级别划分，分 6 个级别，见表 3-53。

# 一、含量与分布

**有效硫**

榆次区土壤有效硫变化范围为 11.3～409.11 毫克/千克，平均值为 67.41 毫克/千克，属三级水平。①不同行政区域。东赵乡最高，平均值为 129.12 毫克/千克；其次是东阳镇，平均值为 114.22 毫克/千克；最低是张庆乡，平均值为 27.72 毫克/千克。②不同地形部位。开阔河湖冲、沉积平原最高，平均值为 409.11 毫克/千克；其次是低山丘陵坡地和河流宽谷阶地，平均值为 216.18 毫克/千克；最低是山前倾斜平原的中、下部，平均值为 24.14 毫克/千克。③不同母质。黄土母质最高，平均值为 409.11 毫克/千克；其次是冲积物母质，平均值为 200.00 毫克/千克；最低为黄土状母质，平均值均为 22.42 毫克/千克。④不同土壤类型。二合黄垆土和立黄土最高，平均值为 409.11 毫克/千克；其次是红立黄土，平均值为 280.00 毫克/千克；最低是沙泥质淋土，平均值为 16.40 毫克/千克。见表 3-56。

### 表 3－56  榆次区耕地土壤中量元素分类统计结果（毫克/千克）

| 类　别 | | | 有效硫 | |
|---|---|---|---|---|
| | | | 平均值 | 区域值 |
| 行政区域 | | 乌金山镇 | 54.21 | 26.76～140.06 |
| | | 东阳镇 | 114.22 | 26.76～200.00 |
| | | 什贴镇 | 84.96 | 26.76～216.18 |
| | | 长凝镇 | 35.18 | 11.30～180.02 |
| | | 北田镇 | 88.36 | 23.28～409.11 |
| | | 修文镇 | 32.40 | 13.82～120.08 |
| | | 榆次城区 | 28.40 | 16.40～38.38 |
| | | 郭家堡乡 | 40.16 | 13.82～166.70 |
| | | 张庆乡 | 27.72 | 14.68～93.35 |
| | | 庄子乡 | 68.81 | 12.96～180.02 |
| | | 东赵乡 | 129.12 | 12.96～216.18 |
| | | 开发区 | 38.00 | 21.56～86.69 |
| 地形部位 | | 冲、洪积扇（中、上）部 | 42.28 | 26.76～96.67 |
| | | 低山丘陵坡地 | 100.02 | 33.40～216.18 |
| | | 河流冲积平原的河漫滩 | 48.31 | 13.82～140.06 |
| | | 河流宽谷阶地 | 181.79 | 153.38～216.18 |
| | | 河流一级、二级阶地 | 53.74 | 13.82～200 |
| | | 黄土丘陵沟谷、坡麓及缓坡 | 80.63 | 12.96～193.34 |
| | | 黄土垣、梁 | 49.91 | 11.30～193.34 |
| | | 开阔河湖冲、沉积平原 | 73.98 | 16.40～409.11 |
| | | 山地、丘陵中、下部的缓坡地段 | 96.50 | 15.54～173.36 |
| | | 山前倾斜平原的中、下部 | 16.48 | 13.82～24.14 |
| 土壤类型（亚类） | | 草甸盐土 | 33.76 | 20.70～93.35 |
| | | 潮土 | 40.48 | 13.82～200.00 |
| | | 褐土性土 | 71.15 | 11.30～409.11 |
| | | 淋溶褐土 | 24.05 | 16.40～43.36 |
| | | 石灰性褐土 | 76.96 | 13.82～409.11 |
| | | 石灰质褐土 | 45.85 | 13.82～80.04 |
| | | 盐化潮土 | 53.47 | 15.54～216.18 |
| 土壤母质 | | 人工堆垫物 | 84.71 | 63.41～100.00 |
| | | 洪积物 | 44.15 | 12.96～140.06 |
| | | 黄土状 | 22.42 | 22.42～22.42 |
| | | 黄土母质 | 76.90 | 11.30～409.11 |
| | | 冲积物 | 36.13 | 14.68～200.00 |
| | | 风沙沉积物 | 74.94 | 28.42～100.00 |

## 二、分级论述

**有效硫**

Ⅰ级　有效硫含量大于 200.0 毫克/千克，面积为 2 935.34 亩，占总耕地面积的 0.40％。零星分布在北田镇和东阳镇的部分菜地中。

Ⅱ级　有效硫含量 100.1～200.0 毫克/千克，面积为 140 708.63 亩，占总耕地面积的 19.46％。主要分布在东阳镇、北田镇及东赵乡大部分地区，作物为蔬菜、果树等。

Ⅲ级　有效硫含量为 50.1～100 毫克/千克，面积为 153 632.29 亩，占总耕地面积的 21.24％。分布在乌金山镇北部、什贴镇等丘陵地区。作物为玉米、果树等。

Ⅳ级　有效硫含量在 25.1～50 毫克/千克，面积为 298 017.18 亩，占总耕地面积的 41.21％，各乡（镇）均有分布。

Ⅴ级　有效硫含量 12.1～25.0 毫克/千克，面积为 127 624.96 亩，占总耕地面积的 17.65％。主要分布在修文镇、张庆乡大部分地区及与东阳镇交界处部分区域，属潇河一级、二级阶地；长凝镇大部分地区。作物为小麦、玉米、蔬菜。

Ⅵ级　有效硫含量小于等于 12.0 毫克/千克，面积为 193.85 亩，占总耕地面积的 0.04％，在平川地区零星分布（表 3 - 57）。

表 3 - 57　榆次区耕地土壤中量元素分级面积

单位：％，万亩

| 类别 | Ⅰ | | Ⅱ | | Ⅲ | | Ⅳ | | Ⅴ | | Ⅵ | |
|---|---|---|---|---|---|---|---|---|---|---|---|---|
| | 百分比 | 面积 | 百分比 | 面积 | 百分比 | 面积 | 百分比 | 面积 | 百分比 | 面积 | 百分比 | 面积 |
| 有效硫 | 0.40 | 0.29 | 19.46 | 14.07 | 21.24 | 15.36 | 41.21 | 29.80 | 17.65 | 12.76 | 0.04 | 193.85 |

# 第四节　微量元素

土壤微量元素背景值的表达方式以各统计单元养分汇总结果的算术平均值和标准差来表示，分别以单体 Cu、Zn、Mn、Fe、B 表示。表示单位为毫克/千克。

土壤微量元素参照全省第二次土壤普查的标准，结合本区土壤养分含量状况重新进行划分，各分 6 个级别，见表 3 - 58。

## 一、含量与分布

### （一）有效铜

榆次区土壤有效铜含量变化范围为 0.49～4.25 毫克/千克，平均值 1.58 毫克/千克，属三级水平。①不同行政区域。张庆乡平均值最高，为 2.31 毫克/千克；其次是榆次城区，平均值为1.95毫克/千克；长凝镇最低，平均值为1.03毫克/千克。②不同地形部位。开阔河湖冲、沉积平原最高，平均值为4.25毫克/千克；最低是山前倾斜平原中下部，平均值为1.61毫克/千克。③不同母质。黄土母质最高，平均值为4.25毫克/千克；其次是冲积物，平均值为3.73毫克/千克；最低是坡积物，平均值为1.61毫克/千克。④不同土壤类型。草甸盐土最高，平均值为2.22毫克/千克；其次是潮土，平均值为1.95毫克/千克；最低是淋溶褐土，平均值为1.17毫克/千克（表3-58）。

**（二）有效锌**

榆次区土壤有效锌含量变化范围为0.23~5.61毫克/千克，平均值为1.60毫克/千克，属二级水平。①不同行政区域。北田镇平均值最高，为2.94毫克/千克；其次是修文镇，平均值为2.21毫克/千克；最低是东赵乡，平均值为0.89毫克/千克。②不同地形部位。开阔河湖冲、沉积平原平均值最高，为2.03毫克/千克；其次是河流一级、二级阶地，平均值为2.01毫克/千克；最低是河流宽谷阶地，平均值为1.03毫克/千克。③不同母质。洪积物平均值最高，为2.40毫克/千克；其次是冲积物，平均值为1.54毫克/千克；最低是风沙沉积物，平均值为1.06毫克/千克。④不同土壤类型。石灰性褐土最高，平均值为2.17毫克/千克；其次是潮土，平均值为1.98毫克/千克；最低是石灰质褐土，平均值为1.06毫克/千克（表3-58）。

**（三）有效锰**

榆次区土壤有效锰含量变化范围为6.74~29.58毫克/千克，平均值为13.57毫克/千克，属四级水平。①不同行政区域。张庆乡平均值最高，为15.93毫克/千克；其次是北田镇，平均值为15.48毫克/千克；最低是长凝镇，平均值为11.49毫克/千克。②不同地形部位。河流宽谷阶地最高，平均值为15.62毫克/千克；其次是河流一级、二级阶地，平均值为14.82毫克/千克；最低是冲、洪积扇（中、上）部，平均值为10.39毫克/千克。③不同母质。黄土状母质最高，平均值为15.68毫克/千克；其次是坡积物，平均值为14.66毫克/千克；最低是洪积物，平均值为11.35毫克/千克。④不同土壤类型。草甸盐土最高，平均值为15.55毫克/千克；其次是潮土，平均值为14.83毫克/千克；最低是石灰质褐土，平均值为11.64毫克/千克（表3-58）。

**（四）有效铁**

榆次区土壤有效铁含量变化范围为3.06~32.83毫克/千克，平均值为9.02毫克/千克，属四级水平。①不同行政区域。北田镇平均值最高，为11.96毫克/千克；其次是张庆乡，平均值为11.67毫克/千克；最低是乌金山镇，平均值为6.00毫克/千克。②不同地形部位。山地、丘陵（中、下）部的缓坡地段最高，平均值为9.86毫克/千克；其次是河流一级、二级阶地，平均值为9.72毫克/千克；最低是冲、洪积扇（中、上）部，平均值为5.93毫克/千克。③不同母质。黄土状母质最高，平均值为15.68毫克/千克；其次是坡积物，平均值为14.66毫克/千克；最低是黄土状母质，平均值为11.35毫克/千克。④不同土壤类型。草甸盐土最高，平均值为10.93毫克/千克；其次是盐化潮土，平均值为10.39毫克/千克；石灰质褐土最低，平均值为6.12毫克/千克（表3-58）。

表3-58　榆次区耕地土壤微量元素分类统计结果（毫克/千克）

| 类别 | | 有效铜 | | 有效锰 | | 有效锌 | | 有效铁 | | 有效硼 | | 有效硫 | |
|---|---|---|---|---|---|---|---|---|---|---|---|---|---|
| | | 平均值 | 区域值 | 平均值 | 区域值 | 平均值 | 区域值 | 平均值 | 区域值 | 平均值 | 区域值 | 平均值 | 区域值 |
| 行政区域 | 乌金山镇 | 1.48 | 1.04~1.84 | 11.74 | 8.51~29.58 | 1.17 | 0.71~1.91 | 6.00 | 3.06~9.33 | 0.34 | 0.16~0.58 | 54.21 | 26.76~140.06 |
| | 东阳镇 | 1.60 | 0.93~2.70 | 15.17 | 11.46~19.00 | 1.93 | 0.97~4.81 | 7.03 | 5.00~13.34 | 0.66 | 0.41~0.87 | 114.22 | 26.76~200.0 |
| | 什贴镇 | 1.24 | 0.97~2.18 | 12.80 | 8.51~19.67 | 1.23 | 0.44~2.30 | 9.27 | 5.00~11.01 | 0.42 | 0.19~1.14 | 84.96 | 26.76~216.18 |
| | 长凝镇 | 1.03 | 0.49~2.35 | 11.49 | 6.74~18.67 | 1.18 | 0.23~2.90 | 8.32 | 5.34~13.00 | 0.26 | 0.06~0.64 | 35.18 | 11.30~180.02 |
| | 北田镇 | 1.67 | 0.90~4.25 | 15.48 | 10.28~29.58 | 2.94 | 1.34~5.61 | 11.96 | 6.01~32.83 | 0.55 | 0.19~0.87 | 88.36 | 23.28~409.11 |
| | 修文镇 | 1.57 | 0.84~3.39 | 14.40 | 10.87~19.67 | 2.21 | 1.11~5.01 | 10.43 | 6.01~16.34 | 0.45 | 0.13~0.87 | 32.40 | 13.82~120.08 |
| | 榆次城区 | 1.95 | 1.17~2.53 | 12.80 | 10.87~17.34 | 1.71 | 1.27~2.90 | 7.84 | 6.67~10.68 | 0.31 | 0.22~0.51 | 28.48 | 16.40~38.38 |
| | 郭家堡乡 | 1.89 | 0.87~3.39 | 12.89 | 8.51~18.67 | 1.73 | 0.84~3.61 | 8.43 | 5.34~22.15 | 0.29 | 0.09~0.58 | 40.16 | 13.82~166.70 |
| | 张庆乡 | 2.31 | 1.51~3.73 | 15.93 | 10.87~29.58 | 2.21 | 1.11~5.01 | 11.67 | 9.00~16.01 | 0.62 | 0.25~0.87 | 27.72 | 14.68~93.35 |
| | 庄子乡 | 1.94 | 0.97~4.08 | 14.01 | 9.69~29.58 | 1.33 | 0.31~4.21 | 9.81 | 6.34~28.56 | 0.41 | 0.16~0.74 | 68.81 | 12.96~180.02 |
| | 东赵乡 | 1.40 | 1.08~2.18 | 14.13 | 10.87~18.00 | 0.89 | 0.23~1.91 | 7.42 | 4.52~13.00 | 0.34 | 0.13~0.64 | 129.12 | 12.96~216.18 |
| | 开发区 | 1.87 | 1.30~2.53 | 12.57 | 9.69~16.34 | 1.52 | 1.01~2.21 | 8.23 | 4.52~11.67 | 0.52 | 0.25~0.77 | 38.00 | 21.56~86.69 |
| 地形部位 | 冲、洪积扇（中、上）部 | 1.48 | 1.24~1.93 | 10.39 | 8.51~13.23 | 1.12 | 0.71~1.91 | 5.93 | 4.19~9.00 | 0.35 | 0.16~0.61 | 42.28 | 26.76~96.67 |
| | 低山丘陵坡地 | 1.41 | 1.00~3.04 | 15.26 | 9.69~19.67 | 1.28 | 0.97~1.81 | 9.78 | 7.34~11.01 | 0.47 | 0.19~0.64 | 100.02 | 33.40~216.18 |
| | 河流冲积平原的河漫滩 | 1.13 | 0.54~1.77 | 11.62 | 6.74~29.58 | 1.04 | 0.23~1.91 | 6.84 | 3.06~12.34 | 0.25 | 0.06~0.47 | 48.31 | 13.82~140.06 |
| | 河流宽谷阶地 | 1.45 | 1.24~1.67 | 15.62 | 14.41~17.67 | 1.03 | 0.77~1.47 | 7.51 | 5.34~12.01 | 0.34 | 0.25~0.50 | 181.79 | 153.38~216.18 |
| | 河流一级、二级阶地 | 1.81 | 0.84~3.73 | 14.82 | 9.69~29.58 | 2.01 | 0.64~5.01 | 9.72 | 4.84~16.34 | 0.55 | 0.09~0.87 | 53.74 | 13.82~200.0 |
| | 黄土丘陵沟谷、坡麓及缓坡 | 1.59 | 0.49~3.73 | 13.50 | 6.74~18.67 | 1.09 | 0.23~4.01 | 8.28 | 4.03~14.33 | 0.33 | 0.09~0.77 | 80.63 | 12.96~193.34 |
| | 黄土垣、梁 | 1.41 | 0.54~4.08 | 13.01 | 8.51~29.58 | 1.29 | 0.36~3.61 | 8.98 | 5.00~16.34 | 0.32 | 0.06~0.74 | 49.91 | 11.30~193.34 |
| | 开阔河湖冲、沉积平原 | 1.59 | 0.90~4.25 | 13.54 | 8.51~29.58 | 2.03 | 0.41~5.61 | 9.71 | 3.87~32.83 | 0.46 | 0.13~1.14 | 73.98 | 16.40~409.11 |
| | 山地、丘陵（中、下）部的缓坡地段 | 1.56 | 0.93~3.04 | 14.10 | 10.87~18.00 | 1.18 | 0.54~3.2 | 9.86 | 7.34~13.67 | 0.41 | 0.22~0.67 | 96.50 | 15.54~173.36 |
| | 山前倾斜平原的中、下部 | 1.09 | 0.84~1.61 | 12.30 | 10.87~15.34 | 1.47 | 1.14~1.81 | 8.50 | 6.67~12.01 | 0.16 | 0.13~0.22 | 16.48 | 13.82~24.14 |

（续）

| 类别 | | 有效铜 | | 有效锰 | | 有效锌 | | 有效铁 | | 有效硼 | | 有效硫 | |
|---|---|---|---|---|---|---|---|---|---|---|---|---|---|
| | | 平均值 | 区域值 | 平均值 | 区域值 | 平均值 | 区域值 | 平均值 | 区域值 | 平均值 | 区域值 | 平均值 | 区域值 |
| 土壤母质 | 人工堆垫物 | 1.48 | 1.14~1.61 | 14.66 | 13.23~16.01 | 1.14 | 0.74~1.71 | 5.47 | 3.06~7.34 | 0.30 | 0.22~0.47 | 84.71 | 63.41~100.0 |
| | 洪积物 | 1.56 | 0.54~2.70 | 11.35 | 8.51~29.58 | 1.20 | 0.23~3.61 | 7.01 | 4.19~22.15 | 0.32 | 0.09~0.71 | 44.15 | 12.96~140.06 |
| | 黄土状母质 | 2.35 | 2.35~2.35 | 15.68 | 15.68~15.68 | 2.40 | 2.40~2.40 | 10.68 | 10.68~10.68 | 0.67 | 0.67~0.67 | 22.42 | 22.42~22.42 |
| | 黄土母质 | 1.51 | 0.49~4.25 | 13.64 | 6.74~29.58 | 1.59 | 0.23~5.61 | 9.04 | 3.87~32.83 | 0.41 | 0.06~1.14 | 76.90 | 11.30~409.11 |
| | 冲积物 | 1.91 | 0.49~3.73 | 14.41 | 6.74~29.58 | 1.89 | 0.37~5.01 | 10.25 | 4.19~16.34 | 0.51 | 0.09~0.87 | 36.13 | 14.68~200.0 |
| | 风沙沉积物 | 1.50 | 1.34~2.53 | 13.63 | 12.05~15.34 | 1.06 | 0.77~2.40 | 5.78 | 4.03~12.01 | 0.34 | 0.25~0.84 | 74.94 | 28.42~100.0 |
| 土壤类型 | 草甸盐土 | 2.22 | 1.77~3.73 | 15.55 | 13.23~17.67 | 1.68 | 1.11~4.81 | 10.93 | 7.34~15.0 | 0.75 | 0.44~0.84 | 33.76 | 20.70~93.35 |
| | 潮土 | 1.95 | 0.49~3.39 | 14.83 | 6.74~29.58 | 1.98 | 0.23~5.01 | 10.18 | 3.87~16.34 | 0.53 | 0.06~0.87 | 40.48 | 13.82~200.0 |
| | 褐土性土 | 1.48 | 0.51~4.25 | 13.10 | 6.74~29.58 | 1.28 | 0.23~4.61 | 8.56 | 3.06~32.83 | 0.36 | 0.06~1.14 | 71.15 | 11.30~409.11 |
| | 淋溶褐土 | 1.17 | 0.90~1.74 | 13.83 | 13.23~14.41 | 1.14 | 1.08~1.24 | 9.61 | 9.00~10.0 | 0.20 | 0.13~0.28 | 24.05 | 16.40~43.36 |
| | 石灰性褐土 | 1.58 | 0.77~3.73 | 13.88 | 8.51~29.58 | 2.17 | 0.58~5.61 | 9.38 | 4.52~28.56 | 0.49 | 0.13~0.87 | 76.96 | 13.82~409.11 |
| | 石灰质褐土 | 1.33 | 0.64~1.50 | 11.64 | 9.10~14.41 | 1.06 | 0.61~1.43 | 6.12 | 5.00~9.0 | 0.28 | 0.16~0.44 | 45.85 | 13.82~80.04 |
| | 盐化潮土 | 1.81 | 0.77~3.04 | 14.66 | 9.69~29.58 | 1.61 | 0.64~3.21 | 10.39 | 7.01~13.34 | 0.49 | 0.09~0.84 | 53.47 | 15.54~216.18 |

### （五）有效硼

榆次区土壤有效硼含量变化范围为 0.06～1.14 毫克/千克，平均值为 0.42 毫克/千克，属五级水平。①不同行政区域。东阳镇平均值最高，为 0.66 毫克/千克；其次是张庆乡，平均值为 0.62 毫克/千克；最低是长凝镇，平均值为 0.26 毫克/千克。②不同地形部位。河流一级、二级阶地平均值最高，为 0.55 毫克/千克；其次是低山丘陵坡地，平均值为 0.47 毫克/千克；最低是山前倾斜平原的中、下部，平均值为 0.16 毫克/千克。③不同母质。洪积物最高，平均值为 0.67 毫克/千克；其次是冲积物，平均值为 0.51 毫克/千克；最低是人工堆垫物，平均值为 0.30 毫克/千克。④不同土壤类型。草甸盐土最高，平均值为 0.75 毫克/千克；其次是潮土，平均值为 0.53 毫克/千克；最低是石灰质褐土，平均值为 0.28 毫克/千克（表 3-58）。

## 二、分级论述

### （一）有效铜

Ⅰ级　有效铜含量大于 2.00 毫克/千克，面积为 161 977.96 亩，占总耕地面积的 22.40%。主要分布在张庆乡，东阳镇和北田镇部分设施蔬菜地中也有分布，主要作物为玉米、蔬菜等。

Ⅱ级　有效铜含在 1.51～2.00 毫克/千克，面积 205 556.22 亩，占总耕地面积的 28.43%。主要分布在开发区、榆次城区、郭家堡乡等区域，作物有小麦、玉米、蔬菜等。

Ⅲ级　有效铜含在 1.01～1.50 毫克/千克，面积 303 842.48 亩，占总耕地面积的 42.01%。主要分布在乌金山镇、东赵乡、什贴镇等丘陵地区，以及东阳镇部分区域，作物有玉米、谷子、果树、蔬菜等。

Ⅳ级　有效铜含量 0.51～1.00 毫克/千克，面积 51 664.46 亩，占总耕地面积的 7.14%。分布在长凝镇河谷阶地，主要作物有玉米、蔬菜、谷子等。

Ⅴ级　有效铜含量 0.51～1.00 毫克/千克，面积 71.13 亩，占总耕地面积的 0.02%。

Ⅵ级　有效铜含量小于 0.51 毫克/千克，全区无分布。

### （二）有效锰

Ⅰ级　有效锰含量大于 30.00 毫克/千克，全区无分布。

Ⅱ级　有效锰含量在 20.01～30.00 毫克/千克，面积 2 754.58 亩，占总耕地面积的 0.38%。分布于北田镇东南部，作物为玉米、果树和蔬菜。

Ⅲ级　有效锰含量在 15.01～20.00 毫克/千克，面积 266 334.17 亩，占总耕地面积的 36.83%。分布于北田、东阳、张庆等乡（镇），作物为玉米、蔬菜和果树。

Ⅳ级　有效锰含量在 5.01～15.00 毫克/千克，面积 454 023.50 亩，占总耕地面积的 62.79%。主要分布于郭家堡、乌金山、什贴、东赵、长凝、庄子、修文等乡（镇），作物为小麦、玉米、蔬菜、谷子和果树。

Ⅴ级、Ⅵ级　有效锰含量小于 5.00 毫克/千克，全区无分布。

### (三) 有效锌

Ⅰ级　有效锌含量大于 3.00 毫克/千克，面积 41 604.32 亩，占总耕地面积的 5.75%。主要分布在北田镇，作物有果树、玉米、蔬菜等。

Ⅱ级　有效锌含量在 1.51～3.00 毫克/千克，面积 294 412.95 亩，占总耕地面积的 40.71%。主要分布在东阳、张庆、修文等乡（镇），作物有玉米、蔬菜、小麦。

Ⅲ级　有效锌含量在 1.01～1.50 毫克/千克，面积 292 215.88 亩，占总耕地面积的 40.41%。广泛分布在乌金山、什贴、长凝、东赵、庄子等乡（镇）的丘陵地区大部分地带，大田作物有玉米、谷子、果树。

Ⅳ级　有效锌含量在 0.51～1.00 毫克/千克，面积 91 076.42 亩，占总耕地面积的 12.58%。分布在东赵乡北部及长凝、庄子等乡（镇）的东部地带。作物有玉米、杂粮。

Ⅴ级　有效锌含量在 0.31～0.50 毫克/千克，面积 3 589.08 亩，占总耕地面积的 0.50%。主要分布在丘陵山区的缓坡地带，作物有玉米、杂粮。

Ⅵ级　有效锌含量小于等于 0.30 毫克/千克，面积 213.6 亩，占总耕地面积的 0.03%。零星分布。

### (四) 有效铁

Ⅰ级　有效铁含量大于 20.00 毫克/千克，面积 1 369.86 亩，占总耕地面积的 0.19%，零星分布。

Ⅱ级　有效铁含量在 15.01～20.00 毫克/千克，面积 9 421.93 亩，占总耕地面积的 1.30%。主要分布在设施蔬菜地中。

Ⅲ级　有效铁含量在 10.01～15.00 毫克/千克，面积 231 657.75 亩，占总耕地面积的 32.04%，零星分布，主要分布在北田、修文、张庆等乡镇，作物为玉米、小麦、果树。

Ⅳ级　有效铁含量在 5.01～10.00 毫克/千克，面积 470 278.34 亩，占总耕地面积的 65.04%。广泛分布在全区各乡镇，作物为玉米、蔬菜等。

Ⅴ级　有效铁含量在 2.51～5.00 毫克/千克，面积 10 384.37 亩，占总耕地面积的 1.43%。分布在乌金山镇。作物有玉米、谷子、果树。

Ⅵ级　有效铁含量小于等于 2.50 毫克/千克，全区无分布。

### (五) 有效硼

Ⅰ级　有效硼含量大于 2.00 毫克/千克，全区无分布。

Ⅱ级　有效硼含量在 1.51～2.00 毫克/千克，全区无分布。

Ⅲ级　有效硼含量在 1.01～1.50 毫克/千克，面积 66.17 亩，占总耕地面积的 0.01%，零星分布。

Ⅳ级　有效硼含量在 0.51～1.00 毫克/千克，面积 261 496.32 亩，占总耕地面积的 36.16%。主要分布在东阳镇大部分区域、修文镇南部及张庆乡西南地区，作物有玉米、蔬菜、小麦。

Ⅴ级　有效硼含量在 0.21～0.50 毫克/千克，面积 421 183.51 亩，占总耕地面积的 58.26%。广泛分布在全区各乡（镇）。作物有玉米、蔬菜、果树、杂粮等。

Ⅵ级　有效硼含量小于等于 0.20 毫克/千克，面积 40 366.25 亩，占总耕地面积的

5.57%。主要分布长凝镇部分区域及郭家堡乡的新付村（表3-59）。

**表3-59 榆次区耕地土壤微量元素分级面积**

单位:%, 万亩

| 类别 | I | | II | | III | | IV | | V | | VI | |
|---|---|---|---|---|---|---|---|---|---|---|---|---|
| | 百分比 | 面积 | 百分比 | 面积 | 百分比 | 面积 | 百分比 | 面积 | 百分比 | 面积 | 百分比 | 面积 |
| 有效铜 | 22.40 | 16.20 | 28.43 | 20.56 | 42.01 | 30.38 | 7.14 | 51.66 | 0.02 | 71.13 | 0 | 0 |
| 有效锌 | 5.75 | 4.16 | 40.17 | 29.44 | 40.41 | 29.22 | 12.58 | 9.11 | 0.50 | 0.36 | 0.03 | 0.02 |
| 有效铁 | 0.09 | 0.14 | 1.30 | 0.94 | 32.04 | 23.17 | 65.04 | 47.03 | 1.43 | 1.04 | 0 | 0 |
| 有效锰 | 0 | 0 | 0.38 | 0.28 | 36.83 | 26.63 | 62.79 | 45.40 | 0 | 0 | 0 | 0 |
| 有效硼 | 0 | 0 | 0 | 0 | 0.01 | 0.007 | 36.16 | 26.15 | 58.26 | 42.12 | 5.57 | 4.04 |

# 第五节　其他理化性状

## 一、土壤 pH

土壤酸碱度是土壤化学性质特别是盐基状况的综合反映。土壤中的微生物活动、有机质的合成与分解、氮、磷等营养元素的转化与释放、微量元素的有效性、土壤保持养分的能力以及土壤发生过程中元素的迁移等，都与酸碱性有关。各种植物都有其适应的酸碱度范围，超过这个范围时，生长受阻。同时土壤酸碱性也是土壤形成过程各种因子综合作用的结果（如 $CaCO_3$ 含量对其的影响），故而它也是土壤肥力的主要指标之一。

除盐渍化土壤外，土壤 pH 主要是由碳酸钙、镁的水解所决定。即土壤 pH 与 $CO_2$ 含量大致呈正相关，一般 pH 为 7.6～8.5，呈微碱性反应。有机质含量高的、淋溶作用强的、植物根系和微生物活动旺盛者 pH 较低。各种盐渍化土壤的 pH，则主要受所含易溶性盐类和交换性阳离子组成的影响。含中性盐类为主的盐渍土 pH 为 7.5～8.5；而当土壤中含有一定数量的交换性钠离子时，土壤碱化度提高，pH 可达 9 以上。

从全区范围看，各土类、亚类的酸碱度主要取决于土壤中的盐基状况（由于盐基基本饱和，故土壤 pH 在 7.5 以上呈微碱性），这种状况决定于土壤淋溶过程、钙积过程或盐渍化过程的相对强度。所以，土壤酸碱度是由于母质、生物气候、水文地质以及农业措施等条件所控制的。特别是成土母质对土壤酸碱性的影响是非常明显的。在黄土丘陵台垣区和冲积平原上，由于土壤富含 $CaCO_3$，故 pH 也稳定在 8.2 左右，并随 $CaCO_3$ 遭受淋溶程度的不同，土壤 pH 也逐渐有所改变，对于土壤中已没有 $CaCO_3$ 反应的，pH 可降低到7.0，甚至更低，使盐基呈不饱和状态。

在富含 $CaCO_3$ 的地区，土壤酸碱度主要由 $CaCO_3$ 含量的高低决定，其水平状况与 $CaCO_3$ 含量有类似的正相关关系。榆次区耕地土壤 pH 变化范围在 7.84～9.09，平均值为 8.66，呈碱性反应，适宜一般作物生长。

①不同行政区域。开发区 pH 平均值最高为 8.88，其次是郭家堡乡和长凝镇，pH 平均值为 8.79，最低是北田镇，pH 平均值为 8.52。②不同地形部位。山前倾斜平原的中、下部平均值最高 pH 为 8.78，其次是河流一、二级阶地 pH 平均值为 8.74，最低是低山丘陵坡地，pH 平均值为 8.44。③不同母质。黄土状母质最高 pH 平均值为 8.93，其次是冲积物，pH 平均值为 8.79，最低风沙沉积物，pH 平均值为 8.50。④不同土壤类型。草甸盐土最高 pH 平均值为 8.86，其次是盐化潮土，pH 平均值为 8.80，最低是石灰质褐土，pH 平均值为 8.50（表 3－60）。

表 3－60　榆次区耕地土壤 pH 平均值分类统计结果

| 类　　别 | | pH | |
|---|---|---|---|
| | | 平均值 | 区域值 |
| 行政区域 | 乌金山镇 | 8.62 | 8.15～9.09 |
| | 东阳镇 | 8.63 | 8.31～8.93 |
| | 什贴镇 | 8.57 | 8.15～9.09 |
| | 长凝镇 | 8.79 | 8.46～9.09 |
| | 北田镇 | 8.52 | 7.84～8.78 |
| | 修文镇 | 8.75 | 8.46～9.09 |
| | 榆次城区 | 8.78 | 8.78－8.78 |
| | 郭家堡乡 | 8.79 | 8.46～9.09 |
| | 张庆乡 | 8.78 | 8.31～9.09 |
| | 庄子乡 | 8.66 | 8.15～8.93 |
| | 东赵乡 | 8.55 | 8.15～8.93 |
| | 开发区 | 8.88 | 8.62～9.09 |
| 地形部位 | 冲、洪积扇（中、上）部 | 8.71 | 8.15～9.09 |
| | 低山丘陵坡地 | 8.41 | 8.15～8.93 |
| | 河流冲积平原的河漫滩 | 8.69 | 8.31～8.93 |
| | 河流宽谷阶地 | 8.57 | 8.31～8.78 |
| | 河流一级、二级阶地 | 8.74 | 8.31～9.09 |
| | 黄土丘陵沟谷、坡麓及缓坡 | 8.65 | 8.15～9.09 |
| | 黄土垣、梁 | 8.72 | 8.15～8.93 |
| | 开阔河湖冲、沉积平原 | 8.63 | 7.84～9.09 |
| | 山地、丘陵（中、下）部的缓坡地段 | 8.54 | 8.15～8.78 |
| | 山前倾斜平原的中、下部 | 8.78 | 8.78～8.93 |
| 土壤母质 | 人工堆垫物 | 8.32 | 8.31～8.62 |
| | 洪积物 | 8.36 | 8.31～9.09 |
| | 黄土状母质 | 8.54 | 8.93～8.93 |
| | 黄土母质 | 8.40 | 7.84～9.09 |
| | 冲积物 | 8.38 | 8.31～9.09 |
| | 风沙沉积物 | 8.46 | 8.46～8.93 |

（续）

| 类　别 | | pH | |
|---|---|---|---|
| | | 平均值 | 区域值 |
| 土壤类型 | 草甸盐土 | 8.86 | 8.62～9.09 |
| | 潮土 | 8.76 | 8.15～9.09 |
| | 褐土性土 | 8.64 | 8.00～9.09 |
| | 淋溶褐土 | 8.78 | 8.78～8.78 |
| | 石灰性褐土 | 8.65 | 7.84～9.09 |
| | 石灰质褐土 | 8.50 | 8.31～8.78 |
| | 盐化潮土 | 8.80 | 8.31～9.09 |

## 二、土壤容重和孔隙度

单位体积自然状态的土壤（包括粒间孔隙的体积）的干重称为土壤容重。榆次区耕地土壤容重变化范围为 $1.15～1.35$ 克/厘米$^3$，平均值为 $1.25$ 克/厘米$^3$。

土壤孔隙就是土粒或土壤团粒之间通过点面的接触所造成大小不等的空间间隙。一定容积的土体内土壤孔隙容积占整个土体容积的百分数，称为土壤孔隙度。

土壤容重与孔隙度的大小，与土壤质地、结构、有机质含量、松紧状况有密切的关系。就土壤松紧和孔隙状况的关系来讲：土壤孔隙的大小和数量影响着土壤的松紧状况，而土壤松紧状况的变化又反过来影响土壤孔隙的大小和数量，二者密切相关。当土壤紧实时，总孔隙度小，其中小孔隙多，大孔隙少，土壤容重增加；土壤疏松时，土壤孔隙度增大，容重则下降。土壤容重和孔隙度同时也经常受到外部因素如降雨、灌溉、耕作、施肥活动的影响。

### （一）土壤容重、孔隙状况

榆次区土壤，由于受母质、质地、结构、有机质含量等性状的不同以及降水、灌溉、耕作、施肥等自然因素和人为因素造成的差异使不同土壤的土壤容重变幅较大，就在同一剖面中各层次间也有显著的差异（表3-61）。

表3-61　土壤容重和孔隙度测定结果

| 土壤类型 | 土壤容重（克/厘米$^3$） | | | 土壤总孔隙度（%） | | |
|---|---|---|---|---|---|---|
| | 耕作层 | 心土层 | 底土层 | 耕作层 | 心土层 | 底土层 |
| 山地褐土 | 1.35 | 1.42 | 1.38 | 49.1 | 46.4 | 47.9 |
| 褐土性土 | 1.1 | 1.33 | 1.3 | 58.5 | 49.8 | 50.2 |
| 淡褐土 | 1.22 | 1.4 | 1.42 | 54 | 49.2 | 46.4 |
| 浅色草甸土 | 1.26 | 1.4 | 1.47 | 52.5 | 47.2 | 44.5 |
| 平均值 | 1.23 | 1.39 | 1.42 | 53.5 | 47.7 | 47.2 |

除过沙过黏的土壤外，本区一般耕作土壤表层容重为 $1.10～1.35$ 克/厘米$^3$，心土层 $1.32～1.44$ 克/厘米$^3$，底土层 $1.33～1.45$ 克/厘米$^3$，越往下容重越大。这是由于心土层、底土层所承受的压力较大，土壤逐渐坚实，故而容重相应增大。山地农田耕层容重比较大为

1.35克/厘米³，河川农田次之为1.26～1.22克/厘米³，丘陵区域农田最小为1.1克/厘米³。这是因为山地农田地上较紧实，土粒排列呈紧密状态；而河川区农田质地偏沙偏黏，底土湿润，土壤紧实少孔。丘陵农田土壤疏松干旱，质地适宜之故。一般情况下，自然土壤容重比农业土壤容重（表层土）偏高。

土壤孔隙度和土壤容重呈相反关系，容重大、孔隙度相应小，反之亦然。土壤孔隙的数量、大小、形状是很不相同的，它是土壤水分与空气的通道与贮存场所，孔隙的大小与多少，密切影响着土壤中水、肥、气、热、肥力因素变化与供应状况，所以在农业生产上它是非常重要的，土壤孔隙度一般从土壤比重与容重中计算得出：

$$土壤孔隙度（\%）=\frac{1-容重}{比重}\times100$$

按土壤比重为2.65推算，榆次耕作土壤耕层孔隙度为58.2～50.2是比较理想的。故本区土壤容重和孔隙状况是比较适宜的。这与耕作土壤主要发育在疏松多孔的黄土和黄土状母质上有很大关系，并非土壤结构好和有机质含量高而致。发育于近代河流沉积物上的部分潮土，由于质地黏重、灌溉次数多、压力大，加之有机质含量低，造成土壤容重偏高，非毛管孔隙减少。质地越黏重者，无效孔隙越多，土壤紧实致密，透水透气困难，土壤耕性随之恶化。

### （二）土壤容重、孔隙状况的主要特点

综合本区土壤容重、孔隙度状况，大致有以下几个特点（表3-62）。

（1）对于同一土壤来说（比如耕种轻壤黄土状淡褐土），有机质含量高的，土壤表层容重越低，孔隙度越大，反之亦然。有机质含量分别为8.1克/毫克、9.2克/毫克、10.3克/毫克、16.2克/毫克，土壤容重为1.50克/厘米³、1.26克/厘米³、1.18克/厘米³、1.12克/厘米³。

（2）对于冲积性土壤，沙性土的土壤容重比较大，孔隙度小。而黏质土容重小，孔隙度大。见浅色草甸土（潮土），黏粒（<0.01）含量分别为12.1%、37.9%、47.4%，土壤容重分别为1.34克/厘米³、1.32克/厘米³、1.18克/厘米³。而底土层的黏性土大孔少、小孔隙多，土壤紧实，故容重比较大，1.34～1.56克/厘米³，孔隙度小；而壤性土的容重、孔隙度相当，比较适宜，比较理想。

（3）在土壤垂直剖面上，随土层下移，容重越来越大，孔隙度越来越小。不过犁底层例外（容重比较大）。

表3-62 榆次区土壤、容重孔隙度与有机质、质地分析

| 土壤名称 | 采样地点 | 层次深度（厘米） | 容重（克/厘米³） | 孔隙度（%） | 有机质（%） | 机械组成（%） | | | | 质地 |
|---|---|---|---|---|---|---|---|---|---|---|
| | | | | | | <0.05（毫米） | <0.01（毫米） | <0.005（毫米） | <0.001（毫米） | |
| 耕种轻壤沟淤山地褐土 | 石圪塔石槽头北坡儿 | 0～13 | 1.35 | 48.1 | 0.61 | 59.5 | 24.2 | 15.7 | 7.3 | 轻壤 |
| | | 13～78 | 1.42 | 46.4 | 0.43 | 70.9 | 26 | 18.4 | 10.7 | 轻壤 |
| | | 78～114 | 1.32 | 50.2 | 0.33 | 50.6 | 20 | 14.9 | 7.4 | 轻壤 |
| | | 114～140 | 1.38 | 47.9 | 0.23 | 34.1 | 18.2 | 12.3 | 3.1 | 沙壤 |
| | | 140～155 | 1.43 | 46 | 0.3 | 47.7 | 20.8 | 14.9 | 7.3 | 轻壤 |

（续）

| 土壤名称 | 采样地点 | 层次深度（厘米） | 容重（克/厘米³） | 孔隙度（%） | 有机质（%） | 机械组成（%） | | | | 质地 |
|---|---|---|---|---|---|---|---|---|---|---|
| | | | | | | <0.05（毫米） | <0.01（毫米） | <0.005（毫米） | <0.001（毫米） | |
| 耕种轻壤黄土质褐土性土 | 庄子上黄彩跌羊咀 | 0～21 | 1.02 | 61.5 | 1.13 | 77.7 | 28.5 | 20.9 | 9.9 | 轻壤 |
| | | 21～30 | 1.13 | 57.4 | 1.14 | 77.7 | 26 | 20.1 | 9.9 | 轻壤 |
| | | 30～38 | 1.41 | 46.8 | 0.68 | 77.7 | 30.2 | 21.8 | 12.4 | 中壤 |
| | | 38～130 | 1.27 | 52.1 | 0.48 | 81.1 | 33.6 | 24.3 | 13.3 | 中壤 |
| 耕种中壤红黄土质褐土性土 | 什贴十里沟十亩堰 | 0～16 | 1.19 | 55.1 | 0.52 | 71.9 | 41.3 | 34.5 | 20.8 | 中壤 |
| | | 16～48 | 1.4 | 47.2 | 0.27 | 38.5 | 39.6 | 33.6 | 14.9 | 中壤 |
| | | 48～120 | 1.1 | 58.5 | 0.33 | 68.5 | 38.7 | 33.6 | 12.3 | 中壤 |
| 耕种沙壤浅色草甸土 | 西长凝峪北南河滩 | 0～19 | 1.34 | 49.4 | 0.58 | 27.2 | 12.1 | 9.6 | 5.4 | 沙壤 |
| | | 19～54 | 1.3 | 50.9 | 0.2 | 23.1 | 10.5 | 7.1 | 2.9 | 沙壤 |
| | | 54～85 | 1.37 | 48.3 | 0.12 | 6.3 | 3.8 | 2.9 | 1.2 | 沙壤 |
| 耕种中壤浅色草甸土 | 东赵大沟 | 0～23 | 1.32 | 50.2 | 0.7 | 81.3 | 37.9 | 27.7 | 17.4 | 中壤 |
| | | 23～33 | 1.51 | 43 | 0.53 | 72.3 | 36.1 | 28.5 | 17.4 | 中壤 |
| | | 33～110 | 1.56 | 41.1 | 0.4 | 90.7 | 47.2 | 37 | 16.6 | 重壤 |
| | | 110～150 | 1.49 | 43.8 | 0.31 | 79.6 | 39.6 | 31.1 | 19.1 | 中壤 |
| 耕种重壤浅色草甸土 | 陈侃谷穗堰南 | 0～27 | 1.18 | 55.5 | 1.22 | 78.9 | 47.4 | 36.3 | 21.9 | 重壤 |
| | | 27～46 | 1.4 | 47.2 | 0.87 | 66.9 | 32.1 | 25.3 | 15.1 | 中壤 |
| | | 46～57 | 1.42 | 46.4 | 0.58 | 58.2 | 22.6 | 17.5 | 11.6 | 轻壤 |
| | | 57～98 | 1.2 | 54.7 | 0.28 | 65.4 | 27.5 | 21.6 | 15.7 | 轻壤 |
| | | 98～150 | 1.41 | 46.8 | 0.28 | 74.3 | 35.3 | 29.5 | 20.9 | 中壤 |
| 耕种轻壤黄土状淡褐土 | 东阳上丁里第二畛 | 0～23 | 1.5 | 43.4 | 0.81 | 54.5 | 20.6 | 16.3 | 8.7 | 轻壤 |
| | | 23～40 | 1.52 | 42.6 | 0.56 | 56.2 | 20.6 | 16.3 | 10.4 | 轻壤 |
| | | 40～120 | 1.39 | 47.5 | 0.29 | 68.8 | 27.1 | 21.4 | 12.9 | 轻壤 |
| | | 120～156 | 1.28 | 51.9 | 0.26 | 72.3 | 29.1 | 24.8 | 13.8 | 轻壤 |
| | 北田沟边头 | 0～23 | 1.26 | 52.5 | 0.92 | 72.1 | 28 | 22.1 | 11.7 | 轻壤 |
| | | 23～55 | 1.38 | 47.9 | 0.49 | 65.3 | 24.6 | 17.9 | 11.9 | 轻壤 |
| | | 55～74 | 1.23 | 53.6 | 0.44 | 65.3 | 23.8 | 18.7 | 12.8 | 轻壤 |
| | | 74～102 | 1.21 | 54.3 | 0.35 | 80.6 | 38.2 | 28.9 | 17.9 | 中壤 |
| | 庄子药村老窝 | 0～14 | 1.18 | 55.5 | 1.03 | 74.6 | 27.2 | 20.4 | 9.4 | 轻壤 |
| | | 14～40 | 1.34 | 49.4 | 0.62 | 73.8 | 25.5 | 18.7 | 10.2 | 轻壤 |
| | | 40～80 | 1.41 | 46.8 | 0.54 | 78 | 30.6 | 22.9 | 13.6 | 中壤 |
| | | 80～150 | 1.36 | 48.7 | 0.53 | 83.9 | 40.7 | 30.6 | 15.3 | 中壤 |
| | 东赵李坞墓东 | 0～20 | 1.12 | 57.7 | 1.62 | 70.7 | 27.5 | 20.7 | 10.6 | 轻壤 |
| | | 20～80 | 1.44 | 45.7 | 0.79 | 71.6 | 28.4 | 21.6 | 12.3 | 轻壤 |
| | | 80～150 | 1.37 | 48.3 | 0.72 | 85.2 | 47.9 | 36 | 20.7 | 重壤 |

（续）

| 土壤名称 | 采样地点 | 层次深度（厘米） | 容重（克/厘米³） | 孔隙度（%） | 有机质（%） | 机械组成（%） | | | | 质地 |
| | | | | | | <0.05（毫米） | <0.01（毫米） | <0.005（毫米） | <0.001（毫米） | |
|---|---|---|---|---|---|---|---|---|---|---|
| 耕种中壤黄土状淡褐土 | 陈侃柯安 | 0～25 | 1.12 | 57.7 | 0.98 | 71.8 | 31.7 | 24.1 | 13.9 | 中壤 |
| | | 25～71 | 1.43 | 46 | 0.41 | 78.6 | 39.4 | 30.9 | 12.2 | 中壤 |
| | | 71～118 | 1.4 | 47.2 | 0.28 | 68.9 | 30.7 | 23.9 | 9.6 | 中壤 |
| | | 118～140 | 1.51 | 43 | 0.19 | 44 | 17.9 | 14.6 | 7.8 | 沙壤 |
| 耕种重壤深位厚沙层黄土状淡褐土 | 东阳头渠地 | 0～20 | 1.31 | 50.6 | 1.05 | 71.4 | 44.1 | 35.6 | 20.2 | 中壤 |
| | | 20～81 | 1.49 | 43.8 | 0.72 | 87.6 | 68.4 | 54.5 | 14.5 | 黏土 |
| | | 81～101 | 1.31 | 50.6 | 0.08 | 13.1 | 5.6 | 5.6 | 4.8 | 沙土 |
| | | 101～115 | 1.25 | 52.8 | 0.17 | 63.7 | 13.2 | 12.4 | 8.9 | 沙壤 |
| | | 115～141 | 1.34 | 49.4 | 0.74 | 89.3 | 51.1 | 39.7 | 12.7 | 重壤 |
| | | 141～160 | 1.3 | 50.9 | 0.34 | 81.1 | 24.3 | 18.4 | 12.8 | 轻壤 |

（4）土壤容重、孔隙度与土壤母质的关系较为密切。黄土、红黄土、黄土母质发育的土壤表土容重比较小；而砂页岩、沟淤、河淤母质发育的土壤容重比较大。

土壤容重大小差异一定存在，但基本都在理想范围内。由于土壤孔隙不同类型比例大的差异，也常造成土壤水分、有机质积累与转化的显著不同。褐土性土，土壤通气、孔隙（非毛管孔隙）较多，致使土壤有机质强烈分解转化，很少积累，土壤水分亦缺乏（即保水蓄水能力差）。而淡褐土（石灰性褐土）、中壤质的浅色草甸土（潮土），土壤毛管孔隙比较多，土壤肥水供给又充足，致使土壤微生物活动旺盛，有机质相对积累较多，贮存水分能力也强。黏质土壤由于无效孔隙的大量存在，致使土壤水分养分不能正常释放供应，从而不能使作物正常生长。

一般情况下，要求土壤固、液、气的比例为1∶0.75∶0.25较合适。榆次土壤只达到了第一个比例要求，液、气的比例还是不够协调，故改良土壤孔隙状况仍是非常重要的农业生产措施。措施主要有两条：①深耕。可疏松表土，增加土壤孔隙度，降低土壤容重，既可改变土粒的排列状况，提高非毛管孔隙数量，蓄积雨水。并结合耙糖、镇压、防止过量的通气孔隙造成脱水跑墒。②增施有机肥，可改善土壤结构状况。土壤养分状况，从而提高土壤毛管孔隙数量和蓄水蓄肥性能。

# 三、耕层质地

土壤是由固、液、气三相物质组成。土壤的固体部分除有机质和微生物外，绝大部分是由土壤矿物质颗粒组成。土壤颗粒含量约占土壤总重量的80%。因此土壤的固体颗粒是组成土壤的物质基础。

土壤中的矿物质颗粒不仅大小不等，而且是粗细程度不同的土壤机械组成。颗粒组成基本相似的土壤在生产上常具有类似的肥力、特性及所要求的农耕措施。因此，根据不同颗粒的组成比例，可以将土壤划分为若干类别，这些表示不同机械组成的土壤类别就称为土壤质地，例如：沙土、黏土等。

## （一）土壤质地的分级

土壤质地是土壤物理特性的一个综合性指标，对土壤化学性状也具有重要影响。由于土壤颗粒的大小及配合比例不同，土壤的水、肥、气、热发生明显变化，因此常将土壤颗粒的组成分为若干等级，说明各种土壤的不同特点及生产性能。本区土壤质地的划分依照第二次土壤普查技术规定，根据卡庆斯基质地分类，粒径大于 0.01 毫米为物理性沙粒，小于 0.01 毫米为物理性黏粒。根据其物理性沙黏的相对含量及其比例，将质地分为沙土、沙壤、轻壤、中壤、重壤、黏土六级。在盐渍土及盐土中，土壤表土质地采用三级划分，即沙质（1～2），壤质（3～4）、黏质（5～6）（表 3 - 63）。

表 3 - 63　榆次区土壤耕层质地划分标准

| 质地分级 | 质地名称 | 物理黏粒含量（<0.01 毫米）（%） |
|---|---|---|
| 1 | 沙土 | <10 |
| 2 | 沙壤 | 10～20 |
| 3 | 轻壤 | 20～30 |
| 4 | 中壤 | 30～45 |
| 5 | 重壤 | 45～60 |
| 6 | 黏土 | >60 |

## （二）不同质地的比例及肥力特性

本区土壤的成土母质多为黄土状及砂页岩风化物。由于受成土母质特点的影响，榆次区土壤质地以壤质为主，占土壤总面积的 62% 以上，其次为沙质类土壤，占土壤总面积的 27% 左右。黏质土分布较少，占土壤总面积不足 11%。在耕地土壤中，壤质土占耕地总面积的 80% 以上，黏质土与沙质土分别占到 4.2% 和 0.7%（表 3 - 64）。

表 3 - 64　榆次区土壤耕层质地概况

| 质地类型 | 耕种土壤（亩） | 占耕种土壤（%） |
|---|---|---|
| 沙土 | 5 062 | 0.7 |
| 沙壤 | 28 201 | 3.9 |
| 轻壤 | 401 327 | 55.5 |
| 中壤 | 182 224 | 25.2 |
| 重壤 | 75 927 | 10.5 |
| 黏土 | 30 371 | 4.2 |
| 合计 | 72.31 | 100.0 |

由于土壤质地不同，使土壤物理机械性能与肥力特性显著不同，分布在本区丘陵台垣

山地及河谷地形中的沙质类土壤,土壤质地粗糙,透水性强。毛管水上升高度低,可塑性很差,黏着性能低,湿时不涨,干时不缩,耐涝不抗旱。这种土壤虽然耕作方便,宜耕期长,耕作质量高,但由于土壤颗粒组成以沙粒为主,土壤代换能力较低,代换量一般小于10me/百克土。土壤保肥水性能差,潜在养分含量低,供肥速度快,但集中而不持久,常表现在作物生长上发小不发老,前劲大而后劲松。因此作物产量不高,亩产为150~350千克。

分布在本区冲积淤积地形上的黏质类土壤,土壤颗粒组成黏粒为主,土粒细密,质地黏重,通气透水困难,土壤常发生坚硬板结层。毛管水上升高度大,但很缓慢,在地下水位高时常形成盐渍化土或盐土。由于土粒黏细,造成土壤可塑性、黏着性、膨缩性能都很强烈,遇水迅速膨胀,失水收缩干硬龟裂。素有"湿时一团糟,干时一把刀"之称。因此,耕作性能极差,宜耕期短,耕作质量差,耕后常起大块坷垃。这种土壤代换量大,一般均大于15me/百克土。土壤养分容量大,供肥效应长,但由于土粒细密,土壤热容量大,早春季节土温回升缓慢,土壤冷凉,因此在作物生长上,难捉苗,发老不发小。在保证全苗情况下,尚可获得高产,但产量不稳定。

本区耕地土壤80%以上为壤质类土。土壤质地轻重适宜,通气透水性良好,毛管水作用较强。土壤略具可塑性和黏着性,易耕易种,宜耕期较长,耕作质量好。土壤代换量多在10~15me/百克土。土壤养分容量中等,保水保肥性强,供肥平稳,表现在作物生长上发小苗又发老苗。一般产量水平较高。在丘陵旱地,由于气候干燥无灌溉条件,作物产量相对较低。

### (三)土壤质地的地理分布特征

在本区境内,土壤质地的发生主要受两方面因素影响,一是土壤本身成土母质的特性,二是地理地形等外部因素。由于这些因素的错综复杂,土壤质地反映在地理分布上很不均匀,但仍有一定的规律。

**1. 地理特征** 由区域地形高处到区域地形低处,土壤质地由粗逐渐变细。<0.05毫米的粉粒与黏粒的含量由36%提高到90%以上。在<0.05毫米颗粒的组成中,粗粉粒(0.05~0.01毫米)的含量逐渐下降,由40%~50%下降到13%~30%,而粗黏粒(0.005~0.001毫米)的含量则由8%左右逐渐提高到20%~50%,机械组成的粒度明显变细,细黏粒(<0.001毫米)的含量由5%左右提高到10%~20%。机械组成的这种变化,是地理因素的分异作用所造成的。在山地地形上,气温相对较低,水分条件较好,母质以物理风化过程为主,形成颗粒较粗,加之降水淋洗冲刷,表层黏粒含量明显减少。而地处山丘缓坡及平原地区,热量条件充足,母质化学风化作用相对加强,土壤淋溶作用较弱,加之长期接受上部地形冲刷淋失的黏粒,因而土壤质地相对偏重。

**2. 母质影响的特点** 母质的物理特性及机械特性对土壤质地影响在本区表现十分明显。由于母质不同,其矿物质的化学组成特点差异较大,使母质抗风化,水蚀等自然与人为作用能力不同。本区母质种类较多,岩性差别较大,加之地理地形所造成的母质再分配作用,使本区域内成土母质分布极不均匀。这种状况对土壤质地粗细形成直接影响,表现在表层土壤中各种粒径颗粒的明显差异(表3-65)。

表 3 - 65 成土母质对土壤机械组成的影响

| 机械组成（%） | 砂页岩 | 黄土 | 红黄土 | 黄土状 | 洪积冲积 | 近代沉积物 |
|---|---|---|---|---|---|---|
| <0.05 毫米 | 36～54 | 70～86 | 84～86 | 70～85 | 55～81 | 38～72 |
| 0.05～0.01 毫米 | 17～40 | 48～50 | 18～42 | 20～40 | 13～55 | 25～40 |
| 0.01～0.005 毫米 | 5～6 | 8～10 | 11～12 | 7～10 | 0～17 | 4～9 |
| 0.005～0.001 毫米 | 4～8 | 10～12 | 20～227 | 6～12 | 10～50 | 4～11 |
| <0.001 毫米 | 4～6 | 8～13 | 6～14 | 6～13 | 4～17 | 7～13 |

本区出露的二叠系与三叠系砂页岩多以石英硬砂质砂岩或砂质页岩为主，风化物中 $SiO_2$ 成分较多，因此沙粒（1～0.05 毫米）含量占到 50％以上，在<0.05 毫米粉黏粒中又以粗粉沙粒（0.05～0.01 毫米）为主，因此，土壤质地多以沙壤为主。黄土母质由于其风积特点<0.05 毫米粉粒与黏粒含量占到 80％左右，有的可达 90％以上，其中 0.05～0.01 毫米粗粉粒含量占绝对优势，达 48％～50％。因此，其质地轻壤居多。红黄土母质粉黏粒含量一般大于 84％，且 0.005～0.001 毫米粗黏粒含量多大于 20％，所以土壤质地常为中壤或重壤质。本区黄土状成土母质多系洪冲积之混合物，因此土粒组成变化较大，和太谷等地比较粗粉沙及沙粒含量相对较高，且常因局部微地形变化而影响较大，所以这种母质上发育的土壤质地差异悬殊，是本区黄土状母质成土特点之一。洪积与冲积母质较黄土状而言，上述特征更为突出。河谷地形近代沉积物由于沉积时间短，土壤颗粒以沙粒为主，粉黏粒含量多在 50％以下，所以土壤质地以沙壤为主，局部地段则为沙土或黏土。

**（四）土壤质地的垂直变化特点**

本区土壤质地在剖面上下的垂直变化主要受成土母质的沉积层性影响，其次是成土过程的差异所造成的剖面上下质地变化特点。

在冲积平原及倾斜平原上，由于局部沉积条件的变化往往会出现均质型沉积。在河漫滩高处及冲积平原的河口地带，多出现通体沙质型土壤。而在河漫滩及一级阶地低平处或冲积平原远离河口地带，多出现通体黏质型土壤。除这两类沉积型的过渡地带以及黄土台垣面则多出现通体壤质型土壤。另外，在基岩山区的砂页岩分布地带，风化过程以物理风化为主，一般质地较粗，则往往通体沙土或沙壤型土壤。在一级阶地、二级阶地及现代河谷地形上，由于流水的季节性不均衡变化，造成水流搬运能力大小不等，沉积物层性明显，这种母质上发育的土壤多为夹沙或夹黏型及少量的蒙金型土。

由于自然气候的区域性特征以及地形坡度的大小不同，成土条件变化悬殊。土壤黏粒下移与黏化特征不一，也是造成土壤质地垂直变化的原因之一。

发育在土石山区的黄土质山地褐土，<0.01 毫米黏粒下移率通常在 2.5％左右。<0.001毫米黏粒下移率通常在 1.6％左右，黏粒下移极不明显（如平地泉 03—21 号剖面）。而发育在黄土台垣的黄土质褐土性土，<0.01 毫米与<0.001 毫米黏粒下移率分别在 5.8％和 6％。红黄土母质的黏粒下移现象主要表现在 0.01 毫米黏粒的移动上，下移率通常在 2.5％左右，在黄土台垣上其下移率可达 4.5％左右，<0.001 毫米黏粒的下移则

表现不明显或无规律。黄土状母质主要发育在倾斜平原地形上，其土壤黏粒下移现象以<0.001毫米黏粒移动为明显，一般下移率在 2.5％左右。0.01～0.001 毫米黏粒下移不明显且无规律。洪积型及沟淤型土壤其成土环境条件的稳定与否，黏粒下移现象一般不明显或者差异很大。

土壤黏粒淋失下移，在土壤剖面上往往会形成黏化层或弱黏化层，从而使土体上下质地发生变化，这种变化会对土壤肥力产生一定的影响。由上述可见本区土壤黏粒下移现象一般不明显，因此在土壤剖面上直观地看不到明显的黏化现象，在局部平坦地形上，仅可见到不明显的皴型弱黏化层。这种特征主要取决于本区半干旱生物气候带的成土条件与特点。

综上所述，本区土壤质地的垂直变化主要受成土母质及母质出露与沉积特点所决定。

### （五）土壤质地的改良

土壤质地的改良，主要是针对不良表土质地而言。土壤表层质地的优良与否，直接关系到农业耕作种植及作物生长状况。本区耕作土壤虽然壤质土占 80％以上，但尚有 15％的黏质土与沙质土壤，而且这些土壤一般水分条件较好，地势平缓，生产条件好，但土壤质地或沙或黏，作物产量低而不稳，农作困难。因此改良这些土壤质地，在生产上势在必行。主要改良措施如下：

**1. 客土改良**  对于过沙过黏的土壤，采用黏入沙、沙掺泥的办法，调整土壤粗细土粒的组成比例，以达到改良质地的目的。对黏质土要有计划地逐年进行铺沙改黏，而对沙质土则逐年掺黏改沙。

**2. 引洪漫淤**  自然洪水中常加着大量泥沙，这些泥沙多是上游的表层土壤，养分含量较多，因此对淤灌土常有"一次洪水三年肥"之称。通过掌握进水口的高低位置有目的地留泥或留沙。对于黏质土以留砂为主，一般是降低进水口而略提高排水口以截留沙粒。对于沙质土则要提高进水口，以截沙淤泥。

**3. 提高有机肥用量，改良土壤结构**  过沙过黏土壤，一般土壤结构性能差，通气透水性能不协调。通过提高土壤有机肥的施用量，以提高土壤结构性能，改善土壤的不良结构，从而改良土壤的通透性能。由于有机物质的增加，能促进土壤团粒结构的形成，对于沙土则可改变其松散无结构状况，对黏土则可改变其大块状不良结构，因此，提高有机肥用量，一方面可以弥补土壤过沙或过黏带来的缺陷，同时又可以提高土壤肥力、培肥土壤。

此外，不同质地的土壤，首先应注意因地制宜的耕作种植和管理。土壤质地是重要的土壤条件之一。沙土宜于种植生长期短、耐旱、耐瘠的作物及根茎类作物，而需肥较多或生长期较长的禾谷类作物则宜于在黏壤土至黏土中生长。在耕作上，沙土一般宜于平畦宽垄，播种宜深，播后要强调镇压土，施肥要注意早、少、勤。而黏土则强调深沟、高畦、窄垄，整地时尽可能做到干湿适时，精耕细锄，播种宜浅，密度较大，基肥要足，而且应注意种肥和面肥，以满足作物早期生长。

## 四、耕地土壤阳离子代换量

当土壤溶液在一定的 pH 时，土壤所能含有代换性离子的数量称为离子代换量。土壤阳离子代换量的大小基本上代表了土壤可能吸收的养分数量，即土壤的保肥能力。榆次区的土壤代换量和周围县区比较均属中上等水平，大部分土壤代换量在 7～15me/百克土，最高的达 20me/百克土。

### （一）　土壤类型与土壤代换量

各类型土壤中的土壤代换量，数量相差悬殊，以下为榆次区几种土壤的代换量，可看出有相当的差异（表 3－66）。

表 3－66　榆次区不同土壤的有机质、pH、代换量统计表

| 土壤类型 | 深度（厘米） | 黏度（%） | 有机质（%） | pH | 代换量（me/百克土） |
|---|---|---|---|---|---|
| 淋溶褐土 | 0～8 | 12.5 | 6.87 | 7.5 | 17.00 |
| 山地褐土 | 0～5 | 17.9 | 2.92 | 7.6 | 13.4 |
|  | 5～20 | 18.7 | 2.02 | 8.1 | 11.75 |
| 褐土性土 | 0～32 | 19.6 | 1.06 | 8.4 | 10.62 |
|  | 32～68 | 22.1 | 0.44 | 8.3 | 10.41 |
| 淡褐土 | 0～28 | 19.1 | 0.84 | 8.4 | 10.36 |
|  | 28～100 | 17.5 | 0.57 | 8.2 | 10.75 |
| 浅色草甸土 | 0～19 | 38.7 | 0.87 | 8.0 | 15.87 |
|  | 19～39 | 17.5 | 0.55 | 8.3 | 8.03 |
|  | 39～100 | 23.6 | 0.40 | 8.5 | 13.49 |

从表 3－66 可以看出，在本区分布的不同土壤类型中，其土壤代换量的变化较大，在自然土壤中土壤代换量与土壤有机质的含量有明显的相关性，例如，淋溶褐土的有机质含量为 6.78%，其土壤代换量高达 17.00me/百克土；山地褐土的有机质含量为 2.92%，其土壤代换量为 13.4me/百克土；褐土性土的有机质含量为 1.06%，其土壤代换量为 10.62me/百克土。在耕作土壤中，由于有机质的含量普遍偏低，因而其土壤代换量没有明显的变化规律。

### （二）　土壤质地与代换量

在榆次区由于土壤中有机质含量不高，特别是在耕地土壤中，有机质含量一般在 1% 左右，因此决定土壤代换量高低的主要因素是黏粒矿物的含量多少（表 3－67）。

表 3－67　榆次区土壤物理性黏粒与阳离子代换量的关系（<0.01 毫米）

| | | 黏粒含量（%） | | | | | | | | | | |
|---|---|---|---|---|---|---|---|---|---|---|---|---|
| | 主要范围 | <10 | 10～15 | 15～20 | 20～25 | 25～30 | 30～35 | 35～40 | 40～45 | 45～50 | 50～60 | 60～70 | >70 |
| 代换量（me/百克土） | 区平均值 | 2～6.5 | 5.8 | 7～10 | 8～11 | 8～12 | 9～13 | 12～14 | 11～16 | 13～18 | 16～21 | 18～23 | 20～25 |
| | 市平均值 | 3.98 | 6.90 | 8.90 | 9.60 | 9.81 | 12.03 | 12.87 | 13.98 | 15.53 | 17.07 | 20.70 | 21.86 |
| | ∑平均值 | 4.17 | 8.22 | 9.43 | 10.16 | 9.82 | 11.87 | 13.02 | 13.13 | 15.20 | 16.74 | 21.25 | 23.37 |
| | $N^1/n^2$ | 15/2 | 14/6 | 20/9 | 15/10 | 33/12 | 10/11 | 27/9 | 13/6 | 15/6 | 13/19 | 11/7 | 12/7 |
| | 土壤质地 | 沙土 | 沙壤 | | 轻壤 | | 中壤 | | | 重壤 | | 黏土 | |

在本区的土壤类型中随着土壤物理性黏粒数量的增加，其阳离子代换量加大，在沙土中的土壤代换量为 4.17me/百克土，轻壤为 9.82～10.16me/百克土，中壤为 11.87～13.13me/百克土，重壤为 15.20～16.71me/百克土，黏土为 21.25～23.37me/百克土。

根据以往规律，一般土壤代换量为 20me/百克土以上者，为保肥力强的土壤。10～20me/百克土者为中等的土壤，小于 10me/百克土的土壤则为保肥力弱的土壤。榆次区大面积为轻—中壤的土壤质，土壤代换量在 10～19me/百克土，土壤的保肥能力处于中等水平。只有采取相应的改良技术措施，才能有效提高土壤代换量，增加土壤的保肥能力。

# 五、土体构型

土体构型是指整个土体各层次质地排列组合情况。它对土壤水、肥、气、热等各个肥力因素有制约和调节作用，特别对土壤水、肥贮藏与流失有较大影响。因此，良好的土体构型是土壤肥力的基础。研究土壤构造对植物生长的影响，必须把土壤作为一个整体，不仅要看到表层土壤构造状况的巨大作用，同时也要注意到表土以下各层土壤的构造状态对整个土壤肥力的深刻影响。

土体构型反映了土壤中物质存在的状态，是土壤肥力因素相互矛盾的外部表现，是不断发展变化的。土壤的物质组成，结构形态和农业技术措施都直接影响土体构型，并通过土壤的孔隙状况和耕作性能反映土体构型的优劣。良好的土体构型是肥沃土壤的重要标志。

## （一）土体构型的类型和分布

根据榆次区成土物质、地形特点等因素的综合作用，榆次区土壤的土体构型可划分为以下几种类型。

**1. 薄层型**　成土母质都为砂页岩风化的残积，残积—坡积物，整个土层很薄，一般在 0～30 厘米，常夹有石砾，土壤冲刷严重，保水保肥力差，目前均为自然土壤，土壤类型为薄层沙壤砂页岩质淋溶褐土，薄层沙壤砂页岩质山地褐土等。

**2. 夹层型**　一般分布在本区的沟谷、冲积平原上，夹层土壤多表现为沙黏层次相间排列，即一层沙一层黏，或者是黏质夹沙，沙质夹黏。这些构造不利于土体中正常的通气透水和养分转化、影响作物的正常发育，对水、肥、气、热等肥力因素的正常需求，为低产土壤类型之一。

**3. 沙质型**　又称"松散型"。均属冲积平原和山地砂页岩地区的沙质土。其特点是层次分化不明显，通体为沙土或沙砾土，土壤中非毛管孔隙多而毛管孔隙少，空气充足而含水量少，土温变化大，养分供应差，漏水漏肥，水、肥、气、热不够协调。此类土壤成土时间短，发育不明显，再加上质地粗，无结构，为本区的低产土壤之一。

**4. 黏质型**　又称紧实型。主要分布于本区冲积平原的低洼处和侵蚀丘陵的第四纪红黄土上。其特点为：质地一般黏重，多呈块状，核状的坚硬结构体，毛管孔隙多而非毛管孔隙少，保水保肥性好，但通气透水不良，土性冷而土温变化小。在本区的农业土壤中所占比重较大，此种土壤养分供应慢，生产潜力大，如加以改良和合理的耕作措施，能成为高产土壤的类型之一。

**5. 壤质型**　壤质型土体构造，在本区的分布范围最广，面积最大。在广大的山地、丘陵阶地、平原都有分布。壤质型土体构造其特点是，通体质地为轻—中壤，沙黏适中，表现为结构状况好，孔隙度大，非毛管孔隙多，保水保肥。土体中水、肥、气、热协调，为蓄水保墒、抗旱耐涝、通气增温、供肥保肥，高产稳产提供了良好的土壤基础条件，其中耕作制度合理，熟化程度高的土壤，已成为本区高产土壤的样板。

**6. 蒙金型**　又称为"上松下紧型"，其表层质地为沙壤或黏土，这种理想的土体构造因上层质地轻、疏松多孔，通透性好，物质转化快，水、肥、气、热状况良好，适宜于苗期需要。而下部黏重土层较为紧实，毛管孔隙多，保水保肥力强，苗后期根系下扎时，肥力供应充足，这种土体构造兼有沙、黏土壤的优点，而克服了它们的弱点，肥力高，耕性好，保水保肥，调节力强，既发小苗又发老苗，是本区旱涝保收的高产稳产的土壤。

**（二）影响土体构型的因素与评价**

凡是影响土体物质组成和存在状态的自然条件和农业生产措施，都会影响土体构造的性质。一般来说，主要有土壤质地、土壤结构以及土壤施肥、耕作、灌溉等农业生产措施。

土壤质地是影响土体构型的基础物质。因本地区耕作土壤属有机质含量不高的矿质土壤，所以土壤质地情况和不同质地层次的组合排列，常对土壤的孔隙状况和三相比例发生深刻的影响。本区土体构型的划分，基本上遵循土体中不同质地的排列组合进行划分。

土壤结构也是影响土体构型的重要条件。因为土壤中的矿物颗粒，大多相互胶结成一定的结构形态，对土壤的孔隙状况和三相比例有一定的影响。例如在农耕型的土体构造中耕作层的结构状态，以团粒结构最为有利。如果块状结构多，漏风、保墒差，湿度变幅大，不宜作物生长。在心土层或底土层中，保持一定数量的柱状结构，有利于通风透水。如核状结构、片状结构多，则会影响水分和空气的流通。

施用有机肥料，可以增加土壤有机质，对土体构型影响很大。一方面，有机质可以促进土壤中微团粒结构和水稳性、非水稳性团粒结构的形成，特别有利于增强结构水稳性；另一方面，有机质本身也有疏松的特点，从而改善了土体构型，特别是耕层的构造状况。

耕作措施对于土体构型，特别是耕作层的构型的直接的影响。长期浅耕后，由于犁底的压力，容易形成坚硬的犁底层。妨碍通气透水和根系下扎。只有定期的深耕才可以破除犁底层，加厚活土层。平川地区的精耕细作，对于耕作层的构造影响也很大，增施有机肥后，反复、多次耕耙，消除土坷垃，增加团粒结构，使土壤变得疏松绵软。作物生长期间，又进行了多次的浇水、中耕。通过精耕细作，可以把排列紧密的土粒和土团变得疏松，调节土壤的结构数量，使土体构型经常处于良好的状态。

榆次区耕作土壤不同土体构型的面积比例为壤质型＞薄层型＞黏质型＞沙质型＞夹层型＞蒙金型。在自然土壤中，土体构型决定于物质的淋溶和淀积以及成土母质本身的层次构造。自然成土过程中所发生的各种不同的成土作用，使土壤形成了各种类型的土壤剖面，使自然肥力也发生显著差异。

# 六、土壤结构

## （一）土壤结构类型

构成土壤骨架的矿物质颗粒，在土壤中并非彼此孤立、毫无相关的堆积在一起，而往往是受各种作物胶结成形状不同、大小不等的团聚体。各种团聚体和单粒在土壤中的排列方式称为土壤结构。

土壤结构是土体构造的一个重要形态特征。它关系着土壤水、肥、气、热状况的协调，土壤微生物的活动、土壤耕性和作物根系的伸展，是影响土壤肥力的重要因素。

由于土壤类型、土壤母质、土壤质地以及耕作方式不同，土壤结构有明显的差异，纵观本区土壤，有以下几种结构类型。

**1. 团粒状结构** 结构体形状近似球形，直径 0.25～10 毫米或者更小，圆润、粗糙、海绵状孔隙多，根系分布均匀，主要在本区的林地土壤中，由于植被覆盖度好，土壤腐殖化程度高，有机质含量丰富，故表土层和亚表土层有大量的团粒结构。土壤的结构系数极高。

**2. 屑粒状结构** 又称小团粒状结构。它是直径小于 0.25 毫米的微团粒结构。不仅在调节土肥矛盾上有一定作用，而且也为团粒结构的形成奠定了良好的基础。在本区的水地土壤表土层和较肥沃的耕作层中多为这一结构类型。高产田中非水稳性的小团粒结构较多，它对土壤的孔隙和松紧状况以及对土壤肥力的调节，也具有相当大的作用。

**3. 团块结构** 介于屑粒和块状结构间的一种结构类型，原来属块状结构的耕作表土层，经过合理的耕耙、施肥，使其结构性逐渐改善，逐步有利于根系活动及吸取水分养分，有利于蓄水、保水、保肥和供肥，成为本区耕层一种较好的结构类型。

**4. 块状结构** 土粒胶结成块状立方体，俗称"坷垃"。多见于中壤，轻壤质地的黄土心土层和缺乏有机质的耕作层。为一种养分低的不良结构。

**5. 棱块状结构** 土壤结构体呈有棱角的立方体，光滑致密，少孔紧实。在红黄土母质发育的土壤或质地黏重的土壤中经常可见到这种结构，俗称"立搓土"。具有这种结构的土壤通气透水性差，"天晴像把刀，雨后一团糟"，宜耕性差，宜耕期短，障碍根系向下伸展，属不良的结构类型之一。

**6. 核状结构** 土壤结构体坚实致密，类似核桃，表面光滑，有时有明显皱褶，在结构面上往往有石灰或铁锰胶膜出现，故常具水稳性，在黏重而缺乏有机质的垆土或第三纪红土的底土层中较多。它的通气透水性更差，植物根系极难下扎。

**7. 片状结构** 结构体呈扁平状，多见于盐土的表层，耕作土壤的犁底层，以及冲积形成的层次。俗称"盐结皮"、"平搓"、"卧土"等。这种结构往往由于流水沉积作用和某些机械压力所造成，在冲积性母质上常是呈片状，在犁底层中常是呈鳞片状。

**8. 单粒颗粒结构**（无结构土壤） 土粒呈单粒，沙土、沙壤土类型的土壤多为这一结构类型。

## （二）土壤结构的特点

（1）从榆次区土壤的垂直分布状况来看，海拔由高到低土壤结构系数逐渐降低，这与土壤的垂直分布带相一致。主要与自然植被的生长量和土壤腐殖化过程有关。生长量大的，腐殖化程度高的，有机质积累多的，土壤结构系数高，反之亦然。淋溶褐土有机质含量高达 90 克/千克，所以它土壤黏粒中已经团聚化的黏粒非常之多，形成的水稳性团粒结构多而明显。山地褐土植被覆盖稍差，进入土壤的有机质相对减少，所形成的土壤有机无机复合胶体数量相对减少，故而所形成的土壤结构以屑粒结构为主。褐土性土和淡褐土的自然型土壤进入土壤的生物量很少，所以它难以形成有机无机复合胶体，故而多是块状、棱块状结构。而对于耕作土壤来讲，由于耕作管理和施入有机肥数量的不同，带来土壤结构的显著差异。精耕细作及肥水充足的地区，由于大量农家肥的施入以及合理的耕耙，使土壤表层（耕作层）极易形成团块或屑粒状的微团粒结构，进而逐步发展为团粒结构。粗放耕作，缺少有机质的农田土壤结构性较差。牧坡、荒山荒坡、耕种土壤也均有水稳性团粒结构存在，但其数量极少。

（2）从水平分布看，本区东部、北部山区结构较好，而丘陵区结构较差。南部、西部自然土壤结构较差，农业土壤结构良好。这与自然环境，植物生长，人口密度等有很大关系。

（3）土壤质地不同结构也不相同。一般沙土、沙壤土多无结构，呈单粒，颗粒粗，粒间引力较小，凝聚力低，但也不能一概而论，随着有机物的掺入它可能形成碎块状结构，团块屑粒状结构，甚至团粒结构。如当地的砂页岩质山地褐土，淋溶褐土的结构就是这样演变形成的。轻壤、中壤质地的土壤多是块状结构，它沙黏比例协调，随着有机物的加入，极易形成团块状团粒结构。重壤或黏土质的土壤多为棱块状、核状结构，有时经机械挤压可形成板片状结构。由于黏粒所占比例大，粒间引力较强，土粒易凝聚。土壤本身黏聚力很强，但并不一定能形成良好的土壤结构，随着有机物的加入，黏粒本身易把有机物吸附包被起来，从而使养分难以释放，故它肥效和缓，作物发老不发小。形成的所谓"团粒结构"密实而光滑，与壤土形成的团粒结构大有区别，不过随着有机物质的大量加入，它的有机胶体数量和无机胶体数量协调一致时，所形成的团粒结构同样疏松多孔且圆润粗糙。

（4）母质类型不同，土壤结构也不同。黄土母质多是柱状、块状结构，继续发育可形成团块状结构，红黄土质的土壤多是棱块状、核状结构，继续发育可形成碎块状、屑粒结构；洪冲积母质上发育的土壤，结构较复杂，一般沙土层为单粒结构，壤土层多为块状结构，黏土层多为核状或棱块状结构，而沙性土的砂页岩风化物多无结构，经过长时间的生物作用，也可形成结构良好的土壤。

**（三）耕作土壤的结构特点**

一般来说，自然土壤的结构性是比较稳定的。但是，自然土壤经耕种后，人为作用的影响，使土壤结构性起了剧烈的变化，因为土壤的耕作过程不仅使耕层土壤的结构直接遭受强烈的机械破坏，并加强了有机质的好气分解，土壤胶结能力减弱，使新的团粒结构的形成受到一定的阻碍，所以，耕地土壤的结构性要比荒地土壤差得多，和天然林地、牧地比较差异更为显著。

根据对大量的剖面观察资料分析，榆次耕地土壤结构有如下特点。

**1. 耕作层**　厚度一般为 15～20 厘米。由于有机质的强烈分解，土壤养分含量日趋贫瘠，形成的团粒结构很少，一般多为团块状或块状结构，土壤质地越黏重，块状结构表现越明显，即坷垃越多、越大。而对于那些肥水供应充足的高产土壤，由于大量有机肥的施入，促进了团粒结构的形成。

**2. 犁底层** 厚度 6～13 厘米。由于长期耕作的机械挤压作用，大部分地处平坦地势的农田，都有较紧实的犁底层存在。结构多为片状或鳞片状，对土壤通气透水和作物根系下扎不利。

**3. 心土层** 厚度 20～40 厘米。有一定数量的植物根与蚯蚓等动物孔洞，但结构主要以块状结构为主。

**4. 底土层** 土体厚度 50～60 厘米，土壤结构受母质影响较大，多遗留有母质结构特征。

### (四) 不良结构的改良

改良土壤结构的主要目的在于使耕层土壤疏松柔软，既利于蓄水保墒，又利于通气和根系穿插，使根系不断取得所需水分、养分。

本区土壤中，不良结构类型占耕地总面积的 56%。①丘陵山区由于地广人稀，耕作粗放，土壤肥力下降，土壤结构变差；②平川区由于冲积母质本身质地层次的显著差异，过沙过黏都表现为不良结构类型；③盐渍土区域表层的盐结皮和盐分中的大量盐基会分散土粒，破坏土壤的结构性，从而间接地使作物不能正常生长。

如何采取有效而合理的措施来恢复创造良好的土壤结构，是提高本区土壤肥力，提高作物产量的一个重要方面。具体讲，一方面可以从保持结构，减少破坏着手，如实行合理的耕作制度，改进农具，注意耕种时，应掌握适宜的土壤水分等；而更积极的一方面，是因地制宜地采用各项恢复与创造结构的重要措施，如在轮作制中增加种植一年生或多年生牧草绿肥，大量施用农家肥料，都能改善土壤结构。在盐渍土上还能起到明显的压盐作用。另外，施用各种土壤结构改良剂，如施用腐殖酸氨、腐殖酸钾肥料、聚丙烯酸钠盐等，榆次区张庆乡一带常施用醋糟，也是改善土壤结构、创造团粒结构的有效办法。

不同类型的土壤，对结构的最低要求也不同，如黄土的块状结构，疏松多孔、毛管性能差、保水保肥性能差，故需改良成屑粒、团块结构较为有利。而红黄土质由于土壤颗粒排列紧密、孔隙小、土体刚硬而板结，故只有在疏松多孔的块状或碎块状结构上作物才有可能维持生存；而河淤土及一切冲积母质发育的过沙过黏的土壤需要客土和增施有机肥料改良质地的前提下改良结构；表层结壳的盐化土壤则需要养坷垃、切断毛细管，防止盐分随水向上累积。当然，对各种土壤最为有利的还是团粒结构、微团粒结构，在当地条件下创造团粒结构的主要措施是：①深耕结合施用有机肥料。②正确的土壤耕作。如雨后中耕破除地表板结，春旱季节采取耙、耱、镇压破除大坷垃，夏耕晒垡，冬耕冻垡，同样也是创造团粒结构的有效办法。这方面群众有着极丰富的传统耕作经验。③合理的轮作倒茬。④应用土壤结构改良剂。

## 七、土壤孔隙状况

土壤是多孔体，土粒、土壤团聚体之间以及团聚体内部均有孔隙。单位体积土壤孔隙所占的百分数，称土壤孔隙度，也称总孔隙度。

土壤孔隙的数量、大小、形状很不相同，它是土壤水分与空气的通道和贮存所，它密切影响着土壤中水、肥、气、热等因素的变化与供应情况。因此，了解土壤孔隙大小、分布、数量和质量，在农业生产上有非常重要的意义。

土壤孔隙度的状况取决于土壤质地、结构、土壤有机质、土粒排列方式及人为因素等。黏土孔隙多而小，通透性差；沙质土孔隙少而粒间孔隙大，通透性强；壤土则孔隙大小比例适中。土壤孔隙可分 3 种类型。

**1. 无效孔隙** 孔隙直径小于 0.001 毫米，作物根毛难于伸入，为土壤结合水充满，孔隙中水分被土粒强烈吸附，故不能被植物吸收利用，水分不能运动也不通气，对作物来说是无效孔隙。

**2. 毛管孔隙** 孔隙直径在 0.001～0.1 毫米，具有毛管作用，水分可借毛管弯月面力保持贮存在内，并靠毛管引力向上下左右移动，对作物是最有效水分。

**3. 非毛细管孔隙** 即孔隙直径大于 0.1 毫米的大孔隙，不具毛管作用，不保持水分，为通气孔隙，直接影响土壤通气、透水和排水的能力。

土壤孔隙一般在 30%～60%，对农业生产来说，土壤孔隙以稍大于 50% 为好，要求无效孔隙尽量低些。非毛管孔隙应保持在 10% 以上，若小于 5% 则通气、渗水性能不良。

榆次区耕作层孔隙度为 58.2%～50.2%，心土层为 50.2%～45.7%，底土层为 49.8%～45.3%。

# 第六节　耕地土壤属性综述与养分动态变化

## 一、耕地土壤属性综述

榆次区 2 300 个样点测定结果表明，耕地土壤有机质平均含量为 16.19±8.05 克/千克，全氮平均含量为 0.82±0.24 克/千克，有效磷平均含量为 14.46±6.97 毫克/千克，速效钾平均含量为 195.24±102.68 毫克/千克，有效铜平均含量为 1.58±0.48 毫克/千克，有效锌平均含量为 1.60±0.78 毫克/千克，有效铁平均含量为 9.02±2.50 毫克/千克，有效锰平均值为 13.57±2.48 毫克/千克，有效硼平均含量为 0.42±0.16 毫克/千克，pH 平均值为 8.66±0.17，有效硫平均含量为 67.41±48.40 毫克/千克，缓效钾平均值为 825.71±102.68 毫克/千克（表 3-68）。

表 3-68　榆次区耕地土壤属性总体统计结果

| 项目名称 | 点位数（个） | 平均值 | 最大值 | 最小值 | 标准差 | 变异系数（%） |
|---|---|---|---|---|---|---|
| 有机质（克/千克） | 2 300 | 16.19 | 47.63 | 5.67 | 8.05 | 0.50 |
| 全氮（克/千克） | 2 300 | 0.82 | 2.19 | 0.33 | 0.24 | 0.29 |
| 有效磷（毫克/千克） | 2 300 | 14.46 | 59.76 | 2.51 | 6.97 | 0.48 |
| 速效钾（毫克/千克） | 2 300 | 195.24 | 494.28 | 82 | 102.68 | 0.12 |
| 有效铜（毫克/千克） | 2 300 | 1.58 | 4.25 | 0.49 | 0.48 | 0.30 |

（续）

| 项目名称 | 点位数（个） | 平均值 | 最大值 | 最小值 | 标准差 | 变异系数（%） |
|---|---|---|---|---|---|---|
| 有效锌（毫克/千克） | 2 300 | 1.60 | 5.61 | 0.23 | 0.78 | 0.49 |
| 有效铁（毫克/千克） | 2 300 | 9.02 | 32.83 | 3.06 | 2.50 | 0.28 |
| 有效锰（毫克/千克） | 2 300 | 13.57 | 29.58 | 6.74 | 2.48 | 0.18 |
| 有效硼（毫克/千克） | 2 300 | 0.42 | 1.14 | 0.06 | 0.16 | 0.38 |
| pH | 2 300 | 8.66 | 9.09 | 7.84 | 0.17 | 0.02 |
| 有效硫（毫克/千克） | 2 300 | 67.41 | 409.11 | 11.30 | 48.40 | 0.72 |
| 缓效钾（毫克/千克） | 2 300 | 825.71 | 1334.65 | 502.02 | 102.68 | 0.12 |

## 二、有机质及大量元素的演变

随着农业生产的发展及施肥、耕作经营管理水平的变化，耕地土壤有机质及大量元素也随之变化。与全国第二次土壤普查时的耕层养分测定结果相比，土壤有机质有了增加，全氮、有效磷、速效钾也有增加。详见表 3-69。

**表 3-69　榆次区耕地土壤养分动态变化**（$n=2\ 300$）

| 项目 | 有机质（克/千克） | 全氮（克/千克） | 速效磷（毫克/千克） | 速效钾（毫克/千克） |
|---|---|---|---|---|
| 第二次土普（平均） | 13.10 | 0.77 | 5.72 | 125.46 |
| 本次调查（平均） | 16.19 | 0.82 | 14.46 | 195.24 |
| 增加 | 3.09 | 0.05 | 8.74 | 69.78 |

# 第四章　耕地地力评价

## 第一节　耕地地力分级

### 一、面积统计

榆次区耕地总面积 723 112.25 亩，其中水浇地 366 826.5 亩，占耕地面积的 50.73％；旱地 356 285.75 亩，占耕地面积的 49.27％。按照榆次区耕地地力等级的 10 项划分指标，通过对 29 479 个评价单元 IFI 值的计算，对照分级标准，确定每个评价单元的地力等级，汇总结果见表 4-1。

表 4-1　榆次区耕地地力统计

| 等级 | 面积（亩） | 所占比重（%） |
|---|---|---|
| 1 | 151 070.06 | 20.891 6 |
| 2 | 129 985.46 | 17.975 8 |
| 3 | 99 022.85 | 13.694 0 |
| 4 | 70 094.9 | 9.693 5 |
| 5 | 116 129.18 | 16.059 6 |
| 6 | 105 718.15 | 14.619 9 |
| 7 | 51 091.65 | 7.065 5 |
| 合计 | 723 112.25 | 100 |

### 二、地域分布

由于自然地理条件不同及与之相关的生产力发展水平的差异，使榆次区耕地在空间分布上极不均匀。平川城镇近郊，自然条件优越，人口稠密，农业生产发达，耕地面积集中，但人均耕地少，在人为种植过程中，将大量肥力资源投入有限的耕地，耕地较为肥沃，耕地质量也相对较高；在边远山区，交通不便，农业生产水平低，人口稀疏，耕地零星分散，广种薄收的现象普遍存在，投入少，产量低，肥力低，耕地质量也相对较低。

## 第二节　耕地地力等级分布

### 一、一　级　地

#### （一）面积和分布

本级耕地主要分布在榆次区境内西南处，在修文镇的修文、东长寿、陈侃、东白、杨安、张庆乡杨村、寇村、南谷等村为界的西部区域，包括张庆乡、修文镇、东阳镇、郭家堡乡、开发区境内潇河的一级阶地和二级阶地，主要对应国家二、三、四级。面积为151 070.06亩，占全区总耕地面积的20.89%。

**（二）主要属性分析**

本级地位于榆次区西南部，是榆次区蔬菜和粮食主产区域。境内太长高速、108国道、榆清公路自北向南从中穿过，本级耕地海拔为760～900米，土地平坦，土壤包括褐土和潮土2个土类，成土母质为冲积和黄土2种，地形坡度为0～3°。耕层质地为多为壤土，土体构型为壤夹黏，有效土层厚度80～160厘米，平均为120厘米，耕层厚度为19.52厘米，pH的变化范围8.31～9.09，平均值为8.74，土壤容重在1.28～1.41克/厘米$^3$，平均为1.36克/厘米$^3$。地势平坦，土地肥沃，地下水位高，水利设施基础好，农业机械化程度高。无侵蚀，保水，地下水位浅且水质良好，灌溉保证率为充分满足，地面平坦，园田化水平高。

本级耕地土壤有机质平均含量17.80克/千克，属省三级水平，比榆次区平均含量高1.61克/千克；有效磷平均含量为21.82毫克/千克，属省二级水平，比榆次区平均含量高7.36毫克/千克；速效钾平均含量为218.14毫克/千克，属省二级水平，比榆次区平均含量高22.9毫克/千克；全氮平均含量为0.97克/千克，比榆次区平均含量高0.15克/千克；中量元素有效硫比榆次区平均含量低，微量元素有效铁、有效锰、有效铜、有效硼、有效锌都较榆次区平均水平高。详见表4-2。

该级耕地农作物生产历来水平较高，从农户调查表来看，玉米平均亩产750千克，效益显著；蔬菜生产占榆次区的40%以上，是榆次区重要的蔬菜生产基地。

**表4-2　一级地土壤养分统计**

| 项目 | 平均值 | 最大值 | 最小值 | 标准差 | 变异系数 |
|---|---|---|---|---|---|
| 有机质 | 17.80 | 47.63 | 9.96 | 2.821 096 | 0.158 45 |
| 有效磷 | 21.82 | 51.99 | 6.75 | 6.948 610 | 0.318 51 |
| 速效钾 | 218.14 | 382.00 | 93.46 | 39.047 7 | 0.179 0 |
| pH | 8.74 | 9.09 | 8.31 | 0.144 9 | 0.016 57 |
| 缓效钾 | 927.51 | 1100.30 | 620.93 | 77.547 01 | 0.083 61 |
| 全氮 | 0.97 | 1.60 | 0.48 | 0.146 399 2 | 0.150 71 |
| 有效硫 | 45.62 | 193.34 | 14.68 | 38.532 688 | 0.844 69 |
| 有效锰 | 15.48 | 29.58 | 10.87 | 1.606 90 | 0.103 82 |
| 有效硼 | 0.62 | 0.87 | 0.12 | 0.136 539 | 0.220 22 |
| 有效铁 | 10.36 | 16.34 | 5.00 | 2.174 91 | 0.209 90 |
| 有效铜 | 1.94 | 3.39 | 0.93 | 0.427 611 | 0.220 48 |
| 有效锌 | 2.08 | 5.01 | 0.97 | 0.579 22 | 0.278 08 |
| 耕层厚度（厘米） | 19.52 | 26.00 | 17 | 1.989 055 | 10.189 0 |

以上各项单位：有机质、全氮为克/千克，耕层厚度为厘米，其他为毫克/千克。

**（三）主要存在问题**

一是土壤肥力与高产高效的需求仍不适应，有机质含量偏低，部分区域存在氮、磷、钾或微量元素的不均衡。二是部分区域地下水资源消耗较快，水位持续下降，更新深井，加大了生产成本，多年种菜的部分地块，化肥施用量不断提升，有机肥施用不足，引起土壤板结，土壤团粒结构分配不合理。影响土壤环境质量的障碍因素是城郊的个别菜地污染，重金属累计较高。尽管国家有一系列的种粮政策，但最近几年农资价格的飞速猛长，部分农民的种粮积极性严重受挫，对土地的投入不足。

**（四）合理利用**

本级耕地所在区域，是榆次区的主要粮、瓜、果、菜区，经济效益较高，粮食生产处于榆次区上游水平，玉米近 3 年平均亩产 750 千克，是榆次区重要的粮、菜、果商品生产基地。在利用上应突出区域特色经济作物如温室、大棚等产业的开发，大田作物重点发展大田蔬菜、高产玉米、特色农产品的生产，创建高标准农田。

# 二、二 级 地

**（一）面积与分布**

主要分布在张庆乡西河堡、大张义、小张义村，郭家堡乡王村、近城，修文镇内白、西白、王香，东阳镇西阳、庞志、要村以南，开发区使赵村周围，北田镇北田村一带，海拔为 800～900 米。主要对应国家五等，面积 129 985.46 亩，占榆次区耕地面积的 17.98%。

**（二）主要属性分析**

本级耕地包括潮土、盐化潮土、石灰性褐土 3 个亚类，成土母质为冲积物和黄土状母质，质地多为壤土，灌溉保证率为基本满足，地面平坦，坡度小于 3°，园田化水平高。有效土层厚度为 150 厘米，耕层厚度平均为 19.1 厘米，本级土壤 pH 为 8.31～9.09，土壤容重为 1.21～1.45 克/厘米³，平均值为 1.32 克/厘米³。

本级耕地土壤有机质平均含量 18.20 克/千克，属省三级水平；有效磷平均含量为 20.42 毫克/千克，属省二级水平；速效钾平均含量为 219.95 毫克/千克，属省二级水平；全氮平均含量为 0.95 克/千克，属省四级水平。详见表 4-3。

表 4-3　二级地土壤养分统计

| 项目 | 平均值 | 最大值 | 最小值 | 标准差 | 变异系数 |
|---|---|---|---|---|---|
| 有机质 | 18.20 | 47.63 | 6.99 | 6.234 815 | 0.342 479 |
| 有效磷 | 20.42 | 59.76 | 5 | 7.064 567 | 0.345 998 6 |
| 速效钾 | 219.95 | 419.42 | 82.00 | 61.363 107 | 0.278 988 5 |
| pH | 8.68 | 9.09 | 8.04 | 0.163 371 | 0.018 830 5 |
| 缓效钾 | 857.28 | 1334.65 | 546.56 | 96.353 43 | 0.112 395 |
| 全氮 | 0.95 | 1.70 | 0.38 | 0.201 689 4 | 0.211 674 |
| 有效硫 | 66.16 | 248.33 | 13.82 | 48.904 080 | 0.739 208 |
| 有效锰 | 14.59 | 29.58 | 8.51 | 2.470 580 1 | 0.169 344 2 |

（续）

| 项目 | 平均值 | 最大值 | 最小值 | 标准差 | 变异系数 |
|------|--------|--------|--------|--------|----------|
| 有效硼 | 0.52 | 0.87 | 0.13 | 0.159 519 5 | 0.309 306 8 |
| 有效铁 | 10.11 | 26.42 | 4.52 | 3.243 37 | 0.320 744 76 |
| 有效铜 | 1.80 | 3.73 | 0.68 | 0.464 841 33 | 0.757 842 5 |
| 有效锌 | 2.41 | 5.61 | 0.74 | 0.874 116 3 | 0.363 085 |

以上各项单位：有机质、全氮为克/千克，耕层厚度为厘米，其他为毫克/千克。

### （三）主要存在问题

张庆乡、东阳镇部分耕地含盐量较高，属轻度盐化浅色草甸土，种植玉米产量在 700 千克/亩左右。有机肥施用量少，有机质含量偏低。由于产量高造成土壤肥力下降，农田灌溉保证率低，夏季干旱时不能及时灌溉。

### （四）合理利用

这部分耕地地处平川一级、二级阶地，土地平整，田、水、渠、林、路等农业基础设施较好，产量效益较高，是榆次粮食主产区域。在耕地利用上应"用养结合"，培肥地力为主，一是合理布局，实行轮作，倒茬，尽可能做到须根与直根、深根与浅根、豆科与禾本科、夏作与秋作、高秆与矮秆作物轮作，使养分调剂，余缺互补；二是推广玉米秸秆还田，增施有机肥，提高土壤有机质含量；三是推广测土配方施肥技术，建设高标准农田。

# 三、三 级 地

### （一）面积与分布

主要分布在乌金山镇南胡、北胡、流村周围，什贴镇龙白村，长凝镇涂河流域河漫滩，庄子乡、北田镇大部分平川地带和缓坡丘陵。海拔为 800～900 米，面积为 99 022.85 亩，占榆次区耕地面积的 13.69％，是榆次区果树种植面积较大的一个区域。

### （二）主要属性分析

本级耕地自然条件较好，地势较平坦。耕地包括潮土、石灰性褐土和褐土性土 3 个亚类，成土母质为河流冲、洪积物、黄土质母质和黄土状母质，耕层质地为中壤、轻壤，土层深厚，有效土层厚度为 150 厘米以上，耕层厚度为 18.67 厘米。土体构型为通体壤，大部分耕地能灌，但灌溉保证率低，地面基本平坦，坡度 3～5°，园田化水平较高。本级的 pH 变化范围为 7.04～9.09，平均值为 8.65；土壤容重在 1.21～1.38 克/厘米$^3$，平均为 1.30 克/厘米$^3$。

本级耕地土壤有机质平均含量 16.27 克/千克，属省三级水平；有效磷平均含量为 13.75 毫克/千克，属省四级水平；速效钾平均含量为 205.40 毫克/千克，属省二级水平；全氮平均含量为 0.83 克/千克，属省四级水平。详见表 4 - 4

表 4 - 4　三级地土壤养分统计

| 项目 | 平均值 | 最大值 | 最小值 | 标准差 | 变异系数 |
|------|--------|--------|--------|--------|----------|
| 有机质 | 16.27 | 47.63 | 6.66 | 7.228 037 | 0.444 327 |

（续）

| 项目 | 平均值 | 最大值 | 最小值 | 标准差 | 变异系数 |
|---|---|---|---|---|---|
| 有效磷 | 13.75 | 53.99 | 3.64 | 4.970 844 | 0.361 597 9 |
| 速效钾 | 205.41 | 494.28 | 90.18 | 78.240 939 | 0.380 911 |
| pH | 8.65 | 9.09 | 7.84 | 0.170 304 0 | 0.019 695 1 |
| 缓效钾 | 803.27 | 1040.51 | 528.74 | 85.748 100 7 | 0.106 749 3 |
| 全氮 | 0.83 | 1.70 | 0.36 | 0.191 625 7 | 0.230 878 |
| 有效硫 | 74.60 | 409.11 | 13.82 | 50.935 198 | 0.682 787 6 |
| 有效锰 | 13.13 | 29.58 | 6.74 | 2.834 038 | 0.215 789 7 |
| 有效硼 | 0.43 | 0.87 | 0.06 | 0.137 198 8 | 0.321 089 1 |
| 有效铁 | 9.10 | 32.83 | 4.19 | 2.883 406 | 0.316 937 6 |
| 有效铜 | 1.48 | 4.25 | 0.54 | 0.329 877 | 0.222 387 6 |
| 有效锌 | 1.90 | 5.61 | 0.23 | 0.907 056 1 | 0.478 031 8 |

以上各项单位：有机质、全氮为克/千克，耕层厚度为厘米，其他为毫克/千克。

本级所在区域，为深井灌溉区，粮食生产水平较高，据调查统计，玉米平均亩产 600 千克以上，果树平均亩产 2 000 千克以上，杂粮平均亩产 250 千克左右，效益较好。

**（三）主要存在问题**

本级耕地的微量元素硼、铁等含量偏低，水资源总量不足。

**（四）合理利用**

本区农业生产水平属中上，粮食产量较高，就土壤、水利条件而言，并没有充分显示出高产性能。因此，应采用先进的栽培技术，如选用优种、科学管理、平衡施肥等，施肥上，应多喷一些硫酸铁、硼砂、硫酸锌等，充分发挥土壤的丰产性能，夺取各种作物高产。

榆次区今后应在种植业发展方向上主攻高产玉米生产的同时，抓好无公害果树的生产。

# 四、四　级　地

**（一）面积与分布**

主要分布在庄子乡牛村、杨方、义井、东墕以东，北田镇南田、张胡、福堂、伽西等大部分缓坡丘陵地带，以及长凝、乌金山 2 个乡（镇）黑河、涧河和涂河的一级、二级阶地上，海拔为 800～950 米，是榆次区的扩浇地的中产田，面积 70 094.9 亩，占榆次区耕地面积的 9.69%。

**（二）主要属性分析**

该土地分布范围较大，土壤类型复杂，包括石灰性褐土、褐土性土、潮土等，成土母质有黄土质、黄土状、洪积、冲积物等，耕层土壤质地差异较大，为中壤、重壤，有效土层厚度为 150 厘米，耕层厚度平均为 17.27 厘米。土体构型为通体壤、夹壤、夹黏。灌溉保证率为一般满足，地面基本平坦，坡度 3～7°，园田化水平较高。本级土壤 pH 在8.0～9.09，平均 8.70。

　　本级耕地土壤有机质平均含量 21.64 克/千克，属省二级水平；有效磷平均含量为 10.75 毫克/千克，属省四级水平；速效钾平均含量为 176.26 毫克/千克，属省三级水平；全氮平均含量为 0.916 5 克/千克，属省四级水平；有效硼平均含量为 0.332 1 毫克/千克，属省五级水平；有效铁为 1.357 5 毫克/千克，属省六级水平；有效锌为 1.329 9 克/千克，属省三级水平；有效锰平均含量为 12.080 4 毫克/千克，属省四级水平；有效硫平均含量为 66.232 毫克/千克，属省三级水平。详见表 4-5。

表 4-5　四级地土壤养分统计

| 项目 | 平均值 | 最大值 | 最小值 | 标准差 | 变异系数 |
|---|---|---|---|---|---|
| 有机质 | 21.64 | 47.63 | 5.67 | 15.360 81 | 0.709 854 |
| 有效磷 | 10.75 | 45.32 | 2.51 | 5.071 484 | 0.471 805 8 |
| 速效钾 | 176.26 | 456.85 | 95.09 | 58.658 03 | 0.332 786 |
| pH | 8.70 | 9.09 | 8.00 | 0.176 950 1 | 0.020 332 |
| 缓效钾 | 745.15 | 980.72 | 502.02 | 96.209 531 | 0.129 114 9 |
| 全氮 | 0.92 | 2.19 | 0.33 | 0.402 134 7 | 0.438 749 9 |
| 有效硫 | 66.23 | 409.11 | 12.96 | 50.033 578 | 0.755 429 |
| 有效锰 | 12.08 | 29.58 | 7.33 | 2.430 628 | 0.201 204 |
| 有效硼 | 0.33 | 1.14 | 0.09 | 0.124 347 6 | 0.374 460 |
| 有效铁 | 1.36 | 2.70 | 0.49 | 0.332 211 | 0.244 723 |
| 有效铜 | 8.05 | 22.15 | 4.19 | 2.113 704 | 0.262 438 8 |
| 有效锌 | 1.33 | 4.61 | 0.23 | 0.557 886 | 0.419 490 1 |

　　以上各项单位：有机质、全氮为克/千克，耕层厚度为厘米，其他为毫克/千克。

　　主要种植作物以果树、玉米、杂粮为主，玉米平均亩产量为 550 千克，杂粮平均亩产 150 千克以上，果树产量在 1 500 千克/亩左右，均处于榆次区的中等水平。

### （三）主要存在问题

　　一是灌溉条件较差，干旱较为严重；二是本级耕地的微量元素的硼、铁、锌偏低，今后在施肥时应合理补充。

### （四）合理利用

　　在生产中应注重平衡施肥。中产田的养分失调，限制了作物增产，因此，要在不同区域中产田上，大力推广平衡施肥技术及秸秆还田，进一步提高耕地的增产潜力。

## 五、五 级 地

### （一）面积与分布

　　主要分布在什贴镇、东赵乡的缓坡丘陵地带，面积 116 129.18 亩，占榆次区耕地面积的 16.06%。

### （二）主要属性分析

该区域为丘陵和倾斜平原区，土壤多为褐土性土亚类。成土母质为黄土质，耕层质地为轻壤，土层深厚，有效土层厚度大于 150 厘米，耕层厚度为 18.6 厘米，土体构型为通体壤质。地下水位深，一般无灌溉，不能满足生产需求。耕地较平整，坡度 4～7°，但地面有一定的坡度，且耕地中常有雨水冲刷形成的中、小型沟壑，土壤侵蚀较为严重。pH 在 8.15～9.09，平均值为 8.63。

本级耕地土壤有机质平均含量 13.03 克/千克，有效磷平均含量为 12.55 毫克/千克，全氮平均含量为 0.70 克/千克，均属省四级水平；速效钾平均含量为 167.12 毫克/千克，均属省三级水平；微量元素有效锌平均含量为 1.22 克/千克，有效铜平均含量为 1.48 克/千克，有效硫平均含量为 75.71 克/千克，均属省三级水平；有效铁平均含量为 8.56 克/千克，有效锰平均含量为 13.10 克/千克，属省四级水平；有效硼平均含量为 0.37 克/千克，省五级水平。详见表 4-6。

表 4-6　五级地土壤养分统计

| 项目 | 平均值 | 最大值 | 最小值 | 标准差 | 变异系数 |
|---|---|---|---|---|---|
| 有机质 | 13.03 | 47.63 | 6.33 | 2.553 515 | 0.195 918 8 |
| 有效磷 | 12.55 | 42.43 | 2.51 | 5.422 371 | 0.431 986 7 |
| 速效钾 | 167.12 | 456.85 | 96.73 | 46.173 915 | 0.276 285 1 |
| pH | 8.63 | 9.09 | 8.15 | 0.167 139 | 0.019 377 4 |
| 缓效钾 | 802.07 | 1100.3 | 546.56 | 85.417 109 5 | 0.106 496 3 |
| 全氮 | 0.70 | 1.55 | 0.35 | 0.113 613 | 0.161 629 8 |
| 有效硫 | 75.71 | 216.18 | 13.82 | 42.551 657 | 0.562 035 8 |
| 有效锰 | 13.10 | 19.67 | 7.33 | 1.966 427 | 0.150 118 9 |
| 有效硼 | 0.37 | 0.97 | 0.13 | 0.101 214 2 | 0.273 884 |
| 有效铁 | 8.56 | 25.35 | 3.06 | 1.840 356 | 0.215 045 |
| 有效铜 | 1.48 | 3.56 | 0.51 | 0.382 704 | 0.259 356 |
| 有效锌 | 1.22 | 3.61 | 0.41 | 0.303 921 | 0.249 023 |

以上各项单位：有机质、全氮为克/千克，耕层厚度为厘米，其他为毫克/千克。

种植作物以玉米、杂粮为主，据调查统计，玉米平均亩产 400 千克，杂粮平均亩产 150 千克以上，效益较好。

### （三）主要存在问题

耕地土壤养分常量，微量元素为中等偏下，地下水位较深，浇水困难是影响作物产量的一个重要因素。

### （四）合理利用

改良土壤，主要措施是在增施有机肥、秸秆还田的基础上，应通过轮作倒茬，种植薯类、豆类等养地作物，改善土壤理化性质，培肥地力；在施肥上应适当增施氮肥，配合磷肥，做到平衡施肥，搞好土壤肥力协调。同时，应隔 2～3 年深耕翻，加厚活土层，抗旱保水，防蚀保土，建设高产基本农田。

# 六、六级地

## （一）面积与分布

主要分布在丘陵地区，在乌金山镇东沙沟、小峪口以北，东赵乡伽西、训峪、北山、西赵、东赵、上戈、下戈、大沟等，长凝镇闫家坪、保安寨、西见子等，庄子乡马兰、上黄彩、下黄彩以东以及北田南部的丘陵坡地均有分布，该级耕地是榆次区旱作农业的中心区，面积 105 718.15 亩，占榆次区耕地面积的 14.62%。

## （二）主要属性分析

该级耕地一般无灌溉条件，全部为旱地，大部分耕地有轻度侵蚀，多为高水平梯田、缓坡梯田，土壤类型有褐土性土、石灰性褐土；成土母质为洪积、黄土质；耕层质地为轻壤、中壤；质地构型大部分为通体壤，少数壤夹黏、壤夹砾，pH 为 8.15～9.09，平均值为 8.62，土壤容重在 1.2～1.3 克/厘米³，平均为 1.25 克/厘米³。耕层厚度平均为 17 厘米，有效土层厚度平均 100 厘米。坡度 4°～8°。

本级耕地土壤有机质平均含量 14.52 克/千克，有效磷平均含量为 11.23 毫克/千克，全氮平均含量为 0.74 克/千克，均属省四级水平；速效钾平均含量为 185.71 毫克/千克，属省三级水平；微量元素有效锌平均含量为 1.12 克/千克，属省二级水平；有效铜平均含量为 1.54 克/千克，有效硫平均含量为 71.86 克/千克，均属省三级水平；有效铁平均含量为 8.49 克/千克，有效锰平均含量为 13.32 克/千克，属省四级水平；有效硼平均含量为 0.35 克/千克，属省五级水平。详见表 4-7。

表 4-7　六级地土壤养分统计

| 项目 | 平均值 | 最大值 | 最小值 | 标准差 | 变异系数 |
|---|---|---|---|---|---|
| 有机质 | 14.52 | 47.63 | 6.99 | 8.058 304 | 0.554 817 |
| 有效磷 | 11.23 | 36.65 | 2.51 | 4.878 586 | 0.434 281 |
| 速效钾 | 185.71 | 400.71 | 98.36 | 43.403 264 | 0.233 717 |
| pH | 8.62 | 9.09 | 8.15 | 0.186 038 7 | 0.021 575 2 |
| 缓效钾 | 817.98 | 1120.23 | 537.65 | 100.259 328 | 0.122 569 |
| 全氮 | 0.74 | 1.95 | 0.38 | 0.217 796 | 0.296 268 |
| 有效硫 | 71.86 | 216.18 | 12 | 48.889 766 | 0.680 383 8 |
| 有效锰 | 13.32 | 29.58 | 8.51 | 2.128 041 2 | 0.159 754 1 |
| 有效硼 | 0.35 | 0.74 | 0.06 | 0.101 743 | 0.289 208 |
| 有效铁 | 8.49 | 16.01 | 3.87 | 1.944 763 | 0.229 070 |
| 有效铜 | 1.54 | 4.08 | 0.58 | 0.512 579 7 | 0.333 078 |
| 有效锌 | 1.12 | 2.90 | 0.26 | 0.303 597 5 | 0.272 156 7 |

以上各项单位：有机质、全氮为克/千克，耕层厚度为厘米，其他为毫克/千克。

种植作物以玉米、谷子等杂粮为主，据调查统计，玉米平均亩产 300 千克，谷子平均亩产 150 千克。

## （三）存在问题及合理利用

干旱缺水、侵蚀严重、管理粗放、广种薄收是本级耕地的主要问题。由于受地理环境影响，大部分是坡耕地，没有水利灌溉设施，同时受气候因素的制约。因此，在改良措施上，以搞好农田基本建设、防风固土、修筑地埂及生物埂，增强土壤蓄水保墒保肥能力为主要目标，增施有机肥，不断培肥土壤。

# 七、七 级 地

## （一）面积与分布

主要分布在东赵乡、庄子乡、长凝镇、什贴镇等乡（镇）的丘陵沟壑地带。面积 51 091.65 亩，占榆次区耕地面积的 7.07％。

## （二）主要属性分析

该级土壤全部为旱地，多为沟、坡耕地或梯田，土壤类型主要是褐土性土，母质为黄土质。质地多为轻壤，部分为中壤，极少数为沙壤和重壤；质地构型以通体壤为主，还有部分多砾、壤夹黏、有轻度侵蚀。一般地面坡度较大，有效土层薄，厚度平均为 50～80 厘米，耕层厚度平均为 15.0 厘米。主要种植作物以玉米、杂粮为主，产量 100～200 千克。

本级耕地土壤有机质平均值 12.66 克/千克，有效磷平均值 10.97 毫克/千克，二者均属省四级水平；速效钾平均值 193.998 毫克/千克，属省三级水平；全氮含量平均值 0.692 克/千克，属省四级水平；有效硫、有效锌、有效铜属省三级水平；有效锰、有效铁属省四级水平；有效硼属省五级水平。pH 为 8.15～8.93，平均值 8.66（表 4-8、表 4-9）。

表 4-8　七级地土壤养分统计

| 项目 | 平均值 | 最大值 | 最小值 | 标准差 | 变异系数 |
|---|---|---|---|---|---|
| 有机质 | 12.66 | 47.63 | 6.99 | 2.916 256 | 0.230 408 5 |
| 有效磷 | 10.97 | 33.77 | 3.42 | 3.680 294 7 | 0.335 412 6 |
| 速效钾 | 194.00 | 400.717 | 98.36 | 45.269 33 | 0.233 349 |
| pH | 8.66 | 8.937 | 8.15 | 0.170 976 | 0.019 747 7 |
| 缓效钾 | 829.09 | 1060.44 | 546.56 | 82.322 419 | 0.099 293 |
| 全氮 | 0.70 | 1.5 | 0.38 | 0.132 971 | 0.192 192 |
| 有效硫 | 64.38 | 193.34 | 11.30 | 50.832 35 | 0.789 593 |
| 有效锰 | 13.18 | 29.587 | 8.51 | 2.269 115 | 0.172 221 |
| 有效硼 | 0.32 | 0.71 | 0.06 | 0.102 247 | 0.319 789 |
| 有效铁 | 8.41 | 16.34 | 4.52 | 1.762 647 | 0.209 501 |
| 有效铜 | 1.41 | 4.08 | 0.54 | 0.587 022 | 0.416 587 |
| 有效锌 | 1.11 | 2.80 | 0.28 | 0.327 249 | 0.294 233 |

以上各项单位：有机质、全氮为克/千克，耕层厚度为厘米，其他为毫克/千克。

## （三）主要存在问题及合理利用

干旱缺水、肥力状况较差，应整修梯田，修筑地埂，防蚀保土，培肥地力，增强土壤蓄水保墒保肥能力，逐步提高作物产量。

表4-9 不同乡镇不同等级耕地数量统计

| 乡(镇) | 一级(亩) | 百分比(%) | 二级(亩) | 百分比(%) | 三级(亩) | 百分比(%) | 四级(亩) | 百分比(%) | 五级(亩) | 百分比(%) | 六级(亩) | 百分比(%) | 七级(亩) | 百分比(%) |
|---|---|---|---|---|---|---|---|---|---|---|---|---|---|---|
| 东阳镇 | 37 982.98 | 5.25 | 25 509.16 | 3.53 | — | — | 903.32 | 0.13 | — | — | — | — | — | — |
| 张庆乡 | 60 091.04 | 8.31 | 18 371.92 | 2.54 | 1 575.7 | 0.22 | — | — | — | — | — | — | — | — |
| 庄子乡 | — | — | 2 393.67 | 0.33 | 26 475.99 | 3.66 | 1 648.68 | 0.23 | 13 441.49 | 1.86 | 22 212.55 | 3.07 | 10 152.92 | 1.40 |
| 北田镇 | 299.89 | 0.04 | 28 518.89 | 3.94 | 21 582.42 | 2.98 | 6 590.93 | 0.91 | 650.31 | 0.09 | 571.41 | 0.08 | 6.69 | — |
| 郭家堡乡 | 950.55 | 0.13 | 19 534.79 | 2.70 | 3 620.81 | 0.50 | 5 365.23 | 0.74 | 6 046.88 | 0.84 | 1 384.86 | 0.19 | 285.38 | 0.04 |
| 什贴镇 | — | — | 254.85 | 0.04 | 4 850.33 | 0.67 | 1 895.83 | 0.26 | 65 468.87 | 9.05 | 11 755.72 | 1.63 | 1 422.82 | 0.20 |
| 东赵乡 | — | — | 2 147.09 | 0.30 | 2 698.55 | 0.37 | 11 376.83 | 1.57 | 12 832.86 | 1.77 | 20 790.06 | 2.88 | 7 992.16 | 1.11 |
| 乌金山镇 | — | — | 1 758.69 | 0.24 | 14 760.61 | 2.04 | 17 351.43 | 2.40 | 12 677.36 | 1.75 | 27 649.39 | 3.82 | 3 513.02 | 0.49 |
| 长凝镇 | 322.61 | 0.04 | 2 842.64 | 0.39 | 13 242.6 | 1.83 | 13 237.95 | 1.83 | 3 455.81 | 0.48 | 20 738.76 | 2.87 | 27 710.34 | 3.83 |
| 修文镇 | 37 167.45 | 5.14 | 17 541.99 | 2.43 | 5 500.16 | 0.76 | 1 286.87 | 0.18 | 1 370.34 | 0.19 | 381.14 | 0.05 | 8.32 | — |
| 榆次城区 | — | — | 521.59 | 0.07 | 63.75 | — | 118.5 | 0.02 | 185.29 | 0.03 | — | — | — | — |
| 开发区 | 14 255.54 | 1.97 | 10 590.18 | 1.46 | 4 651.93 | 0.64 | 10 319.33 | 1.43 | — | — | 234.26 | 0.03 | — | — |
| 合计 | 151 070.06 | 20.89 | 129 985.46 | 17.98 | 99 022.85 | 13.69 | 70 094.9 | 9.69 | 116 129.18 | 16.06 | 105 718.15 | 14.62 | 51 091.65 | 7.07 |

# 第五章　耕地土壤环境质量评价

## 第一节　农用残留地膜和肥料农药对农田的影响

### 一、农用残留地膜对农田的影响

#### （一）耕地农膜使用情况

榆次区于1980年引入地膜覆盖技术，用于棉花、西瓜等经济作物。经过10年的试验摸索，到1990年榆次区覆盖面积达到8.2万亩，覆盖作物范围不断扩大，地膜用量逐年增加，该项技术在所有经济作物和部分粮食作物中得到广泛应用。2011年，地膜覆盖面积约为20万亩，地膜使用量达946吨。地膜种类以透明膜为主，部分瓜菜应用黑色膜。使用作物包括蔬菜、瓜类、薯类、棉花等经济作物和糯玉米等粮食作物。地膜覆盖种植模式以单作为主，辅之以玉米和瓜菜套种。铺设地膜地形以平地和缓坡地为主，铺设起止时间一般为当茬作物整个生育期，例如西瓜为当年4月至8月底，辣椒为5月至11月底。

#### （二）农用残留地膜的危害

农用残留地膜是农业生产中应用地膜覆盖栽培技术残留在田间的塑料薄膜。所谓地膜覆盖栽培，就是用薄型家用塑料薄膜做地面或近地面覆盖材料进行农作物保护栽培。这项技术由于投资不大，操作简单，增产显著，产投比高，经济效益好，因此发展很快，地膜对农业增产发挥了巨大的作用。由于目前使用的地膜是一种高分子聚合物，在自然条件下很难分解，为此，长时间的地膜覆盖，会在土壤中造成残留，对农业生态环境造成较大的危害。耕地中残留地膜的危害主要有以下几个方面：

**1. 破坏土壤的结构，影响耕地质量和土壤的通透性**　据研究，残膜对土壤容重、含水量、孔隙度等都有明显影响，其中与土壤含水量、孔隙度呈显著的负相关性，与土壤容重有显著正相关性。

**2. 造成化学污染**　由于目前使用的地膜主要由聚乙烯化合物组成，在制造过程中，需加一种增塑剂邻苯二甲酸二丁酯，这种物质的毒性很大，并有明显的富集作用。由于残破地膜不能自行分解，回收困难，多次覆盖后残存在土壤中的废膜对耕层土壤会造成污染危害。

**3. 农膜对粮食作物的污染**　污染相对简单，主要是根系不发达、植株不发达、植株高低不齐，严重时可导致作物缺苗，影响严重。蔬菜受薄膜中邻苯二甲酸二异丁酯危害的典型症状是失绿，叶片黄化或皱缩卷曲。如敏感的小油菜、菜花、甘蓝、水萝卜、黄瓜和番茄等，表现新叶及嫩梢成黄白色，老叶和子叶边缘变黄，叶小而薄，生长弱，严重时逐渐干枯死亡；辣椒、莴苣、芹菜和丝瓜受害较重时，叶褪色呈绿黄色，嫩叶上有少数焦斑，叶片皱缩卷曲，生长弱，菠菜、韭菜、蒜和芸豆则叶色无明显变化，叶片皱缩或叶尖发黄，生长略受抑制。一般在薄膜覆盖后6～10天即出现受害症状，从叶梢新叶开始向下蔓延，覆盖时间长、温度高、湿度大、苗龄小和通风不良则受害重。

邻苯二甲酸二异丁酯的毒害作用主要是破坏叶绿素和阻碍叶绿素的形成。白菜切片观察，曾发现受害叶细胞内叶绿素明显减少甚至缺乏叶绿素，所以影响光合作用，生长缓慢，株形矮化纤细，严重者甚至死亡。邻苯二甲酸二异丁酯还具有亲水性，在薄膜内壁水珠中可含万分之一至万分之二，水滴接触叶片，即可产生直接危害，在叶片形成黄色网斑，斑内叶肉变薄发白，最后细胞坏死干枯。

## 二、肥料对农田的影响

### （一）耕地肥料施用量

2011 年，榆次区化肥实物施用总量为 37 582 吨，其中氮肥 13 526 吨，磷肥 8 146 吨，钾肥 3 211 吨，复合肥 12 699 吨。大田作物主要为玉米、小麦、蔬菜、果树，从调查情况看，玉米平均亩施纯氮 9.5 千克，五氧化二磷 3.5 千克，氧化钾 0.5 千克；小麦全生育期平均亩施纯氮 12.6 千克，五氧化二磷 9.3 千克，氧化钾 2.5 千克；蔬菜全生育期平均亩施纯氮 18.4 千克，五氧化二磷 8.0 千克，氧化钾 10.5 千克；果树全生育期平均亩施纯氮 15.0 千克，五氧化二磷 4.5 千克，氧化钾 6.5 千克。化肥品种主要为尿素、普钙、硫酸钾、磷二铵、硝酸磷肥以及其他二元、三元复合（混）肥等；有机肥有人粪尿、各种畜禽肥、饼肥等。

### （二）施肥对农田的影响

在农业增产的诸多措施中，施肥是最有效、最重要的措施之一。无论施用化肥还是有机肥，都给土壤与作物带来大量的营养元素。特别是氮、磷、钾等化肥的施用，极大地增加了农作物的产量。可以说化肥的施用不仅是农业生产由传统向现代转变的标志，而且是农产品从数量和质量上提高和突破的根本。施肥能增加农作物产量，施肥能改善农产品品质，施肥能提高土壤肥力，改良土壤，合理施肥是农业减灾中一项重要措施，合理施肥可以改善环境、净化空气。施肥的种种功能已逐渐被世人认识。但是，由于肥料生产管理不善，施肥用量、施肥方法不当而造成土壤、空气、水质、农产品的污染也越来越引起人们的关注。

目前肥料对农业环境的污染主要表现在四个方面：肥料对土壤的污染，肥料对空气的污染，肥料对水源的污染，肥料对农产品的污染。

**1. 肥料对土壤的污染**

（1）肥料对土壤的化学污染：许多肥料的制作、合成均是由不同的化学反应而形成的，属于化学产品。它们的某些产品特性由生产工艺所决定，具有明显的化学特征，它们所造成的污染均为化学污染。如一些过酸、过碱、过盐、无机盐类，含有有毒有害矿物质制成的肥料，使用不当，极易造成土壤污染。

一些肥料本身含有放射性元素，如磷肥、含有稀土、生长激素的叶面肥料等，放射性元素含量如超过国家规定的标准不仅污染土壤，还会造成农产品污染，殃及人类健康。土壤被放射性物质污染后，通过放射性衰变，能产生 α、β、γ 射线。这些射线能穿透人体组织，使机体的一些组织细胞死亡。这些射线对机体既可造成外照射损伤，又可通过饮食或吸收进入人体，造成内照射损伤，使受害人头昏、疲乏无力、脱发、白细胞减少或增多、癌变等。

还有一些矿粉肥、矿渣肥、垃圾肥、叶面肥、专用肥、微肥等肥料中均不同程度地含某些有毒有害的物质，如常见的有砷、镉、铅、铬、汞等，俗称"五毒元素"，它们不仅在土壤环境中容易富集，而且还非常容易在植株体内、人体内造成积累，影响作物生长和人类健康。如土壤中汞含量过高，会抑制夏谷的生长发育，使其株高、叶面积、干物重及产量降低。这些肥料大量的施用会造成土壤耕地重金属的污染。土壤被有毒化学物质污染后，对人体所产生的影响大部分是间接的，主要通过农作物、地面水或地下水对人体产生负面影响。

（2）肥料对土壤的生物性污染：未经无害化处理的人畜粪尿、城市垃圾、食品工业废渣、污水污泥等有机废弃物制成的有机肥料或一些微生物肥料直接施入农田会使土壤受到病原体和杂菌的污染。这些病原体包括各种病毒、病菌、有害杂菌，甚至一些大肠杆菌、寄生虫卵等，它们在土壤中生存时间较长，如痢疾杆菌能在土壤中生存 22~142 天，结核杆菌能生存 1 年左右，蛔虫卵能生存 315~420 天，沙门氏菌能生存 35~70 天等。它们可以通过土壤进入植物体内，使植株产生病变，影响其正常生长或通过农产品进入人体，给人类健康造成危害。

还有一些粪便是一些病虫害的诱发剂，如鸡粪直接施入土壤，极易诱发地老虎，进而造成对植物根系的破坏。此外，被有机废弃物污染的土壤，是蚊蝇孳生和鼠类繁殖的场所，不仅带来传染病，还能阻塞土壤孔隙，破坏土壤结构，影响土壤的自净能力，危害作物正常生长。

（3）肥料对土壤的物理污染：土壤的物理污染易被忽视。其实肥料对土壤的物理污染经常可见。如生活垃圾、建筑垃圾未经分类处理或无害化处理制成的有机肥料中含有大量金属碎片、玻璃碎片、砖瓦水泥碎片、塑料薄膜、橡胶、废旧电池等不易腐烂物品，进入土壤后不仅影响土壤结构性、保水保肥性、土壤耕性，甚至使土壤质量下降、农产品数量锐减、品质下降，严重者使生态环境恶化。据统计城市人均一天产生 1 千克左右的生活垃圾，这些生活垃圾中有 1/3 物质不易腐烂，若将这些垃圾当作肥料直接施入土壤，那将是巨大的污染源。

**2. 肥料对水体的污染**　海洋赤潮，是当今国家研究的重大课题之一。国家环保局 1999 年中国环境状况公告：我国近岸海域海水污染严重，1999 年，中国海域共记录到 15 起赤潮。赤潮的频繁发生引起了政府与科学界的极大关注。赤潮的主要污染因子是无机氮和活性磷酸盐。氮、磷、碳、有机物是赤潮微生物的营养物质，为赤潮微生物的系列繁殖提供了物质基础。铁、锰等物质的加入又可以诱发赤潮微生物的繁殖。所以，施肥不当是加速这一过程的重要因素。

在肥料氮、磷、钾三要素中，磷、钾在土壤中极易被吸附或固定，而氮肥易被淋失，所以施肥对水体的污染主要是氮肥的污染。地下水中硝态氮含量的提高与施肥有着密切关系。我国的地下水多数由地表水作为补给水源，地表水污染，势必会影响到地下水水质，地下水受污染后，要恢复是十分困难的。

**3. 施肥对大气的污染**　施用化肥所造成的大气污染物主要有 $NH_3$、$NO_x$、$CH_4$、恶臭及重金属微粒、病菌等。在化肥中，氮肥碳酸氢铵中有氨的成分。氨是极易发挥的气态物质，喷施、撒施或覆土较浅时均易造成氨的挥发，从而造成空气中氨的污染。$NH_3$ 受光照射或硝化作用生成 $NO_x$，$NO_x$ 是光污染物质，其危害更为严重。

叶面肥和一些植物生长调节剂不同程度地含有一些重金属元素，如镉、铅、镍、铬、锰、汞、砷、氟等，虽然它们的浓度很低，但通过喷施散发在大气中，直接造成大气的污染，危害人类。

有机肥或堆沤肥中的恶臭、病原微生物或者直接散发出让人头晕眼花的气体或附着在灰尘微粒上对空气造成污染。

这些大气污染物不仅对人体眼睛、皮肤有刺激作用，其臭味可引起感官性状的不良反应，还会降低大气能见度，减弱太阳辐射强度，破坏绿色，腐蚀建筑物，恶化居民生活环境，影响人体健康。

**4. 施肥对农产品的污染** 施肥对农产品的污染首先是表现在不合理施肥致使农产品品质下降，出口受阻，削弱了我国农产品在国际市场的竞争力。被污染的农产品还会以食物链传递的形式危害人类健康。

随着化肥用量的逐年增加和不合理搭配，农产品品质普遍呈下降趋势。如粮食中重金属元素超标、瓜果的含糖量下降、苹果的苦痘病、番茄的脐腐病的发病率上升，棉麻纤维变短，蔬菜中硝酸盐、亚硝酸盐的污染日趋严重，食品的加工、贮存性变差。

施肥对农产品污染的另一个表现是其对农产品生物特性的影响。肥料中的一些生物污染物在污染土壤、大气、水体的同时也会感染农作物，使农作物各种病虫害频繁发生，严重影响了农作物的正常生长发育，致使产量锐减、品种下降。

从榆次区目前施肥品种和数量来看，蔬菜生产上存在的施肥数量多、施肥比例不合理及施肥方式不正确等问题比较严重，因而造成蔬菜品质下降、地下水水质污染、土壤质量变差等环境问题。

## 三、农药对农田的影响

### （一）农药施用品种及数量

2011 年，榆次区使用农药总量为 337 吨。主要有以下几个种类：有机磷类农药，氨基甲酸酯类农药，菊酯类农药，杀虫、杀螨剂，杀菌剂，除草剂，植物生长调节剂。

### （二）农药对农田质量的影响

农药是防治病虫害和控制杂草的重要手段，也是控制某些疾病的病媒昆虫（如蚊、蝇等）的重要药剂。但长期和大量使用农药，也造成了广泛的环境污染。农药污染对农田环境与人体健康的危害，已逐渐引起人们的重视。

当前使用的农药，按其作用来划分，有杀虫剂、杀菌剂和除草剂等，按其化学组成划分，有有机氯、有机磷、有机汞、有机砷和氨基甲酸酯等几大类。由于农药种类多，用量大，农药污染已成为环境污染的一个重要方面。

**1. 对环境的污染** 农药是一种微量的化学环境污染物，它的使用对空气、土壤和水体造成污染。

**2. 对健康的危害**　环境中的农药，可通过消化道、呼吸道和皮肤等途径进入人体，对人类健康产生各种危害。

**3. 榆次区农药使用所造成的主要环境问题**　榆次区蔬菜、果树种植面积大，施用农药品种杂、数量多，因而造成的环境问题也较多，归纳起来，主要有以下 5 种：

（1）农药施入大田后直接污染土壤，造成土壤农残污染。

（2）造成地下水的污染。

（3）造成农产品质量降低。

（4）破坏大田内生态系统的稳定与平衡。

（5）对土壤微生物群落形成一定程度的抑制作用。

# 第二节　耕地土壤重金属含量状况

## 一、耕地重金属含量情况

根据榆次区实际情况，在全区范围内，均匀布置 36 个点位，进行耕地质量调查。

从不同点位的重金属含量测定结果看，铅的平均值为 21.28 毫克/千克，最大值为 26.10 毫克/千克，所有点位均符合土壤环境质量的二级标准；镉的平均值为 0.12 毫克/千克，最大值为 0.21 毫克/千克，所有点位均符合土壤环境质量的二级标准；汞的平均值为 0.13 毫克/千克，最大值为 0.40 毫克/千克，所有点位均符合土壤环境质量的二级标准；砷的平均值为 9.80 毫克/千克，最大值为 13.86 毫克/千克，所有点位均符合土壤环境质量的二级标准；铬的平均值为 92.05 毫克/千克，最大值为 111.50 毫克/千克，所有点位均符合土壤环境质量的二级标准。详见表 5-1。

表 5-1　榆次区土壤重金属含量统计结果

| 项　目 | 平均值（毫克/千克） | 最大值（毫克/千克） | 最小值（毫克/千克） | 标准差（毫克/千克） | 变异系数（%） | 汇总点数（个） |
|---|---|---|---|---|---|---|
| 镉 | 0.12 | 0.21 | 0.08 | 0.05 | 27.5 | 36 |
| 铬 | 92.05 | 111.50 | 70.60 | 5.31 | 22.8 | 36 |
| 砷 | 9.80 | 13.86 | 7.14 | 1.06 | 25.3 | 36 |
| 汞 | 0.13 | 0.40 | 0 | 0.01 | 18.7 | 36 |
| 铅 | 21.28 | 26.10 | 17.10 | 2.85 | 18.7 | 36 |
| 铜 | 15.73 | 28.80 | 9.70 | 1.63 | 20.3 | 36 |
| 锌 | 93.05 | 123.50 | 33.10 | 6.2 | 21.5 | 36 |
| 镍 | 23.83 | 33.10 | 17.50 | 4.27 | 15.3 | 36 |
| pH | 8.58 | 8.97 | 8.18 | 0.25 | 14.7 | 36 |

本次调查结果表明，大田土壤的铅、镉、铬等 10 项指标均低于我国土壤环境质量的二级标准，本文主要以铅、镉、汞、砷、铬五种元素来阐述榆次区目前的土壤污染状况。

## 二、分布规律及主要特征

### （一）铅

榆次区土壤铅含量最大值 26.10 毫克/千克，分布在修文镇王都村，耕地性质是旱田；最小值 17.10 毫克/千克，分布在东阳镇德音村，属于菜田。

不同性质土壤含铅量平均值顺序为：旱田（21.82 毫克/千克）＞果园（20.90 毫克/千克）＞菜田（20.76 毫克/千克）。详见表 5-2。

表 5-2　榆次区土壤重金属铅含量统计结果

| 项　目 | 平均值<br>（毫克/千克） | 最大值<br>（毫克/千克） | 最小值<br>（毫克/千克） | 标准差<br>（毫克/千克） | 变异系数<br>（%） | 汇总点数<br>（个） |
|---|---|---|---|---|---|---|
| 旱田 | 21.82 | 26.10 | 18.20 | 2.14 | 12.3 | 16 |
| 果园 | 20.90 | 25.80 | 18.70 | 1.97 | 13.5 | 12 |
| 菜田 | 20.76 | 25.30 | 17.10 | 2.02 | 14.3 | 8 |

### （二）镉

榆次区土壤镉元素含量最大值为 0.207 毫克/千克，分布于张庆乡弓村一带，土地性质是旱田；最小值为 0.082 毫克/千克，分布在庄子乡庄子村，耕地性质是果园。

不同性质土壤镉含量平均值顺序为：旱田（0.130 8 毫克/千克）＞菜田（0.128 6 毫克/千克）＞果园（0.107 7 毫克/千克）。详见表 5-3。

表 5-3　榆次区土壤重金属镉含量统计结果

| 项　目 | 平均值<br>（毫克/千克） | 最大值<br>（毫克/千克） | 最小值<br>（毫克/千克） | 标准差<br>（毫克/千克） | 变异系数<br>（%） | 汇总点数<br>（个） |
|---|---|---|---|---|---|---|
| 旱田 | 0.130 8 | 0.207 0 | 0.084 0 | 0.01 | 15.30 | 16 |
| 菜田 | 0.128 6 | 0.160 0 | 0.094 0 | 0.02 | 16.52 | 8 |
| 果园 | 0.107 7 | 0.196 0 | 0.082 0 | 0.01 | 15.21 | 12 |

### （三）汞

榆次区土壤汞元素含量最大值为 0.396 毫克/千克，分布在张庆乡张庆村，土地性质是旱田；最小值为 0 毫克/千克，分布在东阳镇西阳村，耕地性质是菜田。

不同性质土壤的汞含量平均值顺序为：果园（0.158 2 毫克/千克）＞旱田（0.126 6 毫克/千克）＞菜田（0.088 5 毫克/千克）。详见表 5-4。

表 5-4 榆次区土壤汞含量统计结果

| 项目 | 平均值<br>(毫克/千克) | 最大值<br>(毫克/千克) | 最小值<br>(毫克/千克) | 标准差<br>(毫克/千克) | 变异系数<br>(%) | 汇总点数<br>(个) |
|---|---|---|---|---|---|---|
| 果园 | 0.158 2 | 0.194 0 | 0.090 0 | 0.01 | 16.3 | 12 |
| 旱田 | 0.126 6 | 0.396 0 | 0.014 5 | 0.03 | 13.7 | 16 |
| 菜田 | 0.088 5 | 0.133 0 | 0 | 0.02 | 12.5 | 8 |

## (四) 砷

榆次区土壤中砷含量情况是,最大值为 13.86 毫克/千克,位于张庆乡弓村,土地性质是旱田;最小值为 7.14 毫克/千克,分布在东阳镇西阳村,耕地性质是菜田。

不同性质土壤的砷含量平均值顺序为:果园 (10.57 毫克/千克) >旱田 (9.70 毫克/千克) >菜田 (8.87 毫克/千克)。详见表 5-5。

表 5-5 榆次区土壤砷含量统计结果

| 项目 | 平均值<br>(毫克/千克) | 最大值<br>(毫克/千克) | 最小值<br>(毫克/千克) | 标准差<br>(毫克/千克) | 变异系数<br>(%) | 汇总点数<br>(个) |
|---|---|---|---|---|---|---|
| 果园 | 10.57 | 13.36 | 8.96 | 1.06 | 16.4 | 12 |
| 旱田 | 9.70 | 13.86 | 7.44 | 0.92 | 17.1 | 16 |
| 菜田 | 8.87 | 10.49 | 7.14 | 1.11 | 13.5 | 8 |

## (五) 铬

榆次区土壤所测各点位的铬含量均小于土壤环境质量的二级标准,最大值为 111.50 毫克/千克,在东阳镇车辋村,土地性质为菜田;最小值为 70.60 毫克/千克,在东阳镇东阳村。

不同性质土壤的铬含量平均值顺序为:果园 (93.39 毫克/千克) >旱田 (91.82 毫克/千克) >菜田 (90.51 毫克/千克)。详见表 5-6。

表 5-6 榆次区土壤重金属铬含量统计结果

| 项目 | 平均值<br>(毫克/千克) | 最大值<br>(毫克/千克) | 最小值<br>(毫克/千克) | 标准差<br>(毫克/千克) | 变异系数<br>(%) | 汇总点数<br>(个) |
|---|---|---|---|---|---|---|
| 果园 | 93.39 | 109.10 | 84.40 | 3.26 | 9.7 | 12 |
| 旱田 | 91.82 | 107.60 | 71.00 | 5.43 | 11.5 | 16 |
| 菜田 | 90.51 | 111.50 | 70.60 | 6.34 | 12.4 | 8 |

# 三、重金属污染的主要危害

榆次区耕地土壤中主要重金属污染元素为镉、铅 2 种。

镉是有毒元素,其单质毒性较低,但其化合物的毒性很强,并有致畸致癌作用。植物可吸收和富集土壤中的镉，使动物和植物食品中的镉含量增高。

铅是蓄积性毒物，人体大量摄入可引起"铅中毒"，其化合物毒性大。中毒后早期表现为类似神经衰弱的症状，典型者有肠绞痛、贫血和肌肉瘫痪，也可累及肾脏，严重者可发生脑病，威胁生命。

## 第三节　耕地水环境质量评价

根据本区水源水系分布及污染源分布状况，共采集 12 个样点。重点选测 pH、汞、砷、镉、铬、铜、锌 7 个项目。

## 一、分析结果

榆次区灌溉水样分析结果。见表 5-7。

**表 5-7　榆次区灌溉水样测定结果**

单位：毫克/千克

| 取样地点及测试项目 | 镉 | 汞 | 砷 | 铜 | 锌 | 镍 | 铬 | pH |
|---|---|---|---|---|---|---|---|---|
| 东阳镇王寨村 | 0.000 56 | 0.2 | 0 | 0.007 6 | 0.028 | 0.000 048 | 0.004 1 | 7.73 |
| 东阳镇北席村 | 0.000 7 | 0.1 | 0 | 0.005 2 | 0.015 | 0.000 024 | 0.009 9 | 7.96 |
| 东阳镇车辋村 | 0 | 0.1 | 0 | 0.000 89 | 0.14 | 0.000 018 | 0.002 | 8.04 |
| 修文镇褚村 | 0.000 35 | 0.1 | 0 | 0.002 3 | 0.019 | 0.000 037 | 0.004 9 | 7.75 |
| 修文镇王都村 | 0 | 0.1 | 0 | 0.000 57 | 0.009 5 | 0.000 068 | 0.003 8 | 7.59 |
| 修文镇陈胡村 | 0 | 0.1 | 0 | 0.000 48 | 0.004 3 | 0.000 059 | 0.004 4 | 7.55 |
| 北田镇豆腐庄 | 0 | 0.1 | 0 | 0.001 | 0.074 | 0.000 047 | 0.003 3 | 7.93 |
| 北田镇杨梁村 | 0 | 0.2 | 0 | 0.000 62 | 0.004 7 | 0.000 067 | 0.002 | 7.79 |
| 北田镇北田村 | 0 | 0.2 | 0 | 0.000 22 | 0.006 9 | 0.000 051 | 0.001 5 | 7.49 |
| 庄子乡牛村 | 0 | 0.1 | 0 | 0.000 57 | 0.028 | 0.000 012 | 0.002 | 7.74 |
| 庄子乡紫坑村 | 0.000 37 | 0 | 0 | 0.006 2 | 0.012 | 0.000 028 | 0.006 8 | 8.09 |
| 庄子乡庄子村 | 0.000 13 | 0 | 0 | 0.000 68 | 0.014 | 0.000 067 | 0.002 | 7.65 |

注：水源类型均为浅井。

## 二、评价模式

采用单项污染指数和综合污染指数进行评价，评价模式为：

单项污染指数：

$$p_i = \frac{c_i}{s_i}$$

式中：$p_i$——环境中污染物 $i$ 的单项污染指数；

$c_i$——环境中污染物 $i$ 的实测数据；

$s_i$——污染物 $i$ 的评价标准。

若某项污染因子检测结果为"未检出"，则按检出限的 1/2 计算单项污染指数。

pH 单项污染指数计算方法为：

$$\text{pH} = \frac{\text{实际值} - \text{标准平均值}}{\text{标准最大值} - \text{标准平均值}}$$

Nemerow 综合指数：

$$P_{\text{综}} = \sqrt{\left[ (c_i/s_i)_{\max}^2 + (c_i/s_i)_{\text{ave}}^2 \right] / 2}$$

式中：$P_{\text{综}}$——综合污染指数；

$(c_i/s_i)_{\max}^2$——污染指数最大值；

$(c_i/s_i)_{\text{ave}}^2$——污染指数平均值。

## 三、评价参数与评价标准

评价参数与评价标准采用 GB 5084—92《农田灌溉水质量标准》中规定的浓度限值，具体见表 5-8。分级标准按 NY/T 396—2000《用水源环境质量监测技术规范》中水质分级标准进行划分，见表 5-9。

表 5-8  农田灌溉水中各项污染物的浓度限值

| 测定项目 | 元素含量 | 测定项目 | 元素含量 |
|---|---|---|---|
| pH | 5.5～8.5 | 全氮（克/升） | 30 |
| 总镉（毫克/升） | 0.005 | 全磷（克/升） | 10 |
| 六价铬（毫克/升） | 0.10 | 氰化物（毫克/升） | 0.5 |
| 总砷（毫克/升） | 0.10 | 氟化物（毫克/升） | 3 |
| 总汞（毫克/升） | 0.001 | 硫化物（毫克/升） | 1 |
| 总铅（毫克/升） | 0.1 | 化学耗氧量（毫克/升） | 300 |
| 总铜（毫克/升） | 1.00 | 全盐量（克/升） | 1 |
| 总锌（毫克/升） | 2.00 | — | — |

表 5-9  水质分级标准

| 等级划分 | 综合污染指数 | 污染程度 | 污染水平 |
|---|---|---|---|
| 1 | ≤0.5 | 清洁 | 清洁 |
| 2 | 0.5～1.0 | 尚清洁 | 标准限量内 |
| 3 | ≥1.0 | 污染 | 超出警戒水平 |

## 四、评价结果与分析

榆次区灌溉水样评价结果见表 5-10。

表 5 - 10　榆次区灌溉水样评价结果

| 评价项目 | $P_镉$ | $P_汞$ | $P_砷$ | $P_铜$ | $P_锌$ | $P_铬$ | $P_{pH}$ |
|---|---|---|---|---|---|---|---|
| 污染等级 | 清洁 | 超出警戒水平 | 清洁 | 清洁 | 清洁 | 清洁 | 标准限量内 |
| 取样地点及综污指数 | 0.14 | 160.72 | 0.5 | 0.005 6 | 0.028 2 | 0.075 2 | 0.611 6 |
| 东阳镇王寨村 | 0.112 | 200 | 0.5 | 0.007 6 | 0.014 | 0.041 | 0.486 7 |
| 东阳镇北席村 | 0.14 | 100 | 0.5 | 0.005 2 | 0.007 5 | 0.099 | 0.640 0 |
| 东阳镇车辋村 | 0 | 100 | 0.5 | 0.000 89 | 0.07 | 0.02 | 0.693 3 |
| 修文镇褚村 | 0.07 | 100 | 0.5 | 0.002 3 | 0.009 5 | 0.049 | 0.500 0 |
| 修文镇王都村 | 0 | 100 | 0.5 | 0.000 57 | 0.004 8 | 0.038 | 0.393 3 |
| 修文镇陈胡村 | 0 | 100 | 0.5 | 0.000 48 | 0.002 2 | 0.044 | 0.366 7 |
| 北田镇豆腐庄 | 0 | 100 | 0.5 | 0.001 | 0.037 | 0.033 | 0.620 0 |
| 北田镇杨梁村 | 0 | 200 | 0.5 | 0.000 62 | 0.002 4 | 0.02 | 0.526 7 |
| 北田镇北田村 | 0 | 200 | 0.5 | 0.000 22 | 0.003 5 | 0.015 | 0.326 7 |
| 庄子乡牛村 | 0 | 100 | 0.5 | 0.000 57 | 0.014 | 0.02 | 0.493 3 |
| 庄子乡紫坑村 | 0.074 | 0 | 0.5 | 0.006 2 | 0.006 | 0.068 | 0.726 7 |
| 庄子乡庄子村 | 0.026 | 0 | 0.5 | 0.000 68 | 0.007 | 0.02 | 0.433 3 |

从表 5 - 10 可以看出，12 个采样点的砷、镉、铬、铜、锌 5 项指标均处于清洁级水平，而 pH 则处于标准限量内的尚清洁水平，汞则远远超出了警戒水平，污染程度严重。

# 第四节　耕地土壤环境综合评价

## 一、分析结果

榆次区土壤污染物分析结果见表 5 - 11。

表 5 - 11　榆次区土壤污染物实测含量

单位：毫克/千克

| 取样地点 | 铅 | 镉 | 汞 | 砷 | 铬 |
|---|---|---|---|---|---|
| 东阳镇东阳村 | 21.80 | 0.113 | 0.065 | 7.74 | 70.60 |
| 东阳镇西阳村 | 19.70 | 0.139 | 0 | 7.14 | 100.40 |
| 东阳镇庞志村 | 21.40 | 0.135 | 0.094 | 9.84 | 91.40 |
| 东阳镇车辋村 | 22.30 | 0.157 | 0.104 | 9.61 | 92.40 |
| 东阳镇王寨村 | 25.30 | 0.099 | 0.133 | 10.49 | 78.10 |
| 东阳镇北席村 | 20.30 | 0.16 | 0.103 | 8.22 | 109.00 |
| 东阳镇车辋村 | 18.20 | 0.132 | 0.133 | 8.29 | 111.50 |

（续）

| 取样地点 | 铅 | 镉 | 汞 | 砷 | 铬 |
|---|---|---|---|---|---|
| 东阳镇德音村 | 17.10 | 0.094 | 0.076 | 9.60 | 70.70 |
| 修文镇陈侃村 | 19.50 | 0.149 | 0.098 | 9.36 | 100.20 |
| 修文镇褚村 | 21.20 | 0.103 | 0.086 | 7.44 | 94.90 |
| 修文镇西白村 | 21.60 | 0.108 | 0.094 | 9.32 | 91.40 |
| 修文镇王都村 | 26.10 | 0.129 | 0.166 | 8.43 | 98.70 |
| 修文镇陈胡村 | 20.40 | 0.099 | 0.094 | 9.72 | 89.80 |
| 修文镇述巴村 | 19.40 | 0.091 | 0.104 | 10.26 | 86.50 |
| 修文镇南疃村 | 23.50 | 0.163 | 0.114 | 9.55 | 71.00 |
| 修文镇胡乔营 | 23.80 | 0.148 | 0.112 | 10.06 | 95.20 |
| 张庆乡张庆村 | 24.80 | 0.112 | 0.396 | 8.82 | 93.10 |
| 张庆乡杨村 | 18.20 | 0.153 | 0.105 | 10.88 | 102.70 |
| 张庆乡怀仁村 | 24.20 | 0.084 | 0.191 | 8.80 | 91.40 |
| 张庆乡西长寿 | 21.10 | 0.127 | 0.1 | 9.63 | 78.80 |
| 张庆乡王郝村 | 20.80 | 0.117 | 0.112 | 9.98 | 88.40 |
| 张庆乡马村 | 19.50 | 0.11 | 0.083 | 11.21 | 83.00 |
| 张庆乡弓村 | 20.10 | 0.207 | 0.102 | 13.86 | 107.60 |
| 张庆乡永康村 | 24.90 | 0.193 | 0.068 | 7.91 | 96.40 |
| 北田镇张胡村 | 25.80 | 0.084 | 0.172 | 8.96 | 94.10 |
| 北田镇小赵村 | 18.80 | 0.116 | 0.182 | 9.79 | 84.40 |
| 北田镇北田村 | 20.20 | 0.114 | 0.187 | 11.43 | 109.10 |
| 北田镇豆腐庄 | 20.00 | 0.101 | 0.18 | 10.01 | 87.50 |
| 北田镇杨梁村 | 19.80 | 0.12 | 0.109 | 12.90 | 101.00 |
| 北田镇东双村 | 18.70 | 0.094 | 0.189 | 13.36 | 84.50 |
| 庄子乡庄子村 | 19.50 | 0.082 | 0.194 | 9.18 | 91.00 |
| 庄子乡庄子村 | 22.90 | 0.09 | 0.167 | 10.97 | 85.50 |
| 庄子乡牛村 | 21.00 | 0.084 | 0.09 | 9.45 | 92.00 |
| 庄子乡牛村 | 22.80 | 0.196 | 0.169 | 10.41 | 104.70 |
| 庄子乡紫坑村 | 20.00 | 0.098 | 0.137 | 10.45 | 101.90 |
| 庄子乡紫坑村 | 21.30 | 0.113 | 0.122 | 9.89 | 85.00 |

## 二、评价模式

采用单项污染指数和综合污染指数进行评价，评价模式为：

单项污染指数：

$$p_i = \frac{c_i}{s_i}$$

式中：$p_i$——环境中污染物 $i$ 的单项污染指数；

$c_i$——环境中污染物 $i$ 的实测数据；

$s_i$——污染物 $i$ 的评价标准。

若某项污染因子检测结果为"未检出"，则按检出限的 1/2 计算单项污染指数。

Nemerow 综合指数：

$$P_{综} = \sqrt{\left[ (c_i/s_i)^2_{max} + (c_i/s_i)^2_{ave} \right] /2}$$

式中：$P_{综}$——综合污染指数；

$(c_i/s_i)^2_{max}$——污染指数最大值；

$(c_i/s_i)^2_{ave}$——污染指数平均值。

# 三、评价参数与评价标准

评价参数与评价标准采用中华人民共和国国家标准 GB 15618—1995　土壤环境质量标准　二级标准。土壤中污染物最高允许浓度限值见表 5-12，土壤污染分级标准见表 5-13。

表 5-12　土壤中各项污染物的浓度限值

单位：毫克/千克

| pH | 汞 | 镉 | 铅 | 砷 | 铬 |
|---|---|---|---|---|---|
| pH＜6.5 | 0.3 | 0.3 | 250 | 40 | 150 |
| pH 6.5～7.5 | 0.5 | 0.6 | 300 | 30 | 200 |
| pH＞7.5 | 1 | 0.6 | 350 | 25 | 250 |

表 5-13　土壤污染分级标准

| 等级划分 | 综合污染指数 | 污染等级 | 污染水平 |
|---|---|---|---|
| 1 | $P_{综} \leqslant 0.7$ | 安全 | 清洁 |
| 2 | $0.7 < P_{综} \leqslant 1.0$ | 警戒级 | 尚清洁 |
| 3 | $1.0 < P_{综} \leqslant 2.0$ | 轻污染 | 土壤污染物超过背景值视为轻污染，作物开始受污染 |
| 4 | $2.0 < P_{综} \leqslant 3.0$ | 中度污染 | 土壤、作物均受到中度污染 |
| 5 | $P_{综} > 3.0$ | 重污染 | 土壤、作物受到污染已相当严重 |

# 四、评价结果与分析

榆次区土壤污染物评价结果见表 5-14。

表 5-14　榆次区土壤污染物评价结果

| 评价项目 | $P_{铅}$ | $P_{镉}$ | $P_{汞}$ | $P_{砷}$ | $P_{铬}$ |
|---|---|---|---|---|---|
| 污染等级 | 安全 | 安全 | 安全 | 安全 | 安全 |

（续）

| 评价项目 | $P_{铅}$ | $P_{镉}$ | $P_{汞}$ | $P_{砷}$ | $P_{铬}$ |
|---|---|---|---|---|---|
| 取样地点及综合指数 | 0.07 | 0.29 | 0.30 | 0.48 | 0.41 |
| 东阳镇东阳村 | 0.06 | 0.19 | 0.07 | 0.31 | 0.28 |
| 东阳镇西阳村 | 0.06 | 0.23 | 0 | 0.29 | 0.40 |
| 东阳镇庞志村 | 0.06 | 0.23 | 0.09 | 0.39 | 0.37 |
| 东阳镇车辋村 | 0.06 | 0.26 | 0.10 | 0.38 | 0.37 |
| 东阳镇王寨村 | 0.07 | 0.17 | 0.13 | 0.42 | 0.31 |
| 东阳镇北席村 | 0.06 | 0.27 | 0.10 | 0.33 | 0.44 |
| 东阳镇车辋村 | 0.05 | 0.22 | 0.13 | 0.33 | 0.44 |
| 东阳镇德音村 | 0.05 | 0.16 | 0.08 | 0.38 | 0.28 |
| 修文镇陈侃村 | 0.06 | 0.25 | 0.10 | 0.37 | 0.40 |
| 修文镇褚村 | 0.06 | 0.17 | 0.09 | 0.30 | 0.38 |
| 修文镇西白村 | 0.06 | 0.18 | 0.09 | 0.36 | 0.37 |
| 修文镇王都村 | 0.07 | 0.22 | 0.17 | 0.34 | 0.39 |
| 修文镇陈胡村 | 0.06 | 0.17 | 0.09 | 0.39 | 0.36 |
| 修文镇述巴村 | 0.06 | 0.15 | 0.10 | 0.41 | 0.32 |
| 修文镇南疃村 | 0.07 | 0.27 | 0.11 | 0.38 | 0.28 |
| 修文镇胡乔营 | 0.07 | 0.25 | 0.11 | 0.40 | 0.38 |
| 张庆乡张庆村 | 0.07 | 0.19 | 0.40 | 0.35 | 0.37 |
| 张庆乡杨村 | 0.05 | 0.26 | 0.12 | 0.44 | 0.41 |
| 张庆乡怀仁村 | 0.07 | 0.14 | 0.19 | 0.34 | 0.37 |
| 张庆乡西长寿 | 0.06 | 0.21 | 0.10 | 0.39 | 0.32 |
| 张庆乡王郝村 | 0.06 | 0.20 | 0.11 | 0.40 | 0.35 |
| 张庆乡马村 | 0.06 | 0.18 | 0.08 | 0.45 | 0.33 |
| 张庆乡弓村 | 0.06 | 0.35 | 0.10 | 0.55 | 0.43 |
| 张庆乡永康村 | 0.07 | 0.32 | 0.07 | 0.32 | 0.39 |
| 北田镇张胡村 | 0.07 | 0.14 | 0.17 | 0.36 | 0.38 |
| 北田镇小赵村 | 0.05 | 0.19 | 0.18 | 0.39 | 0.34 |
| 北田镇北田村 | 0.06 | 0.19 | 0.19 | 0.46 | 0.44 |
| 北田镇豆腐庄 | 0.06 | 0.18 | 0.18 | 0.40 | 0.35 |
| 北田镇杨梁村 | 0.06 | 0.20 | 0.11 | 0.52 | 0.40 |
| 北田镇东双村 | 0.05 | 0.16 | 0.19 | 0.53 | 0.34 |
| 庄子乡庄子村 | 0.06 | 0.14 | 0.19 | 0.37 | 0.36 |

（续）

| 评价项目 | $P_铅$ | $P_镉$ | $P_汞$ | $P_砷$ | $P_铬$ |
|---|---|---|---|---|---|
| 庄子乡庄子村 | 0.06 | 0.15 | 0.17 | 0.44 | 0.34 |
| 庄子乡牛村 | 0.06 | 0.14 | 0.09 | 0.38 | 0.37 |
| 庄子乡牛村 | 0.06 | 0.33 | 0.17 | 0.42 | 0.42 |
| 庄子乡紫坑村 | 0.06 | 0.16 | 0.14 | 0.43 | 0.41 |
| 庄子乡紫坑村 | 0.06 | 0.19 | 0.12 | 0.40 | 0.34 |

从表 5 - 14 可以看出，各样点单项污染指数变幅为 0～0.7，综合污染指数均变幅为 0.07～0.48，各点样污染因子均未超标，且均属安全级。

# 第五节　关于榆次区土壤污染的预测及防治建议

随着经济社会的发展，农村环境形势较为严峻，农村环境问题特别是土壤污染不仅给农业发展带来了巨大的影响，也成为影响环境质量改善的主要污染源。在社会主义新农村和生态文明的建设中，应以科学发展观为指导，树立可持续发展的理念，高度重视并切实解决农村面源污染问题，削减污染负荷，为工业化和城市化的发展腾出环境容量，为经济社会发展提供环境质量和环境容量的支撑。

## 一、榆次区土壤污染趋势预测

随着社会经济的不断发展，土壤污染所引起的环境压力可能进一步加剧。主要表现在以下几个方面：

### （一）土壤污染物产生量和排放量加大

随着经济的发展和生活水平的提高，人们对肉食品的需求日益增加。今后一段时间，是畜牧业、水产业生产方式转型的重要时期，农村分散养殖将进一步减少，规模化养殖场将大幅增加，种、养业脱节更加严重，畜牧养殖污染将进一步加剧。未来几年，蔬、果、花产业将得到较大发展，种植面积将大幅提高，过量施肥的现象很难在短期内迅速扭转，土壤氮、磷养分富集还将继续，蔬、果、花农田对水体富营养化的潜在威胁将有增无减。

### （二）土壤污染的历史累积短期内难以实现生态修复

过去农业生产片面强调产量，追求规模效益，导致农药、化肥的过量使用而沉积在土壤中，目前适用的政策措施和工程技术相对缺乏，污染的惯性作用仍将持续，短期内无法好转，已经污染的区域还将进一步加剧。

### （三）公众环境意识提高需要一个较长的过程

土壤污染与农业生产、农民生活息息相关，农民环保意识的提高是农村面源污染防治取得成功的重要因素，没有广泛的农户参与是无法改善农村环境的，但提高广大农民环保意识是一个相当长的过程。

## 二、农村面源污染防治的对策

环境承载能力和容量是一定的，环境污染的加重，将迫使我们加大工业和城市污染的削减负荷，才能满足经济社会持续发展的需要。但工业污染和城市污染减排的空间是有限的，过严地控制工业污染而忽视农村土壤污染，既不经济，也是行不通的。因此，必须采取综合措施加强农村土壤污染防治。

### （一）完善环境法规，加强执法监督

结合统筹城乡发展，完善相关法律法规，形成整体和系统的农村污染防治和控制的法律法规体系，使农村污染的控制有法可依，有章可循。应及早制定《农村面源污染防治法》、《畜禽养殖污染防治条例》、《重要生态功能区生态环境保护条例》等法律法规。

建立清洁生产的技术规范和标准，制定化肥和有机肥的质量标准，鼓励能够减少面源污染的化肥和有机肥的生产和使用。制定农业清洁生产技术标准和规范。加强农村生活污染的管理，切实加大养殖场环境影响评价执行力度，促进养殖场治污设施建设。

### （二）加强政策引导，营造良好的政策环境

防治农村土壤污染要突出抓好农业污染这个重点。农业污染控制，必须从农业生态系统本身出发，把预防污染的综合环境保护策略持续应用于农业生产全过程，通过政策引导，建立起农业可持续发展的生产模式。

科学制定农村产业结构调整及经济发展布局的有关政策。农业发展规划要引入农业环境评价体系和循环经济理念，统筹兼顾粮食安全、人民生活与当地环境容量因素，把环境成本纳入农业生产成本核算，合理划分农业产业区域布局，引导相关产业向优势地区发展，促进农业增长方式的根本性转变。在农业产业发展的扶持政策中，要把农业生产的环境因素作为重要条件，引导高效生态农业发展，鼓励发展种养结合的生态农场。

充分发挥税收等经济手段的调控作用。加快农业废弃物资源化利用鼓励政策的制定，出台对环境影响较小的农化品生产、销售及使用的扶持政策，提高农化品使用成本，控制农化品过量使用。

### （三）创新机制，建立城乡一体化的环境管理体系

城乡分割、二元经济结构是导致农村土壤污染发生的深层次原因，必须建立城乡统筹协调的环境保护新机制。要创新城乡一体化环保工作与投入机制，全面贯彻"城市支持农村，工业反哺农业"的方针，资金来源不分工业与农业、投向不分农村与城镇，纳入全盘统筹安排，切实加大对农村环保的投入。拓展环保融资渠道，形成政府、社会、个人等多元化投资机制。财政应进一步调整支出结构，加大节能减排投入，并逐步向农村面源污染防治方面倾斜，建立生态补偿制度。

### （四）加强科研，研发推广综合控制技术

我国对农村面源污染的防治起步晚，特别是一些基础性的监测和研究工作开展少，对其量化认识不够。为此，应重点加强面源污染的调查与监测，掌握面源污染现状、类型等基础数据，分析其形成机理、迁移转化特征及规律，建立农业面源污染预测预警机制，完善农业环境安全的评估体系。加强新型高效肥料、高效低毒农药、生物防控技术、畜禽粪

污低成本治理技术、秸秆农膜等农业废弃物循环利用技术研究开发。

**（五）强化宣传教育，提高公众环保意识**

　　群众的广泛参与是环境保护工作取得成效的前提。要通过多层次、多形式的宣传教育活动，引导农民树立生态文明观念，提高环境意识。开展环境保护知识和技能培训，广泛听取农民对涉及自身利益的发展规划和建设项目的意见与诉求，尊重农民的环境知情权、参与权和监督权，维护农民的环境权益，使农民了解污染的危害，掌握科学的农业生产技术，真正把环境保护措施变为广大群众的自觉行动，成为农业面源污染防治的主力军。加强基层农技推广技术人员环保意识教育，增强环保责任感，使其能够在开展农技推广服务时，也能够大力宣传农业环保工作，形成一支稳定的、遍布城乡的农业环保宣传队伍和面源污染防治的指导推动力量。

# 第六章 中低产田类型分布及改良利用

## 第一节 中低产田类型及分布

中低产田是指土壤中存在一种或多种制约农业生产的障碍因素，导致单位面积产量相对低而不稳的耕地。类型分渍水潜育型、矿毒污染型、缺素培肥型、瘠薄增厚型、质地改良型、坡地改梯型等。中低产田的改造是通过工程、物理、化学、生物等措施对中低产田土壤的障碍因素进行改造，提高中低产田土壤基础地力的过程。

通过对榆次区耕地地力状况的调查，根据土壤主导障碍因素的改良主攻方向，依据中华人民共和国农业部发布的行业标准 NY/T 310—1996，引用榆次区耕地地力等级划分标准，结合实际进行分析，榆次区中低产田包括如下 4 个类型：干旱灌溉改良型、坡地梯改型、瘠薄培肥型、盐碱耕地型。中低产田面积为 461 285.33 亩，占总耕地面积的63.79%。各类型面积情况统计见表 6-1。

表 6-1 榆次区中低产田各类型面积情况统计

| 类 型 | 面积（亩） | 占总耕地面积（%） | 占中低产田面积（%） |
| --- | --- | --- | --- |
| 坡地梯改型 | 156 092.84 | 21.58 | 33.84 |
| 干旱灌溉型 | 97 916.92 | 13.54 | 21.23 |
| 瘠薄培肥型 | 184 814.89 | 25.56 | 40.07 |
| 盐碱耕地型 | 22 460.68 | 3.11 | 4.86 |
| 合　　计 | 461 285.33 | 63.79 | 100.00 |

## 一、坡地梯改型

坡地梯改型是指主导障碍因素为土壤侵蚀以及与其相关的地形、地面坡度、土体厚度、土体构型与物质组成，耕作熟化层厚度与熟化程度等，需要通过修筑梯田埂等田间水保工程加以改良治理的坡耕地。

榆次区坡地梯改型中低产田面积为 156 092.84 亩，占耕地总面积的 21.58%，共有 832 个评价单元。主要分布于庄子乡及长凝镇东南的八缚岭山脉，乌金山、什贴镇北部罕山山系一带的山坡和山顶及东赵乡东部的太行山西麓支脉山区丘陵地带，海拔为 1 000～1 200 米。

## 二、干旱灌溉改良型

干旱灌溉改良型是指由于气候条件造成的降水不足或季节性出现不均，又缺少必要的调蓄手段，以及地形、土壤性状等方面的原因，造成的保水蓄水能力的缺陷，不能满足作物正常生长所需的水分需求。但又具备水源开发条件，可以通过发展灌溉加以改良的耕地。榆次区干旱灌溉改良型中低产田面积 97 916.92 亩，占总耕地面积的 13.54%，共有4095 个评价单元。主要分布在黑河、涧河、涂河二级阶地，即潇河以北和涂河以南的黄土台垣区，海拔为 950～1 100 米，坡度 3°～5°。黑涧河二级阶地包括：乌金山镇南部、什贴镇中南部。涂河二级阶地包括：北田、庄子 2 个乡（镇）中部。

### 三、瘠薄培肥型

瘠薄培肥型是指受气候、地形条件限制，造成干旱、缺水、土壤养分含量低、结构不良、投肥不足、产量低于当地高产农田，只能通过连年深耕、培肥土壤、改革耕作制度，推广旱农技术等长期性的措施逐步加以改良的耕地。

榆次区瘠薄培肥型中低产田面积为 184 814.89 亩，占耕地总面积的 25.56%，共有1 381 个评价单元。主要分布于罕山洪积扇中、下部，海拔为 850～950 米的地区，分布于什贴镇、乌金山镇西部、东赵乡中部 3 个乡（镇）。

### 四、盐碱耕地型

盐碱耕地型是指由于耕地可溶性盐含量和碱化度超过限量，影响作物正常生长的多种盐碱化耕地。其主导障碍因素为土壤盐渍化，以及与其相关的地形条件、地下水临界深度、含盐量、碱化度、pH 等。可以通过平整土地、改良耕作、施用化学改良物质等措施加以改良的耕地。

榆次区盐碱耕地型中低产田面积为 22 460.68 亩，占耕地总面积的 3.11%，共有1 381 个评价单元。主要分布于沿潇河两岸的一级阶地，海拔 700～850 米的地区，零星分布于张庆乡、东阳镇 2 个乡（镇）的低洼、平坦、排水不畅的田地中。

# 第二节　生产性能及存在问题

## 一、坡地梯改型

该类型区地形坡度＞10°，以中度侵蚀为主，园田化水平较低，土壤类型为褐土性土，土壤母质为洪积和黄土质母质，耕层质地为轻壤、中壤，质地构型有通体壤、壤夹黏，有效土层厚度大于 150 厘米，耕层厚度 17～19 厘米，地力等级多为 6～7 级，耕地土壤有机质含量 13.97 克/千克，全氮 0.72 克/千克，有效磷 11.17 毫克/千克，速效钾 188.37 毫克/千克。

存在的主要问题是该类型区域多属海拔较高的黄土丘陵和土石山区地形，高差大，立地条件差，又都带有一定的倾斜度。除农业植被外，自然植被稀疏，导致土质松散、抗蚀性低，水土流失严重，干旱缺水，土壤贫瘠，生产力低。

## 二、干旱灌溉改良型

干旱灌溉改良型中低产田，土壤耕性良好，宜耕期长，保水保肥性能较好。土壤类型为石灰性褐土，土壤母质为黄土状，地形坡度 0~5°，园田化水平较高，有效土层厚度>150 厘米。耕层厚度 18~20 厘米，地力等级为 4~5 级。存在的主要问题是地下水源缺乏，水利条件差，灌溉保证率<60%。土壤有机质含量 16.28 克/千克，全氮 0.83 克/千克，有效磷 13.74 毫克/千克，速效钾 205.71 毫克/千克。

黑涧河、涂河二级阶地为此类中低产田，土壤质地良好，多为壤土，表土层多为中、轻壤，心土层多为中壤，易耕种，宜耕期长，保水保肥性强。土壤类型为石灰性褐土，母质为黄土状。园田化水平高，有效土层厚度 150 厘米。耕层厚度 19 厘米，地力等级为 4~5 级。

主要问题是干旱缺水，水利条件差，灌溉率<60%，保水保肥能力差，作物对养分的吸收受水分不足的限制，造成部分养分的损失，再者因土壤腐殖化程度极弱，腐殖质积累少，影响了土壤团粒的形成。这就从客观上形成了旱作土壤有机质难以积累的局面，必然影响土壤肥力水平的提高，从而严重影响到产量的问题。还有人为的不重视，施肥水平低，管理粗放，也是导致产量不高的原因之一。

## 三、瘠薄培肥型

该类型区域土壤轻度侵蚀或中度侵蚀，多数为旱耕地，高水平梯田和缓坡梯田居多，土壤类型是褐土性土，各种地形、各种质地均有，有效土层厚度>150 厘米，耕层厚度 19~20 厘米，地力等级为 6~7 级，耕层养分含量有机质 16.86 克/千克，全氮 0.80 克/千克，有效磷 11.78 毫克/千克，速效钾 777.00 毫克/千克。

存在的主要问题是各种有机养分含量偏低，而且由于干旱等原因，作物对养分的吸收也受到影响，造成土壤肥力逐年下降，加上管理粗放，投入小，致使土壤贫瘠，生产力低。

## 四、盐碱耕地型

该类型区域土壤多数为水浇地，土壤类型是潮土或盐化潮土，土壤母质为冲积，地形坡度 0~2°，园田化水平较高，有效土层厚度>150 厘米，耕层厚度 18~20 厘米，地力等级为 3~4 级，耕层养分含量有机质 17.20 克/千克，全氮 0.93 克/千克，有效磷 16.14 毫克/千克，速效钾 200.12 毫克/千克。

存在的主要问题是田面低洼，春旱秋涝，雨季地表盐分被溶解淋溶，从高地汇集于洼地，入渗补给地下水，抬高了地下水位，随着旱季的到来，地下水盐通过土壤毛管作用，又将盐分带到地表，如此循环往复，形成旱涝盐周而复始，三位一体，相伴为害，早春不能抓苗。秋涝作物生长受阻，严重影响了作物产量及品质。

榆次区中低产田各类型土壤养分含量平均值情况统计见表6-2。

表6-2 榆次区中低产田各类型土壤养分含量平均值情况统计

| 类　型 | 有机质<br>（克/千克） | 全氮<br>（克/千克） | 有效磷<br>（毫克/千克） | 速效钾<br>（毫克/千克） |
|---|---|---|---|---|
| 干旱灌溉型 | 16.283 7 | 0.830 3 | 13.743 0 | 205.711 8 |
| 瘠薄培肥型 | 16.861 4 | 0.798 0 | 11.782 8 | 171.398 4 |
| 坡地梯改型 | 13.965 7 | 0.722 4 | 11.174 6 | 188.368 4 |
| 盐碱耕地型 | 17.210 7 | 0.926 7 | 16.136 4 | 200.117 3 |
| 总计 | 16.080 4 | 0.819 4 | 13.209 2 | 191.399 0 |

## 第三节　改良利用措施

榆次区中低产田面积461 285.33亩，占现有耕地的63.79%。严重影响榆次区农业生产的发展和农业经济效益，应因地制宜进行改良。

总体上讲，中低产田的改良、耕作、培肥是一项长期而艰巨的任务。通过工程、生物、农艺、化学等综合措施，消除或减轻中低产田土壤限制农业产量提高的各种障碍因素，提高耕地基础地力，其中耕作培肥对中低产田的改良效果是极其显著的。具体措施如下：

**1. 施有机肥**　增施有机肥，增加土壤有机质含量，改善土壤理化性状并为作物生长提供部分营养物质。据调查，有机肥的施用量达到每年2 000～3 000千克/亩，连续施用3年，可获得理想效果。主要通过秸秆还田和施用堆肥厩肥、人粪尿及禽畜粪便来实现。

**2. 校正施肥**　依据当地土壤实际情况和作物需肥规律选用合理配比，有效控制化肥不合理施用对土壤性状的影响，达到提高农产品品质的目的。

（1）巧施氮肥：速效性氮肥极易分解，通常施入土壤中的氮素化肥的利用率只有25%～50%，或者更低。这说明施入土壤中的氮素，挥发渗漏损失严重。所以在施用氮素化肥时一定注意施肥方法、施肥量和施肥时期，提高氮肥利用率，减少损失。

（2）重施磷肥：榆次区地处黄土高原，属石灰性土壤。土壤中的磷常被固定，而不能发挥肥效。加上部分群众重氮轻磷，作物吸收的磷得不到及时补充。试验证明，在缺磷土壤上增施肥磷肥增产效果明显。可以增施人粪尿与骡马粪堆沤肥，其中的有机酸和腐殖酸能促进非水溶性磷的溶解，提高磷素的活力。

（3）因地施用钾肥：榆次区土壤中钾的含量虽然在短期内不会成为限制农业生产的主要因素，但随着农业生产进一步发展和作物产量的不断提高，土壤中的有效钾的含量也会处于不足状态，所以在生产中，应定期监测土壤中钾的动态变化，及时补充钾素。

（4）重视施用微肥：作物对微量元素肥料需要量虽然很小，但能提高产品产量和品质，有其他大量元素不可替代的作用。

然而，不同的中低产田类型有其自身的特点，在改良利用中应针对这些特点，采取相应的措施，现分述如下：

## 一、坡地梯改型中低产田的改良作用

**1. 梯田工程**　此类地形区的深厚黄土层为修建水平梯田创造了条件。梯田可以减少坡长，使地面平整，变降雨的坡面径流为垂直入渗，防止水土流失，增强土壤水分储备和抗旱能力，可采用缓坡修梯田，陡坡退耕还林，增加地面覆盖度。

**2. 增加梯田土层及耕作熟化层厚度**　新建梯田的土层厚度相对较薄，耕作熟化程度较低。梯田土层厚度及耕作熟化层厚度的增加是这类田地改良的关键。梯田土层厚度的一般标准为：土层厚大于 80 厘米，耕作熟化层大于 20 厘米，有条件的应达到土层厚大于100 厘米，耕作熟化层厚度大于 25 厘米。

**3. 农、林、牧并重**　此类耕地今后的利用方向应是农、林、牧并重，因地制宜，全面发展。此类耕地应发展种草、植树，扩大林地和草地面积，促进养殖业发展，将生态效益和经济效益结合起来，如实行农（果）林复合农业。

## 二、干旱灌溉改良型中低产田的改良利用

**1. 水源开发及调蓄工程**　干旱灌溉型中低产田地处位置，具备水资源开发条件。在这类地区增加适当数量的水井、修筑一定数量的调水、蓄水工程，以保证一年一熟地浇3～4次以上，毛灌定额 300～400 米³/亩，一年两熟地浇 4～5 次，毛灌定额 400～500 米³/亩。

**2. 田间工程及平整土地**　一是平田整地采取小畦浇灌，节约用水，扩大浇水面积；二是积极发展管灌、滴灌，提高水的利用率；三是不仅要适量增加深井，还要进一步修复和提高沿河电灌的潜力，扩大灌溉面积。

**3. 接纳天上水**　采用旱井、旱窖充分接纳天然降水。

**4. 改良栽培管理措施**　积极推广地膜覆盖，起垄种植，深耕，秸秆还田等农艺措施，提高水分利用率。

**5. 大力兴建林带植被**　因地制宜地造林、种草与农作物种植有效结合，兼顾生态效益和经济效益，发展复合农业。

## 三、瘠薄培肥型中低产田的改良利用

**1. 平整土地与梯田建设**　将平坦垣面及缓坡地规划成梯田，平整土地，以蓄水保墒。有条件的地方，开发利用地下水资源和引水上垣，逐步扩大垣面水浇地面积。通过水土保持和提高水资源开发水平，发展粮果生产。

**2. 实行水保耕作法**　在平川区推广地膜覆盖、生物覆盖等旱农技术，山地、丘陵推广丰产沟田或者其他高耕作物及种植制度和地膜覆盖、生物覆盖等旱农技术，有效保持土壤水分，满足作物需求，提高作物产量。

**3. 增施有机肥**　增加有机肥用量或进行秸秆还田，改善土壤理化性状，增加作物养分供给。

**4. 大力兴建林带植被**　因地制宜地造林、种植牧草与农作物有效结合，兼顾生态效益和经济效益，发展复合农业。

## 四、盐碱耕地型中低产田的改良利用

**1. 建设配套的灌排设施**　达到旱灌涝排，杜绝一切大水漫灌，防止地下水位抬高，加重土壤盐化，灌溉量要适宜，防止渠道渗漏所引起的次生盐渍现象发生。

**2. 平田整地**　力争使每一块田地相对平坦，水分均匀下渗，提高降雨淋盐和灌溉洗盐的效果，防止土壤斑状盐渍化现象发生。在平地的基础上筑畦打埝，可减少地面径流，增强土壤蓄水保肥能力。深耕深翻疏松耕作层，打破原来的犁底层，切断毛细管，提高土壤透水保水性能。

**3. 要大力植树种草**　改善盐渍区的生态环境，增加地面覆盖，提高土壤水分的蓄积力，防止蒸发，全面改善盐渍区的生态环境。

# 第七章　果园土壤质量状况及培肥对策

## 第一节　果园土壤质量状况

### 一、生产概况

榆次区果树具有悠久的栽培历史。据《榆次县志》记载，在 1541 年，已有梨、桃、葡萄和红枣的栽培，距今已 400 多年。东赵乡苏家庄村尚有唐代枣树，至今仍然每年结枣几十斤到上百斤，经山西果树所张志善等专家考察认定，榆次是红枣发源地之一。东赵乡训峪村三百年生的梨树，至今仍果实累累，榆次是山西四大梨区之一。榆次苹果的栽培，最早始于 1935 年，由什贴镇柏林头村的方思忠的兄长由美国引入，在柏林头落阳坡一带栽植，当时的主要品种有国光、红玉、倭绵、红斜子等。

榆次区果树种植面积稳定在 18 万亩，2011 年挂果面积 14 万亩，总产量 14.7 万吨，总贮藏能力 10.8 万吨，总贮藏量 6.4 万吨。总加工能力 0.8 万吨，总加工量 0.7 万吨，果品批发市场 2 个。果品总收入 1.92 亿元，农民人均果品纯收入 1 142 元。果业标准化生产面积达到 9 万亩，已建成相对集中连片的万亩以上的乡（镇）6 个，千亩以上规模村 42 个，500 亩以上的规模果园 82 个，建成了一条沿榆长、榆黄、源高 3 条公路干线的百里经济林带，形成了规划布局更加合理，树种更加多样，品种更加优化，市场营销和果品贮藏相结合，林果管护和果品加工相结合的"管、销、贮、加"一体化、多样化的经营模式。

"十二五"期间，榆次区将加大产业结构调整和对水果生产的扶持力度，在资金、技术、信息、销售等方面给予果农更大的帮助；加之气候相对适宜，果业生产喜获丰收。

### 二、立地条件

榆次地处晋中盆地，区位优越、交通方便，属温带地区，气候温和，湿度适中，年均温 9.8℃，大于和等于 10℃的有效积温 3 600℃。光照充足，年日照时数 2 451 小时，昼夜温差较大，平均在 10℃以上。年降水量 400～500 毫米，多集中在 7 月、8 月份，形成雨热同季。土壤多为褐土类，土层深厚，平川、山区、丘陵三分其境，海拔为 800～1 200 米。以上条件具备了北方果树生产发育所需的良好生态条件。

榆次区果园主要分布于 5 个片区，一是潇河南新果区片（包括北田镇、庄子乡、张庆乡的全部及东阳镇、修文镇铁路以东）；二是北部老梨区片（包括东赵乡、什贴镇的全部）；三是北山矿区片（包括乌金山镇全部）；四是涂河流域片区（包括长凝镇的全部）；五是近郊东部丘陵片区（包括郭家堡乡的东部）。

## 三、养分状况调查概况

### （一）方法依据

为了查清榆次区果园土壤养分现状及其变化规律，提出科学施肥意见，为种植业结构调整，发展名特、优质、高产、高效、可持续农业提供科学依据。按照《山西省果园土壤养分调查技术规程》，依据与果园土壤养分状况有关的气候、地形地貌、水文地质、成土母质、土壤类型、土体结构、土壤理化性状及水旱地、坡形的不同和果龄，树种、挂果时间、栽培模式、管理水平及产量水平的差异以及包括果园灌溉的水利工程，坡耕地治理工程、土地平整、园田化工程等基础设施划分，以及有机肥、化肥施用量，秸秆还田及土壤改良等培肥水平的区别，以果园总面积为控制点，坚持均匀性和代表性相结合的原则进行了榆次区果园土壤养分调查。

### （二）调查步骤及程序

**1. 资料收集**　土地详查资料，包括土地利用现状图，分地类面积，第二次土壤普查资料，包括土壤图、养分图、典型土种记载表及理化分析结果表，农化样分析资料，其他资料，包括地形图、社会经济状况，水果生产状况，占农业比重，农业生产状况，土壤改良，科学施肥等资料及有关统计报表等。

**2. 样点布设及样品采集**　根据500～1 000亩布一个点的原则，布点263个。同时照顾不同树种肥力高中低水平，不同树种果龄＜5年，5～10年，10年以上，结合不同土壤类型，母质类型，产量水平均匀采样。

普通土样土钻采集，微量元素土样竹板取样，运用蛇形法多点混合采样，采样点定在树干距树冠边缘2/3处，一个样由15～20个采集点组成，过多用四分法弃去。采样深度分0～20厘米、20～40厘米两层采集。采样时间在果实采收前后秋冬施肥前采样，同时填好标签，按要求填写"采样地块基本情况调查表"。

**3. 土壤样品化验分析**　有机质用油浴加重铬酸钾容量法测定，用克/千克表示；全氮用硫酸—硫酸钾—硒粉消化蒸馏滴定法，用克/千克表示；有效磷用碳酸氢钠浸提—钼锑抗分光光度比色法测定，用毫克/千克表示；速效钾用醋酸铵浸提——火焰光度法测定，用毫克/千克表示。

## 四、养分状况分析

果园土壤的养分状况直接影响水果的品质和产量，从而对果农收入造成一定的影响，果园土壤养分含量在果树生长发育过程中，有着重要的作用。通过对榆次区263个具有代表性果园土壤养分状况分析，结果如下：

榆次区果园土壤有机质平均含量为13.22克/千克，属四级水平；全氮平均含量为0.69克/千克，属五级水平，因此均属中下等水平；速效钾平均含量为196.62毫克/千克，属省三级水平，有效磷为22.68毫克/千克，属省二级水平，磷、钾有效养分含量较为丰富。微量元素中，有效铜0.86毫克/千克，有效锌1.65毫克/千克，均较丰富，有效铁、有效锰、有效硼、有效硫含量分别为4.40毫克/千克、4.03毫克/千克、0.36毫克/千克、26.05毫克/千克，均属一般偏低水平。榆次区果园土壤pH平均值为8.19，中性偏碱（表7-1~表7-3）。

**表7-1　榆次果园土壤养分测定结果**

| | pH | 有机质<br>（克/千克） | 全氮<br>（克/千克） | 有效磷<br>（毫克/千克） | 速效钾<br>（毫克/千克） |
|---|---|---|---|---|---|
| 平均值 | 8.19 | 13.37 | 0.69 | 22.68 | 176.62 |
| 最大值 | 8.66 | 33 | 1.58 | 56.67 | 430.00 |
| 最小值 | 7.66 | 6.14 | 0.31 | 3.39 | 80.16 |

**表7-2　山西省果园土壤养分含量分级参数表**

| 级别 | 有机质<br>（克/千克） | 全氮<br>（克/千克） | 有效磷<br>（毫克/千克） | 速效钾<br>（毫克/千克） |
|---|---|---|---|---|
| 1 | >25.0 | >1.50 | >25.0 | >250 |
| 2 | 20.1~25.0 | 1.21~1.50 | 20.1~25.0 | 201~250 |
| 3 | 15.1~20.0 | 1.01~1.20 | 15.1~20.0 | 151~200 |
| 4 | 10.1~15.0 | 0.71~1.00 | 10.1~15.0 | 101~150 |
| 5 | 6.1~10.0 | 0.51~0.70 | 5.1~10.0 | 51~100 |
| 6 | ≤6.0 | ≤0.50 | ≤5.0 | ≤50 |

**表7-3　榆次果园土壤养分分等级面积统计**

| 项目<br>级别 | 有机质<br>含量<br>（克/千克） | 面积<br>（亩） | 全氮<br>含量<br>（克/千克） | 面积<br>（亩） | 速效磷<br>含量<br>（克/千克） | 面积<br>（亩） | 速效钾<br>含量<br>（克/千克） | 面积<br>（亩） |
|---|---|---|---|---|---|---|---|---|
| 1 | >25.0 | 2 208 | >1.5 | 684 | >25.0 | 51 015 | >250 | 44 137 |
| 2 | 20.1~25.0 | 7 529 | 1.21~1.5 | 1 369 | 18.1~25.0 | 20 217 | 201~250 | 24 138 |
| 3 | 15.1~20.0 | 47 224 | 1.01~1.2 | 10 951 | 12.1~18.0 | 27 061 | 151~200 | 50 345 |
| 4 | 10.1~15.0 | 89 141 | 0.71~1.0 | 72 548 | 10.1~15.0 | 22 954 | 101~150 | 46 896 |
| 5 | 6.1~10.0 | 29 792 | 0.51~0.7 | 73 232 | 5.1~10.0 | 30 692 | 51~100 | 14 484 |
| 6 | ≤6.0 | 4 106 | ≤0.5 | 21 216 | ≤5.0 | 28 061 | ≤50 | 0 |
| 合计 | | 180 000 | | 180 000 | | 180 000 | | 180 000 |

## （一）不同行政区域果园土壤养分状况

由于地理位置、环境条件、耕作方式和管理水平的不同，各行政区域果园土壤养分测定差异很大（表7-4）。

表 7-4 不同行政区域果园土壤主要养分及 pH 结果统计

单位：克/千克、毫克/千克

| 乡（镇）名称 | 有机质 | 全氮 | 有效磷 | 速效钾 | pH |
|---|---|---|---|---|---|
| 长凝镇 | 14.11 | 0.72 | 18.22 | 152.86 | 8.16 |
| 郭家堡乡 | 16.82 | 0.87 | 21.06 | 200.73 | 8.06 |
| 乌金山镇 | 16.64 | 0.82 | 16.38 | 175.47 | 8.05 |
| 东赵乡 | 12.65 | 0.66 | 16.64 | 125.70 | 8.23 |
| 庄子乡 | 12.39 | 0.65 | 22.62 | 183.22 | 8.17 |
| 北田镇 | 13.77 | 0.71 | 25.18 | 220.94 | 8.25 |
| 什贴镇 | 12.73 | 0.67 | 18.27 | 129.56 | 8.03 |
| 张庆乡 | 25.67 | 1.39 | 30.12 | 312.82 | 8.00 |

从榆次区不同行政区域果园测定结果看，张庆乡有机质、全氮、有效磷、速效钾等养分含量均较高，东赵乡、长凝镇各种养分含量较低。榆次区有效磷以张庆、北田、庄子3个乡（镇）较高，乌金山、东赵等乡（镇）较低，两极分化严重，尤其是东赵乡上戈、西窑、东窑、苏家庄等村，大部分果树种植区域耕地有效磷含量偏低，呈缺乏、极缺乏状态。

### （二）不同地形部位的土壤养分状况

从不同地形部位统计结果看，开阔河湖冲、沉积平原有机质含量最高，平均为 21.57 克/千克；其次为山地、丘陵的缓坡地段为 13.49 克/千克；最低为低山丘陵坡地有机质含量平均为 11.78 克/千克；全氮含量以开阔河湖冲、沉积平原最高，平均值为 1.09 克/千克，山前倾斜平原为和山地、丘陵的缓坡地段全氮含量中等，平均值分别为 0.76 克/千克和 0.75 克/千克，低山丘陵坡地与黄土垣、梁较低，平均值分别为 0.70 克/千克、0.65 克/千克；有效磷含量河湖冲、沉积平原最高，其平均值为 28.38 毫克/千克，最低为低山丘陵坡地，平均值为 15.72 毫克/千克；速效钾含量河湖冲、沉积平原最高，其平均值为 225.52 毫克/千克，最低为低山丘陵坡地和山前倾斜平原，平均值分别为 162.00 毫克/千克和 162.80 毫克/千克。pH 各地差异不大，总体呈中性偏碱（表 7-5）。

表 7-5 不同地形部位土壤主要养分状况

单位：克/千克、毫克/千克

| 地形部位 | 有机质 | 全氮 | 有效磷 | 速效钾 | pH |
|---|---|---|---|---|---|
| 低山丘陵坡地 | 12.12 | 0.65 | 15.72 | 162.0 | 8.22 |
| 黄土垣、梁 | 13.30 | 0.70 | 18.27 | 207.94 | 8.04 |
| 河湖冲、沉积平原 | 21.57 | 1.09 | 28.38 | 225.52 | 8.08 |
| 山地、丘陵的缓坡地段 | 14.52 | 0.75 | 20.59 | 197.51 | 8.23 |
| 山前倾斜平原 | 13.49 | 0.76 | 21.48 | 162.86 | 8.13 |

### （三）不同地貌类型土壤养分状况

不同地貌类型土壤养分状况从下表中可以看出，有机质、全氮、有效磷以平原果区含量较高；速效钾在丘陵和平原果区含量差异不大；丘陵果区土壤 pH 略小于平原果区，总体偏低（表 7 - 6）。

**表 7 - 6　不同地貌类型土壤主要养分状况**

单位：克/千克、毫克/千克

| 地貌类型 | 有机质 | 全氮 | 有效磷 | 速效钾 | pH |
|---|---|---|---|---|---|
| 平原 | 14.43 | 0.83 | 23.58 | 209.13 | 8.21 |
| 丘陵 | 12.88 | 0.70 | 18.75 | 177.97 | 8.14 |

### （四）不同土壤类型土壤养分含量状况

榆次区果园种植区主要有石灰性褐土、褐土性土两大土类。从其养分状况看以石灰性褐土要高于褐土性土（表 7 - 7）。

**表 7 - 7　不同土壤类型土壤主要养分含量状况**

单位：克/千克、毫克/千克

| 土壤亚类 | 有机质 | 全氮 | 有效磷 | 速效钾 | pH |
|---|---|---|---|---|---|
| 褐土性土 | 12.16 | 0.66 | 12.36 | 179.59 | 8.16 |
| 石灰性褐土 | 15.07 | 0.89 | 23.37 | 201.62 | 8.22 |

## 五、质量状况

榆次区果园土壤主要是黄土状石灰性褐土或褐土性土。土壤质地以壤土为主，也有部分黏壤质土和沙壤土。土壤表层疏松底层紧实，孔隙度较好，土壤含水量适中，土体较湿润。通体石灰反应较为强烈，呈微碱性。土壤耕性较好，保肥保水性能适中，肥力水平相对较好。

根据对榆次区 263 个果园土壤点的养分含量分析显示，有机质含量为 6.14～33 克/千克，属 Ⅰ～Ⅴ级，全氮含量为 0.30～1.58 克/千克，属 Ⅰ～Ⅵ级，有机质与全氮养分含量偏低，且差别很大；有效磷 3.39～86.67 毫克/千克，属 Ⅰ～Ⅵ级，平均值较高，但各点差异较大；速效钾 80.16～430.00 毫克/千克，属 Ⅰ～Ⅴ级，含量相对较高。灌溉条件较好，但缺乏合理灌溉。什贴、东赵、乌金山等乡（镇）的丘陵山区，部分果园耕作管理比较粗放，产量很低。

根据对榆次区 263 个果园土壤点的环境质量调查发现，常年使用农药、化肥，经各种途径进入土壤，虽然土壤的各项污染因素均不超标，但存在潜在的威胁，要引起注意。

## 六、施肥管理、方法及增产效果

### （一）施肥管理

依据果园土壤类型、小区试验及配方施肥结果，参照当地农民的习惯用法，把榆次区果园施肥区划分成 3 个区域：

**1. 一级、二级阶地及南部丘陵区**（增氮稳磷补钾配微）　包括修文、张庆、郭家堡、北田、庄子等乡（镇），榆次区有机肥用量较大。氮素水平稍低，磷素有一定的积累，丰产果园常显示氮、钾素不足。亩产 2 000 千克的果园，在亩施优质农家肥 2 500～3 000 千克的基础上，较适宜的氮、磷、钾用量和配合比例为：每亩施用纯氮 23～25 千克，五氧化二磷 15～17 千克，氧化钾 8～10 千克，$N：P_2O_5：K_2O$ 为 1：0.7：0.4，部分果园要增施锌、铁、硼等微量元素。

**2. 北部丘陵褐土区**（稳氮稳钾增磷）　包括什贴、东赵、乌金山等乡（镇），本区有机肥用量中等。土壤磷素极度缺乏，有机质与全氮含量较低，影响到氮肥肥效的发挥，是制约产量的主要因素。亩产 1 000 千克的果园，建议施肥量为亩施优质农家肥 2 000 千克，纯氮 20～23 千克，五氧化二磷 16～18.5 千克，氧化钾 6～7 千克，$N：P_2O_5：K_2O$ 为 1：0.8：0.3。

**3. 土石山区山地褐土区**（补氮补磷）　主要指长凝镇，该区地处山区，交通不便。习惯上不施农家肥，化肥用量也很少，土壤有机质含量很低，氮、磷素含量极缺乏，大部分属五级水平。建议在果园内大量种植绿肥，进行翻压，以增加土壤中有机质，$N：P_2O_5$ 为 1：（0.8～1），暂不考虑施用钾肥。

由于适宜的配方比例与果树的品种、产量、土壤氮磷钾氧分含量有关，因此，具体到不同果园，还应根据实际情况灵活掌握肥料用量。

**（二）施肥方法**

根据果树的需肥特点以及化学肥料的特性施肥。农家肥最好与磷肥混匀发酵后于秋季采果后 1 次施入，氮肥分春、夏 2 次施入，钾肥分夏、秋 2 次施入。还可根据果树的生长需要适时追肥，各种肥料均应施入根系密集层。

**（三）增产效果**

平衡施肥协调了土壤中氮、磷、钾比例，最大限度地发挥了肥料的增产效应。对缺磷、钾的土壤，增施磷、钾肥后，改善了各种养分的比例失调状况，肥效剧增。如庄子乡种植大户何俊福，种植苹果 100 亩，配方施肥后，亩施农家肥 2 000 千克，纯氮 22 千克，五氧化二磷 18 千克，氧化钾 8 千克，比对照园少施氮 4 千克，增施五氧化二磷 8 千克，氧化钾 8 千克，亩产增加了 340 千克，优质果率达到 85％以上，果个均匀，商品性大增，带动了周围一大批果农配方施肥的积极性。

# 七、主要存在问题

经调查发现，榆次区果园土壤在施肥和耕作方面有许多不足，主要存在问题如下：

**1. 不重视有机肥的施用**　由于化肥的快速发展，牲畜饲养量的减少，在优质有机肥先满足瓜菜等作物的情况下，果树施用的有机肥严重不足。据调查，榆次区果园土壤平均亩施有机肥不到 1 000 千克，优质有机肥的施用量则更少。虽然近 2 年加大了秸秆的还田量，但在部分地区仍未得到重视，再加之其肥效缓慢，仍不能满足果树生长的需要。有机肥的增施可以提高土壤的团粒性能，改善土壤的通气透水性，保水、保肥和供肥性能。根据调查情况可以看出，不施用或施用较少有机肥的果园，土壤板结，果色、果味都相对较差，甚至出现果树病害。

**2. 化肥施用配比不当**　由于果农对化肥及有机肥的了解不够，以致出现了盲目施肥现象。调查中发现，施肥中的氮、磷、钾等养分比例不当。根据果树的需肥规律，每生产50千克果实需要氮磷钾配比分别为：苹果 1∶（0.3～0.5）∶（1～1.3）；梨 1∶（0.7～1.3）∶（0.9～1.2），而调查结果 $N∶P_2O_5∶K_2O$ 为 1∶1∶0.5，而部分果园的施用配比更不科学，而且有不少肥料浪费现象。

**3. 微量元素肥料施用量不足**　调查发现，在果园微量元素肥料的施用上，施用面积和施用量都少。而且施用时期掌握不好，往往是在出现病症后补施，或是在治理病虫害过程中，施用掺杂有微量元素的复合农药剂。此外，由于氮磷等元素的盲目施用，致使土壤中元素间拮抗现象增强，影响微量元素的有效性。

**4. 灌溉耕作管理缺乏科学合理性**　由于果农的果业技术素质比较低，对科学管理重视不够，在灌溉耕作方面的科学合理性严重缺乏。灌溉时间不合理，往往是在土壤严重缺水时才灌溉。灌溉量不科学，有的果园水量不足，有的则过量灌水，造成资源浪费。耕作上改善土壤理化性状和土壤的保水保肥性能方面缺乏有效措施。

# 第二节　果园土壤培肥

根据当地立地条件，果园土壤养分状况分析结果，按照果树的需肥规律和土壤改良原则，结合今后果业发展方向以及市场对果品质量的高标准要求，建议培肥措施如下：

## 一、增施土壤有机肥

优质果园要求土壤有机质含量在15克/千克以上，榆次区大多数果园土壤有机肥含量在10克/千克左右，甚至更低，势必影响果品质量和经济效益。由于果农习惯使用速效性化肥，而不重视有机肥的使用，造成树体虚，单产低，品质差，所以应增加有机肥的使用量。一般果园每年应施优质有机肥2 500千克左右，低产果园或高产果园以及土壤有机肥含量低于10.0克/千克的果园，每年应亩施优质有机肥3 000～5 000千克。在施用有机肥的同时，配以适量氮磷肥，效果更佳，一方面减少磷素被土壤的固定，另一方面促进有机肥中各养分的转化，以满足果树生长的需求，提高果园土壤养分储量，促进果园土壤肥力可持续发展。积极推广果园行间沟埋农作物秸秆培肥技术，提高土壤有机质含量。除此之外，提倡果农走种养结合的道路，在果树行种草，一年内刈割2～3次，覆盖于树盘或树行内，或作为饲料养家畜，家畜制造优质有机肥，这样既能提高土壤肥力，又能增加养殖业效益。特别是有机质、全氮含量较低的地区和高产果园一定要在重视有机肥投入的同时，搞好生物覆盖。

## 二、合理调整化肥施用比例和用量

根据果园土壤养分状况、施肥状况、果园施肥与土壤养分的关系，以及果园土壤培肥试验结果，结合果树施肥规律，提出相应的施肥比例和用量。以苹果为例，一般条件下，20~30年生，株产225千克果实的苹果树，每年从土壤中吸收纯氮498.6克、磷38.25克、钾728.55克。可以看出，盛果期苹果树年生产50千克果实，一般一年从土壤中吸收纯氮102.9~110.8克、磷8.5~17.03克、钾114.56~161.9克。试验证明，盛果期大树每生产50千克果实，施氮560克、磷240克、钾500克，可以保持高产、稳产。中低山区和丘陵区应在加强氮磷钾合理配比的基础上，重视微量元素肥料的合理施用，特别是锌肥的使用。

## 三、增施微量元素肥料

果园土壤微量元素含量居中等水平，再加上土壤中各元素间的拮抗作用，在果树生产中存在微量元素缺乏症状，所以高产果园以及土壤中微量元素较低的果园要在合理施用大量元素肥料的同时，注意施用微量元素肥料，一般果园以喷施为主，高产果园最好2年或3年每亩底施硼肥或锌肥1.5~2.0千克，同时在果树生产期喷施氨基酸类叶面肥，以提高果树的抗逆性能，改善果实品质，提高果实产量。注意叶面喷施不能代替土壤施肥，只是土壤施肥的辅助措施。

## 四、合理的施肥方法和施肥时期

果园土壤施肥应根据果树的生长特点、需肥规律及各种肥料的特性，确定合适的施肥时期和方法。果园土壤的施肥分基肥、追肥和根外追肥3种方式。基肥以有机肥为主，一般包括腐殖酸类肥料、堆肥、厩肥、圈肥、秸秆肥等，根据经验，基肥以秋施为好，早秋施比晚秋或初冬施为好，这样有利于果树对肥料养分的吸收，基肥发挥肥效平稳而缓慢。追肥是果树需肥的必要补充，追肥以化肥为主，肥效迅速，追肥主要在萌芽期、花后、果实膨大和花芽分花期及果实膨大后期等时期。然而追肥次数不能过多，否则将造成肥料浪费。根外追肥是微量元素肥料施用的主要方法。根外追肥要慎重选用适当的肥料种类、浓度和喷施时间，以免肥害。喷施时间最好选择在阴天或晴天早晨或傍晚，应注意：①肥料应施在根系密集层，否则根系不能正常吸收养分。②旱地果树施用化肥，不能过于集中，以免肥害。③氮肥应分别在果树生长的萌芽、果实膨大期和秋稍停止生长以后施入土壤，最好与灌水相结合，防止氮素损失。

## 五、科学的灌溉和耕作管理措施

果园灌水要根据果树一年中各物候时期生理活动对水分的要求、气候特点和土壤水分的变化情况而定，果园灌水一般在萌芽至花前、春梢生长期、果实膨大期和灌越冬期水。灌水量不宜过大或过小，一般以田间最大持水量的60%作为灌溉指标。适宜的灌水量，不仅能提高果实产量和品质，而且可以改善土壤的通气透水性，可以促进土壤养分的有效化，也可改善土壤理化性状。

　　果园土壤的耕作，应注意耕翻和中耕除草，深耕可以改善根系分布层土壤的结构和理化性状，促进团粒结构的形成，降低土壤容重，增加孔隙度，提高土壤蓄水保肥能力和透气性，中耕的主要目的在于清除杂草，保持土壤疏松，减少水分、养分的散失和消耗。

# 第八章 耕地地力调查与质量评价的应用研究

## 第一节 耕地资源合理配置研究

### 一、耕地数量平衡与人口发展配置研究

榆次区人口数量增加较快，而耕地逐年减少，后备资源不足，呈现人多地少，人地关系趋紧态势。据 2010 年统计资料显示，榆次区耕地面积 723 112.25 亩，人口 63 万，人均耕地 1.15 亩。由于自然地理条件和生产力发展水平的差异，本区人口与耕地在空间分布上极不均匀。榆次区近郊及平川乡（镇），自然条件优越，农业生产发达，耕地面积集中，人口密度大。在丘陵、山区则自然条件较差，农业生产水平低，耕地不集中，人口密度小。近年来，由于退耕还林政策的实施和城镇化、工业化用地不断增加，榆次区耕地面积明显减少。同时，大量农村人口进入城镇，到 2010 年榆次区城镇化水平将达到 66%。随着经济社会的发展，榆次区耕地面积还会逐年减少，人口向城镇集中的速度将加快，人地矛盾将会更加突出。

从长远来看，在加快人口城镇化的同时，要加强农村土地管理，实现合理流转，形成土地的规模经营、集约经营。同时，要加强土地开发、提升耕地质量。总的来说，只要合理安排，科学规划，集约利用，就完全可以兼顾耕地与建设用地的要求，实现社会经济的全面、持续发展。

### 二、耕地地力与粮食生产能力分析

#### （一）耕地粮食生产能力

耕地生产能力是决定粮食产量的决定因素之一。近年来，由于种植结构调整和建设用地，退耕还林还草等因素的影响，粮食播种面积在不断减少，而人口在不断增加，对粮食的需求量也在增加。为了保证榆次区粮食的供应，挖掘耕地生产潜力已成为农业生产中的大事。

耕地的生产能力是由土壤本身肥力作用所决定的，其生产能力分为现实生产能力和潜在生产能力。

**1. 现实生产能力** 榆次区现有耕地面积为 72.31 万亩，而中低产田就有 46.13 万亩之多，占总耕地面积的 63.79%，这必然造成榆次区现实生产能力偏低的现状。再加之耕作管理措施的粗放，造成耕地现实生产能力不高。2010 年，榆次区粮食播种面积为 51.98 万亩，粮食总产量为 18.28 万吨，亩产约 352 千克；油料作物播种面积 0.379 0 万亩，总

产 27.779 万吨，平均亩产 73 千克。

目前榆次区土壤有机质平均含量为 16.19 克/千克，全氮平均含量为 0.82 克/千克，有效磷平均含量为 14.46 毫克/千克，速效钾平均含量为 195.24 毫克/千克。

榆次区耕地总面积 72.31 万亩，其中有效灌溉面积 36.68 万亩，占耕地总面积的 50.7%；旱地 35.43 万亩，占耕地总面积的 49.3%；中低产田 46.13 万亩，占总耕地面积的 63.79%。榆次区耕地灌溉条件较好，但供需不平衡，水资源严重短缺。

**2. 潜在生产能力**　生产潜力是指在正常的社会秩序和经济秩序下所能达到的最大产量。从历史的角度和长期的利益来看，耕地的生产潜力是比粮食产量更为重要的粮食安全因素。

榆次区是国家商品粮基地之一，土质较好、光热资源充足、连片平整、河流水系较多，农业单位产出较高，可进行大规模的农业机械化协作生产。榆次区现有耕地中，一级、二级、三级地总计 38.00 万亩，占总耕地面积的 52.6%，其亩产大于 600 千克。经过对榆次区地力等级的评价得出，72.31 万亩耕地以全部种植粮食作物计，其粮食最大生产能力为 40 000 万千克，平均单产可达 553 千克/亩，榆次区耕地仍有很大生产潜力可挖。

纵观榆次区近年来的粮食、油料作物、蔬菜、干鲜果的平均亩产量和榆次区农民对耕地的经营状况，榆次区耕地还有巨大的生产潜力可挖。如果在农业生产中加大有机肥的投入，采取平衡施肥措施和科学合理的耕作技术，榆次区耕地的生产能力还可以提高。从近几年榆次区对玉米、小麦平衡施肥观察点经济效益的对比来看，平衡施肥区较习惯施肥区的增产率都在 10% 左右，甚至更高。如果能进一步提高农业投入比重，提高劳动者素质，下大力气加强农业基础建设，特别是农田水利建设，稳步提高耕地综合生产能力和产出能力，实现农林牧的结合就能增加农民经济收入。

**（二）不同时期人口、食品构成粮食需求分析预测**

农业是国民经济的基础，粮食是关系国计民生和国家自立与安全的特殊产品。从新中国成立初期到现在，榆次区人口数量、食品构成和粮食需求都在发生着巨大变化。新中国成立初期居民食品构成主要以粮食为主，也有少量的肉类食品，水果、蔬菜的比重很小。随着社会进步，生产的发展，人民生活水平逐步提高。到 20 世纪 80 年代初，居民食品构成依然以粮食为主，但肉类、禽类、油料、水果、蔬菜等的比重均有了较大提高。到 2010 年，榆次区人口增至 63 万，居民食品构成中，粮食所占比重有明显下降，肉类、禽蛋、水产品、制品、油料、水果、蔬菜、食糖却都占有相当比重。

榆次区粮食人均需求按国际通用粮食安全 400 千克计，榆次区人口自然增长率以 4% 计，到 2015 年，人口增至 76 万人，榆次区粮食需求总量预计将达 30.4 万吨，榆次区粮食依然可以保持 50% 左右的粮食自给率。随着资本、技术、劳动投入、政策、制度等条件的逐步完善，榆次区粮食数量和质量有望得到进一步提升。

**（三）粮食安全警戒线**

粮食是人类生存和社会发展最重要的产品，是具有战略意义的特殊商品，粮食安全不仅是国民经济持续健康发展的基础，也是社会安定、国家安全的重要组成部分。当前世界粮食危机已给一些国家经济发展和社会安定造成一定不良影响，近年来，随着农资价格上涨，种粮效益低等因素影响，农民种粮积极性不高，榆次区粮食单产徘徊不前，所以必须对榆次区的粮食安全问题给予高度重视。

## 三、耕地资源合理配置意见

在确保粮食生产安全的前提下，优化耕地资源利用结构，合理配置其他作物占地比例。根据中共榆次区区委、榆次区人民政府出台的榆次区社会主义新农村总体规划，对榆次区耕地资源进行如下配置：在榆次区现有 72.31 万亩耕地（不包括园地和林地）中，其中 40 万亩用于种植粮食，通过引进新品种、推广新技术，提高集约化种植水平和机械化耕作水平，大幅度提高单产数量，总产量保持在 2 亿千克左右，以满足榆次区人口粮食需求。其余 32.31 万亩耕地用于蔬菜、杂粮等作物扩大生产，适当增加蔬菜种植面积，按照"平川水地上拱棚、丘陵山区搞温室"的思路，坚定不移地推进设施蔬菜建设，同时以农业增效、农民增收为目标，逐步提高耕地质量，调整种植业结构推广优质农产品，以什贴镇为主的谷子园区面积扩大到 1 万亩，应用优质高效，生态安全栽培技术，提高耕地利用率。

根据《土地管理法》和《基本农田保护条例》划定榆次区基本农田保护区，将水利条件、土壤肥力条件好，自然生态条件适宜的耕地划为口粮和国家商品粮生产基地，长期不许占用。在耕地资源利用上，必须坚持基本农田总量平衡的原则。一是建立完善的基本农田保护制度，用法律保护耕地；二是明确各级政府在基本农田保护中的责任，严控占用保护区内耕地，严格控制城乡建设用地；三是实行基本农田损失补偿制度，实行谁占用、谁补偿的原则；四是建立监督检查制度，严厉打击无证经营和乱占耕地的单位和个人；五是建立基本农田保护基金，区政府每年投入一定资金用于基本农田建设，大力挖潜存量土地；六是合理调整用地结构，用市场经营利益导向调控耕地。

# 第二节 耕地地力建设与土壤改良利用对策

## 一、耕地地力现状及特点

经过历时 3 年的调查分析，基本查清了榆次区耕地地力现状与特点。

通过对榆次区土壤养分含量的分析得知：榆次区土壤以壤质土为主，有机质含量为 16.19 克/千克，属省三级水平；全氮含量为 0.82 克/千克，属省四级水平；有效磷含量平均为 14.46 毫克/千克，属省四级水平；速效钾含量为 195.24 毫克/千克，属省三级水平。中微量元素养分含量有效锌、有效铜较高，除有效铜、有效锌属省二级水平外，有效硫属省三级水平，有效锰、有效铁属省四级水平，有效硼属省五级水平。

### （一）耕地土壤养分含量不断提高

从这次调查结果看，榆次区耕地土壤有机质含量为 16.19 克/千克，与第二次土壤普查的 13.10 克/千克相比提高了 3.09 克/千克；全氮平均含量为 0.82 克/千克，与第二次土壤普查的 0.77 克/千克相比增加了 0.05 克/千克；有效磷平均含量 14.46 毫克/千克，与第二次土壤普查的 5.72 毫克/千克相比增加了 8.74 毫克/千克；速效钾平均含量为

163.2毫克/千克，与第二次土壤普查的平均含量125.46毫克/千克相比提高了69.78毫克/千克。

### （二）平川面积大，土壤质地好

据调查，榆次区70％的耕地主要分布在一级、二级阶地和缓坡丘陵区，其地势平坦，土层深厚，其中大部分耕地坡度小于6°，十分有利于现代化农业的发展。

### （三）耕作历史悠久，土壤熟化度高

榆次区农业历史悠久，土质良好，加以多年的耕作培肥，土壤熟化程度高。据调查，有效土层厚度平均达150厘米以上，耕层厚度为15～22厘米，适种作物广，生产水平高。

### （四）土壤污染轻

在榆次区范围内均匀布置36个土样采集点，进行耕地土壤重金属污染调查。本次调查结果表明，大田土壤的铅、镉、铬等10项指标均低于我国土壤环境质量的二级标准。12个水质采样点，砷、镉、铜、铬、锌五项指标均处于清洁级水平。

## 二、存在主要问题及原因分析

### （一）中低产田面积较大

据调查，榆次区共有中低产田面积46.13万亩，占耕地总面积63.79％。按主要障碍因素，共分为瘠薄培肥型、坡地梯改型、干旱灌溉型、盐碱耕地型四大类型，其中瘠薄培肥型18.48万亩，占耕地总面积的25.6％；坡地梯改型15.61万亩，占耕地总面积的21.6％；干旱灌溉型9.79万亩，占耕地总面积的13.5％；盐碱耕地型2.25万亩，占耕地总面积的3.1％。

中低产田面积大，类型多。主要原因：一是土壤肥力低；二是土壤干旱，有效灌溉面积少；三是农田基本建设投入不足，中低产田改造措施不力。三是农民耕地施肥投入不足，尤其是有机肥施用量仍处于较低水平。

### （二）耕地地力不足，耕地生产率低

榆次区耕地虽然经过排、灌、路、林综合治理，农田生态环境不断改善，耕地单产、总产呈现上升趋势，但近年来，农业生产资料价格一再上涨，农业劳动力成本上升，农民种粮获利仍然偏低。一些农民通过增施化肥取得较高产量，但耕作粗放，施肥不科学，结果导致土壤结构变差，造成了耕地土壤质量的恶化。

### （三）施肥结构不合理

作物每年从土壤中带走大量养分，主要是通过施肥来补充，因此，施肥直接影响到土壤中各种养分的含量。近几年在施肥上存在的问题，突出表现在"三重三轻"：第一，重特色产业，轻普通作物。第二，重复混肥料，轻专用肥料。随着我国化肥市场的快速发展，复混（合）肥异军突起，其应用对土壤养分的变化也有影响，许多复混（合）肥杂而不专，农民对其依赖性较大，而对于自己所种作物需什么肥料，土壤缺什么元素，底子不清，导致盲目施肥。第三，重化肥使用，轻有机肥使用。近些年来，农民将大部分有机肥施于菜田，特别是优质有机肥，而占很大比重的耕地有机肥却施用不足。

## 三、耕地培肥与改良利用对策

### (一) 多种渠道提高土壤肥力

**1. 增施有机肥，提高土壤有机质**　近年来，由于农家肥来源不足和化肥的发展，榆次区耕地有机肥施用量不够。可以通过以下措施加以解决。①广种饲草，增加畜禽，以牧养农。②大力种植绿肥，种植绿肥是培肥地力的有效措施，可以采用粮肥间作或轮作制度；重视发展堆肥。③大力推广秸秆还田。

**2. 合理轮作，挖掘土壤潜力**　不同作物需求养分的种类和数量不同，根系深浅不同，吸收各层土壤养分的能力不同，各种作物遗留残体成分也有较大差异。因此，通过不同作物合理轮作倒茬，保障土壤养分平衡。要大力推广粮、菜或果、粮及果、菜轮作，粮、油轮作，玉米、大豆立体间套作，小麦、大豆轮作等技术模式，实现土壤养分协调利用。

### (二) 巧施氮肥

速效性氮肥极易分解，通常施入土壤中的氮素化肥的利用率只有 25%～50%，或者更低。这说明施入土壤中的氮素，挥发渗漏损失严重。所以在施用氮肥时一定注意施肥量施肥方法和施肥时期，提高氮肥利用率，减少损失。

### (三) 重施磷肥

榆次地处黄土高原，属石灰性土壤，土壤中的磷常被固定，而不能发挥肥效。加上长期以来群众重氮轻磷，土壤中被作物吸收的磷得不到及时补充。试验证明，在缺磷土壤上增施磷肥增产效果明显，可以增施人粪尿、畜禽肥等有机肥，其中的有机酸和腐殖酸促进非水溶性磷的溶解，提高磷素的活力。

### (四) 因地施用钾肥

榆次区土壤中钾的含量较高，虽然在短期内不会成为限制农业生产的主要因素，但随着农业生产进一步发展和作物产量的不断提高，土壤中有效钾的含量也会处于不足状态，所以在生产中，要定期监测土壤中钾的动态变化，及时补充钾素。

### (五) 重视施用微肥

微量元素肥料，作物的需要量虽然很少，但对提高产品产量和品质，却有大量元素不可替代的作用。据调查，榆次区土壤中硼、锌、铁的等含量均不高，近年来玉米施锌和小麦施锌试验，增产效果很明显。

### (六) 因地制宜，改良中低产田

榆次区中低产田面积比较大，影响了耕地地力水平。因此，要从实际出发，分类配套改良技术措施，进一步提高榆次区耕地地力质量。

# 第三节　耕地污染防治对策与建议

## 一、水土综合评价结果

从点源污染土壤综合评价结果可以看出，在厂区附近 6 个土壤点位中，榆次区耕地土壤中主要重金属污染元素为镉、铅 2 种。

## 二、原因分析

通过对榆次区污染点位的调查分析，基本查清了测试项目检测值超标点位的受污染原因。其主要污染原因有工矿企业和污水区域对附近农田土壤的污染，施用化肥对土壤造成污染，以及喷施农药对土壤造成污染。

榆次区耕地土壤中主要重金属污染元素为镉、铅 2 种。

镉是有毒元素，其单质毒性较低，但其化合物的毒性很强，并有致畸、致癌作用。植物可吸收和富集土壤中的镉，使动物和植物食品中的镉含量增高。

铅是蓄积性毒物，人体大量摄入可引起"铅中毒"，其化合物毒性大。中毒后早期表现为类似神经衰弱的症状，典型者有肠绞痛、贫血和肌肉瘫痪，也可累及肾脏，严重者可发生脑病，威胁生命。

受污染点位主要是镉含量超标，其原因主要是由部分工矿企业排放的"三废"引起的污染。

## 三、控制、防治、修复污染的方法与措施

### （一）提高保护土壤资源的认识

在环境三要素中，土壤污染远远没有像空气、水体污染那样受到人们的关注和重视。很多人很少思考土壤污染及其对陆地生态系统、人类生存带来的威胁。土壤污染具有渐进性、长期性、隐蔽性和复杂性的特点。它对动物和人体的危害可通过食物链逐级积累，人们往往身处其害而不知其害，不像大气、水体污染易被人直觉观察。土壤污染除极少数突发性自然灾害（如火山活动）外，主要是人类活动造成的。因此，在高强度开发，利用土壤资源，寻求经济发展，满足物质需求的同时，一定要防止土壤污染，生态环境被破坏，力求土壤资源、生态环境、社会影响、社会经济协调、和谐发展。土壤与大气、水体的污染是相互影响，相互制约的。土壤作为各种污染物的最终聚集地，据报道，大气和水体中的污染物 90％以上最终沉积在土壤中。反过来，污染土壤也将导致空气和水体的污染，如过量施用氮素肥料，可能因硝态氮随渗漏进入地下水，引起地下水硝态氮超标。

### （二）土壤污染的预防措施

**1. 执行国家有关污染物的排放标准**　要严格执行国家有关部门颁发的有关污染物管理标准，如《农药登记规定》（1982 年）、《农药安全使用规定》（1982 年）、《工业、"三废"排放试行标准》（1973 年）、《农用灌溉水质标准》（1985 年）、《征收排污费暂行办法》（1982 年）以及《农用污泥中污染物控制标准》（GB 4284—84），并加强对污水灌溉与土地处理系统，固体废弃物的土地处理管理。

**2. 建立土壤污染监测、预测与评价系统**　以土壤环境标准为基准和土壤环境容量为依据，定期对辖区土壤环境质量进行监测，建立系统的档案材料，参照国家组织建议和我国土壤环境污染物目录，确定优先检测的土壤污染物和测定标准方法，按照优先污染次序

进行调查、研究。加强土壤污染物总浓度的控制与管理。必须分析影响土壤中污染物的累积因素和污染趋势，建立土壤污染物累积模型和土壤容量模型，预测控制土壤污染或减缓土壤污染对策和措施。

**3. 发展清洁生产**　发展清洁生产工艺，加强"三废"治理，有效消除、削减、控制重金属污染源，以减轻对环境的影响。

### （三）污染土壤的治理措施

不同污染型的土壤污染，其具体治理措施不完全相同，对已经污染的土壤要根据污染的实际情况进行改良。

**1. 金属污染土壤的治理措施**　土壤中重金属有不移动性、累积性和不可逆性的特点。因此，要从降低重金属的活性，减小它的生物有效性入手，加强土、水管理。

（1）通过农田的水分调控，调节土壤 Eh 值来控制土壤重金属的毒性：如铜、锌、铅等在一定程度上均可通过 Eh 值的调节来控制它的生物有效性。

（2）客土、换土法：对于严重污染土壤采取用客土或换土是一种切实有效的方法。

（3）生物修复：在严重污染的土壤上，采用超积累植物的生物修复技术是一个可行的方法。

（4）施用有机物质等改良剂：利用有机物质腐熟过程中产生的有机酸络合重金属，减少其污染。

**2. 有机物（农药）污染土壤的防治措施**　对于有机物、农药污染的土壤，应从加速土壤中农药的降解入手。可采用如下措施：

（1）增施有机肥料，提高土壤对农药的吸附量，减轻农药对土壤的污染。

（2）调控土壤 pH 和 Eh 值，加速农药的降解。不同有机农药降解对 pH、Eh 值要求不同，若降解反应属氧化反应或在好氧微生物作用下发生的降解反应，则应适当提高土壤 Eh 值。若降解反应是一个还原反应，则应降低 Eh 值。对于 pH 的影响，对绝大多数有机农药以及滴滴涕、六六六等都在较高 pH 条件下加速降解。

# 第四节　农业结构调整与适宜性种植

近些年来，榆次区农业的发展和产业结构调整工作取得了突出的成绩，但干旱胁迫严重，土壤肥力有所减退，抗灾能力薄弱，生产结构不良等问题，仍然十分严重，因此为适应 21 世纪我国农业发展的需要，增强榆次区优势农产品参与国际市场竞争的能力，有必要进一步对榆次区的农业结构现状进行战略性调整，从而促进榆次区高效农业的发展，实现农民增收。

## 一、农业结构调整的原则

为适应我国社会主义农业现代化的需要，在调整种植业结构中，遵循下列原则：

一是以国际农产品市场接轨，以增强榆次区农产品在国际、国内经济贸易的竞争力为原则。

二是以充分利用不同区域的生产条件、技术装备水平及经济基地条件，达到趋利避害，发挥优势的调整原则。

三是以充分利用耕地评价成果，正确处理作物与土壤间、作物与作物间的合理调整为原则。

四是采用耕地资源管理信息系统，为区域结构调整的可行性提供宏观决策与技术服务的原则。

五是保持行政村界线的基本完整的原则。

根据以上原则，在今后一般时间内将紧紧围绕农业增效、农民增收这个目标，大力推进农业结构战略性调整，最终提升农产品的市场竞争力，促进农业生产向区域化、优质化、产业化发展。

## 二、农业结构调整的依据

通过本次对榆次区种植业布局现状的调查，综合验证，认识到目前的种植业布局还存在许多问题，需要在区域内部加大调整力度，进一步提高生产力和经济效益。

根据此次耕地质量的评价结果，安排榆次区的种植业内部结构调整，应依据不同地貌类型耕地综合生产能力和土壤环境质量两方面的综合考虑，具体为：

一是按照四大不同地貌类型，因地制宜规划，在布局上做到宜农则农，宜林则林，宜牧则牧。

二是按照耕地地力评价出 1～7 个等级标准，在各个地貌单元中所代表面积的数值衡量，以适宜作物发挥最大生产潜力来分布，做到高产高效作物分布在 1～3 级耕地为宜，中低产田应在改良中调整。

三是按照土壤环境的污染状况，在面源污染、点源污染等影响土壤健康的障碍因素中，以污染物质及污染程度确定，做到该退则退，该治理的采取消除污染源及土壤降解措施，达到无公害绿色产品的种植要求，来考虑作物种类的布局。

## 三、土壤适宜性及主要限制因素分析

榆次区土壤因成土母质不同，土壤质地也不一致，发育在黄土及黄土状母质上的土壤质地多是较轻而均匀的壤质土，心土及底土层为黏土。总的来说，榆次区的土壤大多为壤质，沙黏含量比较适合，在农业上是一种质地理想的土壤，其性质兼有沙土和黏土之优点，而克服了沙土和黏土之缺点，它既有一定数量的大孔隙，还有较多的毛管孔隙，故通透性好，保水保肥性强，耕性好，宜耕期长，好抓苗，发小又养老。

因此，综合以上土壤特性，榆次区土壤适宜性强，玉米、小麦、谷子、大豆、甘薯、马铃薯等粮食作物及经济作物，如蔬菜、西瓜、药材、酥梨、苹果、葡萄、红枣等都适宜榆次区种植。

但种植业的布局除了受土壤质地作用外，还要受到地理位置、水分条件等自然因素和经济条件的限制，在丘陵地区，沟壑纵横，土壤肥力较低，土壤较干旱，气候凉爽，农业经济条件也较为落后，因此要大力发展林、牧业，建立农、林、牧结合的生态体系，使其成林、牧产品生产基地。在平原地区由于土地平坦，水源较丰富，是本区土壤肥力较高的区域，同时其经济条件及农业现代化水平也较高，故应充分利用地理、经济、技术优势，在不放松粮食生产的前提下，积极开展多种经营，实行粮、菜、果全面发展。

在种植业的布局中，必须充分考虑到各地的自然条件、经济条件，合理利用自然资源，对布局中遇到的各种限制因素，应考虑到它影响的范围和改造的可行性，合理布局生产，最大限度地、持久地发掘自然的生产潜力，做到地尽其力。

## 四、种植业布局分区建议

根据榆次区别种植业布局分区的原则和依据，结合本次耕地地力调查与质量评价结果，将榆次区划分为三大种植区，分区概述：

### (一) 平川粮菜生产区

该区位于潇河、涂河沿岸一级阶地及河漫滩，以张庆乡、修文镇、东阳镇为主，以及郭家堡乡和长凝镇的一部分。

**1. 区域特点** 本区地处潇河、涂河一级阶地及河漫滩，海拔较低，地势平坦，土壤肥沃，水土流失轻微，地下水位较浅，水源比较充足，属河井两灌区、井灌区，水利设施好，园田化水平高，交通便利，农业生产条件优越。气候温和，热量充足，农业生产水平较高。本区土壤耕性良好，适种性广，施肥水平较高。本区土壤为潮土、盐化潮土2个亚类，是榆次区的粮、菜主产区。

**2. 种植业发展方向** 本区以建设粮食基地为主攻方向，大力发展高产高效粮田，兼顾饲用型玉米和鲜玉米生产。扩大无公害蔬菜种植面积，重点发展设施蔬菜。

**3. 主要保障**

(1) 加大土壤培肥力度，增施有机肥，全面推广多种形式秸秆还田，以增加土壤有机质，改良土壤理化性状。

(2) 注重作物合理轮作，坚决杜绝连茬多年的习惯。

(3) 全力以赴搞好基地建设，通过标准化建设、模式化管理、无害化生产、水肥一体化技术应用，使基地取得明显的经济效益和社会效益。

### (二) 丘陵垣地玉米产区

本区位于什贴台垣区到倾斜平原以及乌金山冲、洪积扇（中、上）部。海拔为800～1 000米，主要在什贴、乌金山、郭家堡等乡（镇）。

**1. 区域特点** 本区光热资源丰富，土地比较肥沃，属深井灌溉或旱垣区。本区耕地属褐土性土和石灰性褐土两个亚类，是本区主要的玉米种植区。

**2. 种植业发展方向** 本区种植业，以玉米为主。

**3. 主要保证措施**

(1) 加强技术培训，提高农民素质。

(2) 增施有机肥，有效提高土壤有机质含量。

(3) 搞好测土配方施肥，发展无公害果品生产，提高市场竞争力。

（4）加强水利设施建设，千方百计扩大浇水面积，发展旱井、旱窖。

### （三）丘陵果业区

该区主要位于北田镇、庄子乡以及东赵乡、长凝镇、什贴镇、乌金山镇的部分地区，海拔为 850～1 300 米，土质较好，但土壤肥力稍差。

**1. 区域特点**　本区土地坡度较缓，土质较好，土壤主要是石灰性褐土、褐土性土，母质为黄土母质，光照充足。

**2. 种植业发展方向**　本区以果树为主，积极发展苹果、梨、葡萄等水果和红枣、核桃、大杏仁等干果，建立生产基地。

**3. 主要保障措施**

（1）广辟有机肥源，增施有机肥，改良土壤，提高土壤保水保肥能力。

（2）因地制宜，合理施用化肥。

（3）发展无公害果业生产，形成规模，提高市场竞争力。

### （四）低山丘陵杂粮区

该区主要分布于境内东南山、北山一带，包括庄子、长凝、东赵以及什贴镇、乌金山镇北部山区，海拔为 1 000～1 300 米，土壤耕层较薄，熟化程度较低，肥力差。

**1. 区域特点**　本区土地坡度较陡，大部分作为梯田，土壤主要是褐土性土，母质为黄土、红黄土母质，有不同程度的水土流失，光照充足。

**2. 种植业发展方向**　本区种植以谷子、马铃薯、豆类及玉米为主，积极发展牧草、中药材等经济作物，建立生产基地。

**3. 主要保障措施**

（1）修筑土质及生物地埂，防止水土流失。

（2）广辟有机肥源，进行秸秆还田，培肥土壤，提高土壤保水保肥能力。

（3）用地养地，合理轮作。

## 五、农业远景发展规划

榆次区农业的发展，应进一步调整和优化农业结构，全面提高农产品品质和经济效益，建立和完善全区耕地质量管理信息系统，随时服务布局调整，从而有力促进了榆次区农村经济的快速发展。现根据各地的自然生态条件、社会经济技术条件，特提出 5 年发展规划如下：

一是榆次区粮食占有耕地 40 万亩，集中建立 10 万亩优质玉米生产基地。

二是实施无公害生产基地。重点发展以东阳镇为主的万亩无公害蔬菜示范园区；发展以北田镇、东赵乡、修文镇为主的 3 个 5 000 亩设施蔬菜园区；发展 20 个标准化示范园区。设施蔬菜每年发展 1 万亩，到 2015 年累计达到 13 万亩，年产量 150 万吨。优质苹果、桃、葡萄等果业发展到 10 万亩，全面推广绿色蔬菜、果品生产操作规程，配套建设贮藏、包装、加工、质量检测、信息等设施完备的果品批发市场。

三是集中精力发展养殖业。重点发展 3 个优质高产高蛋白粮饲兼用型玉米万亩园区，按照"标准化生产，园区化发展"的思路，大力推广健康养殖方式，不断提高畜禽产品质量安全水平，实现畜牧产业质和效的提高。重点发展圈养牛、羊、鸡，到 2015 年，肉蛋奶总产量达到 15 万吨。猪存栏达到 50 万头，奶牛饲养量达到 2 万头。

综上所述，面临的任务是艰巨的，困难也是很大的，所以要下大力气克服困难，努力实现既定目标。

# 第五节　耕地质量管理对策

耕地地力调查与质量评价成果为榆次区耕地质量管理提供了依据，耕地质量管理决策的制定，成为榆次区农业可持续发展的核心内容。

## 一、建立依法管理体制

### （一）工作思路

以发展优质高效、生态、安全农业为目标，以耕地质量动态监测管理为核心，以土壤地力改良利用为重点，通过农业种植业结构调查，合理配置现有农业用地，逐步提高耕地地力水平，满足人民日益增长的农产品需求。

### （二）建立完善行政管理机制

**1. 制定总体规划**　坚持"因地制宜、统筹兼顾，局部调整、挖掘潜力"的原则，制定榆次区耕地地力建设与土壤改良利用总体规划，实行耕地用养结合，划定中低产田改良利用范围和重点，分区制定改良措施，严格统一组织实施。

**2. 建立以法保障体系**　制定并颁布《榆次区耕地质量管理办法》，设立专门监测管理机构，区、乡、村三级设定专人监督指导，分区布点，建立监控档案，依法检查污染区域项目治理工作，确保工作高效到位。

**3. 加大资金投入**　区政府要加大资金支持，区财政每年从农发资金中列支专项资金，用于榆次区中低产田改造和耕地污染区域综合治理，建立财政支持下的耕地质量信息网络，推进工作有效开展。

### （三）强化耕地质量技术实施

**1. 提高土壤肥力**　组织区、乡农业技术人员实地指导，组织农户合理轮作，平衡施肥，安全施药、施肥，推广秸秆还田、种植绿肥、施用生物菌肥，多种途径提高土壤肥力，降低土壤污染，提高土壤质量。

**2. 改良中低产田**　实行分区改良，重点突破。灌溉改良区重点抓好灌溉配套设施的改造、节水浇灌、挖潜增灌扩大浇水面积，丘陵中低产区要广辟肥源，深耕保墒，轮作倒茬，粮草间作，扩大植被覆盖率，修整梯田，达到增产增效目标。

## 二、建立和完善耕地质量监测网络

随着榆次区工业化进程的不断加快，工业污染日益严重，在重点工业生产区域建立耕地质量监测网络已迫在眉睫。

**1. 设立组织机构**　耕地质量监测网络建设，涉及环保、土地、水利、经贸、农业等多个部门，需要区政府协调支持，成立依法行政管理机构。

**2. 配置监测机构**　由区政府牵头，各职能部门参与，组建榆次区耕地质量监测领导组，在区环保局下设办公室，设定专职领导与工作人员，建立企业治污工程体系，制定工作细则和工作制度，强化监测手段，提高行政监测效能。

**3. 加大宣传力度**　采取多种途径和手段，加大《环保法》宣传力度，在重点污排企业及周围乡村印刷宣传广告，大力宣传环境保护政策及科普知识。

**4. 监测网络建立**　在榆次区依据这次耕地质量调查评价结果，划定安全、非污染、轻污染、中度污染、重污染五大区域，每个区域确定10～20个点，定人、定时、定点取样监测检验，填写污染情况登记表，建立耕地质量监测档案。对污染区域的污染源，要查清原因，由榆次区耕地质量监测机构依据检测结果，强制企业污染限期限时达标治理。对未能限期达标企业，一律实行关停整改，达标后方可生产。

**5. 加强农业执法管理**　由区农业、环保、质检行政部门组成联合执法队伍，宣传农业法律知识，对市场化肥、农药实行市场统一监控、统一发布，将假冒农用物资一律依法查封销毁。

**6. 改进治污技术**　对不同污染企业采取烟尘、污水、污碴分类科学处理转化。对工业污染河道及周围农田，采取有效物理、化学降解技术，降解铅、镉及其他重金属污染物，并在河道两岸50米栽植花草、林木、净化河水，美化环境；对化肥、农药污染农田，要划区治理，积极利用农业科研成果，组成科技攻关组，引试降解剂，逐步消解污染物。

**7. 推广农业综合防治技术**　在增施有机肥降解大田农药、化肥及垃圾废弃物污染的同时，积极宣传推广微生物菌肥，以改善土壤的理化性状，改变土壤溶液酸碱度，改善土壤团粒结构，减轻土壤板结，提高土壤保水、保肥性能。

## 三、农业税费政策与耕地质量管理

目前，农业税费改革政策的出台必将极大调整农民粮食生产积极性，成为耕地质量恢复与提高的内在动力，对榆次区耕地质量的提高具有以下几个作用：

**1. 加大耕地投入，提高土壤肥力**　目前，榆次区中低产田分布区域广，粮食生产能力较低。税费改革政策的落实有利于提高单位面积耕地养分投入水平，逐步改善土壤养分含量，改善土壤理化性状，提高土壤肥力，保障粮食产量恢复性增长。

**2. 改进农业耕作技术，提高土壤生产性能**　农民积极性的调动，成为耕地质量提高的内在动力，将促进农民平田整地，耙糖保墒，加强耕地机械化管理，缩减中低产田面积，提高耕地地力等级水平。

**3. 采用先进农业技术，增加农业比较效益**　采取有机旱作农业技术，合理优化栽适技术，加强田间管理，节本增效，提高农业比较效益。

农民以田为本，以田谋生，农业税费政策出台以后，土地属性发生变化，农民由有偿支配变为无偿使用，成为农民家庭财富的一部分，对农民增收和国家经济发展将起到积极的推动作用。

## 四、扩大无公害农产品生产规模

在国际农产品质量标准市场一体化的形势下，扩大榆次区无公害农产品生产成为满足社会消费需求和农民增收的关键。

在榆次区发展绿色无公害农产品，扩大生产规模，要根据耕地地力调查与质量评价结果为依据，充分发挥区域比较优势，合理布局，规模调整。一是粮食生产上，在榆次区发展 10 万亩无公害优质玉米，1 万亩无公害谷子；二是在蔬菜生产上，发展无公害蔬菜 10 万亩；三是在水果生产上，发展无公害水果 5 万亩。

**1. 建立组织保障体系**  设立榆次区无公害农产品生产领导组，下设办公室，地点在区农业局。组织实施项目列入区政府工作计划，单列工作经费，由区财政负责执行。

**2. 加强质量检测体系建设**  成立区级无公害农产品质量检验技术领导组，区、乡下设两级监测检验的网点，配备设备及人员，制订工作流程，强化监测检验手段，提高检测检验质量，及时指导生产基地技术推广工作。

**3. 重点建设蔬菜绿色无公害防控技术体系**  扩大以频振式杀虫灯为主的绿色防控面积，减少化学农药的使用量。

**4. 制定技术规程**  组织技术人员建立榆次区无公害农产品生产技术操作规程，重点抓好平衡施肥，合理施用农药，细化技术环节，实现标准化生产。

**5. 打造绿色品牌**  重点实施好无公害蔬菜、红枣、果品、谷子等生产。

## 五、加强农业综合技术培训

自 20 世纪 80 年代起，榆次区就建立起区、乡、村三级农业技术推广网络。区农业技术推广中心牵头，搞好技术项目的组织与实施，负责划区技术指导，行政村配备 1 名科技副村长，在榆次区设立农业科技示范户。开展优质高产高效生产技术培训，推广旱作农业、生物覆盖、地膜覆盖及设施蔬菜综合配套技术。

现阶段，榆次区农业综合技术培训工作一直保持领先，有机旱作、测土配方施肥、节水灌溉、生态沼气、标准化栽培、无公害蔬菜生产技术推广已取得明显成效。充分利用这次耕地地力调查与质量评价，主抓以下几方面技术培训：

（1）宣传加强农业结构调整与耕地资源有效利用的目的及意义。

（2）榆次区中低产田改造和土壤改良相关技术推广。

（3）耕地地力环境质量建设与配套技术推广。

（4）绿色无公害农产品生产技术操作规程。

（5）农药、化肥安全施用技术培训。

（6）农业法律、法规、环境保护相关法律的宣传培训。

通过技术培训，使榆次区农民掌握必要的知识与生产实行技术，推动耕地地力建设，提高农业生态环境、耕地质量环境的保护意识，发挥主观能动性，不断提高榆次区耕地地力水平，以满足日益增长的人口和物资生活需求，为全面建设小康社会打好农业发展基础平台。

# 第六节　耕地资源管理信息系统的应用

耕地资源管理信息系统以一个行政区域内耕地资源为管理对象，应用 GIS 技术，对辖区内的地形、地貌、土壤、土地利用、农田水利、土壤污染、农业生产基本情况、基本农田保护区等资料进行统一管理，构建耕地资源基础信息系统，并将其数据平台与各类管理模型结合，对辖区内的耕地资源进行系统的动态管理，为农业决策、农民和农业技术人员提供耕地质量动态变化规律、土壤适宜性、施肥咨询、作物营养诊断等多方位的信息服务。

本系统行政单元为村，农业单元为基本农田保护块，土壤单元为土种，系统基本管理单元为土壤、基本农田保护块、土地利用现状叠加所形成的评价单元。

## 一、领导决策依据

这次耕地地力调查与质量评价直接涉及耕地自然要素、环境要素、社会要素及经济要素四个方面，为耕地资源信息系统的建立与应用提供了依据。通过榆次区生产潜力评价、适宜性评价、土壤养分评价、科学施肥、经济性评价、地力评价及产量预测，及时指导农业生产的发展，为农业技术推广应用作好信息发布，为用户需求分析及信息反馈打好基础。主要依据：一是榆次区耕地地力水平和生产潜力评估为农业远期规划和全面建设小康社会提供了保障；二是耕地质量综合评价，为领导提供了耕地保护和污染修复的基本思路，为建立和完善耕地质量检测网络提供了方向；三是耕地土壤适宜性及主要限制因素分析为榆次区农业调整提供了依据。

## 二、动态资料更新

这次榆次区耕地地力调查与质量评价中，耕地土壤生产性能主要包括地形部位、土体构型、较稳定的物理性状、易变化的化学性状、农田基础建设五个方面。耕地地力评价标准体系与第二次土壤普查技术标准出现部分变化，耕地要素中基础数据有大量变化，为动态资料更新提供了新要求。

### （一）耕地地力动态资源内容更新

**1. 评价技术体系有较大变化**　这次调查与评价主要运用了"3S"评价技术。在技术方法上，采用文字评述法、专家经验法、模糊综合评价法、层次分析法、指数和法；在技术流程上，应用了叠置法确定评价单元，空间数据与属性数据相连接，采用特尔菲法和模糊综合评价法，确定评价指标，应用层次分析法确定各评价因子的组合权重，用数据标准化计算各评价因子的隶属函数并将数值进行标准化，应用了累加法计算每个评价单元的耕地地力综合评价指数，分析综合地力指数，分布划分地力等级，将评价的地方等级归入农业部地力等级体系，采取 GIS、GPS 系统编绘各种养分图和地力等级图等图件。

**2. 评价内容有较大变化**  除原有地形部位、土体构型等基础耕地地力要素相对稳定以外，土壤物理性状、易变化的化学性状、农田基础建设等要素变化较大，尤其是土壤容重、有机质、有效磷、速效钾指数变化明显。

**3. 增加了耕地质量综合评价体系**  土样、水样化验检测结果为榆次区绿色、无公害农产品基地建立和发展提供了理论依据。图件资料的更新变化，为今后榆次区农业宏观调控提供了技术准备，空间数据库的建立为榆次区农业综合发展提供了数据支持，加速了农业信息化快速发展。

### （二）动态资料更新措施

结合这次耕地地力调查与质量评价，榆次区及时成立技术指导组，确定专门技术人员，从土样采集、化验分析、数据资料整理编辑，计算机网络连接畅通，保证了动态资料更新及时、准确，提高了工作效率和质量。

## 三、耕地资源合理配置

### （一）目的意义

多年来，榆次区耕地资源盲目利用，低效开发，重复建设情况十分严重，随着农业经济发展方向的不断延伸，农业结构调整缺乏借鉴技术和理论依据。这次耕地地力调查与质量评价成果对指导榆次区耕地资源合理配置，逐步优化耕地利用质量水平，对提高土地生产性能和产量水平具有现实意义。

榆次区耕地资源合理配置思路是：以确保粮食安全为前提，以耕地地力质量评价成果为依据，以统筹协调发展为目标，用养结合，因地制宜，内部挖潜，发挥耕地最大生产效益。

### （二）主要措施

**1. 加强组织管理，建立健全工作机制**  要组建耕地资源合理配置协调管理工作体系，由农业、土地、环保、水利、林业等职能部门分工负责，密切配合，协同作战。技术部门要抓好技术方案制定和技术宣传培训工作。

**2. 加强农田环境质量检测，抓好布局规划**  将企业列入耕地质量检测范围。企业要加大资金投入和技术改造，降低"三废"对周围耕地污染，因地制宜大力发展绿色无公害农产品优势生产基地。

**3. 加强耕地保养利用，提高耕地地力**  依照耕地地力等级划分标准，划定榆次区耕地地力分布界限，推广平衡施肥技术，加强农田水利基础设施建设，平田整地，中低产田改良，植树造林，扩大植被覆盖面，防止水土流失，提高园田化水平。采用机械耕作，加深耕层，熟化土壤，改善土壤理化性状，提高土壤保水保肥能力。划区制定技术改良方案，将榆次区耕地地力水平分级划分到村、到户，建立耕地改良档案，定期定人检查验收。

**4. 重视粮食生产安全，加强耕地利用和保护管理**  根据榆次区农业发展远景规划目标，要十分重视耕地利用保护与粮食生产之间的关系。人口不断增长，耕地逐年减少，要解决好建设与吃饭的关系，合理利用耕地资源，实现耕地总面积动态平衡，解决人口增长与耕地矛盾，实现农业经济和社会可持续发展。

总之，耕地资源配置，主要是各土地利用类型在空间上的整体布局；另一层含义是指同一土地利用类型在某一地域中是分散配置还是集中配置。耕地资源空间分布结构折射出其地域特征，而合理的空间分布结构可在一定程度上反映自然生态和社会经济系统间的协调程度。耕地的配置方式，对耕地产出效益的影响截然不同，经过合理配置，农村耕地相对规模集中，既利于农业管理，又利于减少投工投资，耕地的利用率将有较大提高。

一是严格执行《基本农田保护条例》，增加土地投入，大力改造中低产田，使农田数量与质量稳步提高；二是园地面积要适当调整，淘汰劣质果园，发展优质果品生产基地；三是林草地面积适量增长，加大四荒拍卖开发力度，种草植树，力争森林覆盖率达到30%，牧草面积占到耕地面积的2%以上。搞好河道、滩涂地有效开发，增加可利用耕地面积。要采取措施，严控企业占地，严控农村宅基地占用一级、二级耕田，加大废旧砖窑和农村废弃宅基地的返田改造，盘活耕地存量调整，"开源"与"节流"并举，加快耕地使用制度改革。实行耕地使用证发放制度，促进耕地资源的有效利用。

## 四、土、肥、水、热资源管理

### (一) 基本状况

榆次区耕地自然资源包括土、肥、水、热资源。它是在一定的自然和农业经济条件下逐渐形成的，其利用及变化均受到自然、社会、经济、技术条件的影响和制约。自然条件是耕地利用的基本要素。热量与降水是气候条件最活跃的因素，对耕地资源影响较为深刻，不仅影响耕地资源类型形成，更重要的是直接影响耕地的开发程度、利用方式、作物种植、耕作制度等方面。土壤肥力则是耕地地力与质量水平基础的反映。

**1. 光热资源** 榆次区属温带大陆性半干旱气候，四季分明，冬季寒冷干燥，夏季炎热多雨。年平均气温 9.8℃，一年中 1 月最冷，月平均气温 -7.2℃，极端最低气温 -22.3℃（2002 年）；7 月最热，平均气温为 23.5℃，极端最高气温为 39.6℃（2005年）。≥0℃积温为 3 988℃，≥10℃的积温为 3 629.6℃，平均无霜期为 155 天，初霜冻日为 10 月上旬，终霜冻日为 4 月下旬。

**2. 降水与水文资源** 山区降水较多，降水量年平均在 480 毫米以上；平川地区偏少，降水量年平均在 418 毫米以下。榆次区除因地形因素分布不均外，四季降水也明显不均。降水一般集中在 6 月、7 月、8 月这 3 个月，占全年降水量的 59%，而冬季 12 月、1 月、2 月这 3 个月的降水只占全年降水 2% 左右；同时降水年际间变化也较大，最多为 720.3毫米，最少为 260.3 毫米。

榆次区位于黄土高原，水资源短缺。榆次区水资源总量为 9 043 万米³，地下水储量为 8 168 万米³，地下水可开采量为 9 900 万米³。榆次区年平均用水量为 12 928 万米³，农业灌溉常用水量为 8 000 万米³。人均水资源占有量为 162 米³，低于全省人均水资源量381 米³ 的水平和全国人均水资源量 2 200 米³ 的水平，地下水资源长期处于超采状态。

**3. 土壤肥力水平** 榆次区耕地地力平均水平较低，依据《山西省中低产田类型划分与改良技术规程》，分析评价单元耕地土壤主要障碍因素，将榆次区中低产田分为 4 个类型：干旱灌溉改良型、坡地梯改型、瘠薄培肥型、盐碱耕地型。中低产田面积为 461 285.33 亩，占总耕地面积的 63.79%。榆次区耕地土壤类型为：褐土、潮土、盐土三大类，榆次区土壤质地较好，主要分为沙质土、壤质土、黏质土 3 种类型，其中壤质土约占 80%。土壤 pH 变化范围为 7.84～9.09，平均值为 8.66；耕地土壤容重范围为 1.15～1.35 克/厘米，平均值为 1.25 厘米。

### （二）管理措施

在榆次区建立土壤、肥力、水热资源数据库，依照不同区域土、肥、水热状况，分类分区划定区域，设立监控点位、定人、定期填写检测结果，编制档案资料，形成有连续性的综合数据资料，有利于指导榆次区耕地地力恢复性建设。

## 五、科学施肥体系与灌溉制度的建立

### （一）科学施肥体系建立

榆次区平衡施肥工作起步较早，最早始于 20 世纪 70 年代未定性的氮磷配合施肥，80 年代初为半定量的初级配方施肥。90 年代以来，有步骤定期开展土壤肥力测定，逐步建立了适合榆次区不同作物、不同土壤类型的施肥模式。在施肥技术上，提倡"增施有机肥，稳施氮肥，增施磷肥，补施钾肥，配施微肥和生物菌肥"。

**1. 调整施肥思路** 以节本增效为目标，立足抗旱栽培，着力提高肥料利用率，采取"控氮、稳磷、补钾、配微"原则，坚持有机肥与无机肥相结合，合理调整养分比例，按耕地地力与作物类型分期供肥，科学施用。

**2. 施肥方法**

（1）因土施肥：不同土壤类型保肥、供肥性能不同。对榆次区黄土丘陵区耕地，一般将肥料作基肥一次施用效果最好；对潇河两岸的沙土、沙壤土，肥料特别是钾肥应少量多次施用。

（2）因品种施肥：肥料品种不同，施肥方法也不同。对碳酸氢铵等易挥发性化肥，必须集中深施覆盖土，底肥 20～25 厘米以下，追肥为 15 厘米左右，硝态氮肥易流失，宜作追肥，不宜大水漫灌；尿素为高浓度中性肥料，作底肥和叶面喷肥效果最好，在旱地做基肥集中条施。磷肥易被土壤固定，常作基肥和种肥，要集中沟施，且忌撒施土壤表面。

（3）因苗施肥：对基肥充足，生长旺盛的田块，要少量控制氮肥，少追或推迟追肥时期；对基肥不足，生长缓慢田块，要施足基肥，多追或早追氮肥；对后期生长旺盛的田块，要控氮补磷施钾。

（4）因作物施肥：对瓜、果、菜区要增施钾肥和有机肥，适当补充中微量元素，控制氮肥施用量；对粮食作物要增氮稳磷补钾。

**3. 选定施用时期** 因作物选定施肥时期。小麦追肥宜选在拔节期追肥；叶面喷肥选在孕穗期和扬花期；玉米追肥宜选在拔节期和大喇叭口期施肥，同时可采用叶面喷施锌肥。

在作物喷肥时间上，要看天气施用，要选无风、晴朗天气，8：00 以前或 16：00 以后喷施。

**4. 选择适宜的肥料品种和合理的施用量施肥**　在品种选择上，增施有机肥、高温堆沤积肥、生物菌肥；严格控制硝态氮肥施用，在忌氯作物上不能施用氯化钾，提倡施用硫酸钾肥，补施铁肥、锌肥、硼肥等微量元素化肥。在化肥用量上，要坚持无害化施用原则，一般菜田，亩施腐熟农家肥 3 000～5 000 千克、尿素 25～30 千克、磷肥 40 千克、钾肥 10～15 千克。日光温室以番茄为例，一般亩产 10 000 千克，亩施有机肥 5 000 千克、氮肥（N）20～22 千克、磷（$P_2O_5$）15～18 千克，（$K_2O$）24～26 千克，配施适量硼、锌等微量元素。

### （二）灌溉制度的建立

榆次区为贫水区之一，主要采取抗旱节水灌溉为主。

**1. 旱垣地区推广集雨灌溉模式**　主要采用有机旱作技术模式，深翻耕作，加深耕层，平田整地，提高园田化水平，地膜覆盖，垄际集雨纳墒，秸秆覆盖蓄水保墒，高灌引水，旱井集雨，节水管灌等配套技术措施，提高旱地农田水分利用率。

**2. 平川地区扩大井水灌溉面积**　水源条件较好的旱地，打井造渠，利用分畦浇灌或管道渗灌、喷灌、滴灌，节约用水，保障作物生育期浇一次透水。平川井灌区要修整管道，按作物需水高峰期浇灌，全生育期保证浇水 2～3 次，满足作物生长需求。切忌大水漫灌。

**3. 设施栽培推广膜下滴灌水肥一体化技术**　制定合理的灌溉制度，在保障蔬菜正常生长的前提下，提高水、肥资源利用率。

### （三）体制建设

在榆次区建立科学施肥与灌溉制度，农业、技术部门要严格细化相关施肥技术方案，积极宣传和指导；水利部门要抓好井灌配套等基本农田水利设施建设，提高灌溉能力；林业部门要加大荒坡、荒山植树植被、绿色环境，改善气候条件，提高年际降雨量；农业环保部门要加强基本农田及水污染的综合治理，改善耕地环境质量和灌溉水质量。

## 六、信息发布与咨询

耕地地力与质量信息发布与咨询，直接关系到耕地地力水平的提高，关系到农业结构调整与农民增收目标的实现。

### （一）体系建立

以榆次农业技术部门为依托，在省、市农业技术部门的支持下，建立耕地地力与质量信息发布咨询服务体系，建立相关数据资料展览室，将榆次区土壤、土地利用、农田水利、土壤污染、基本农田保护区等相关信息融入电脑网络之中，充分利用区、乡两级农业信息服务网络，对辖区内的耕地资源进行系统的动态管理，为农业生产和结构调整做好耕地质量动态变化、土壤适宜性、施肥咨询、作物营养诊断等多方位的信息服务。在乡村建立专门试验示范生产区，专业技术人员要做好协助指导管理，为农户提供技术、市场、物资供求信息，定期记录监测数据，实现规范化管理。

### （二）信息发布与咨询服务

**1. 农业信息发布与咨询**　重点抓好玉米、蔬菜、水果等适栽品种供求动态、适栽管理技术、无公害农产品化肥和农药科学施用技术、农田环境质量技术标准的入户宣传、编制通俗易懂的文字、图片发放到每家每户。

**2. 开辟空中课堂抓宣传**　充分利用覆盖榆次区的电视传媒信号，定期做好专题资料宣传，并设立信息咨询服务电话热线，及时解答和解决农民提出的各种疑难问题。

**3. 组建农业耕地环境质量服务组织**　在榆次区乡村选拔科技骨干及科技副村长，统一组织耕地地力与质量建设技术培训，组成农业耕地地力与质量管理服务队，建立奖罚机制，鼓励他们谏言献策，提供耕地地力与质量方面信息和技术思路，服务于全县农业发展。

**4. 建立完善执法管理机构**　成立由区土地、环保、农业等行政部门组成的综合行政执法决策机构，加强对榆次区农业环境的执法保护。开展农资市场打假，依法保护利用土地，监控企业污染，净化农业发展环境。同时配合宣传相关法律、法规，让群众家喻户晓，自觉接受社会监督。

## 第七节　榆次区玉米耕地适宜性分析报告

榆次区是国家商品粮基地之一，玉米历年来是榆次区第一大粮食作物，常年种植面积保持在 40 万亩以上。近年来随着畜牧业和饲料加工业的快速发展，对优质玉米的需求呈上升趋势，发展玉米产业，对国家粮食安全，当地产业化纵深发展，促进农民增产增收，有着举足轻重的战略意义。

### 一、无公害玉米生产条件的适宜性分析

榆次区玉米种植区域属暖温带大陆性季风气候，光热资源丰富，雨热同季集中，年平均降水量 450 毫米，年平均日照时数 2 662.1 小时，年平均气温为 9.8℃，全年无霜期 155 天，历年通过 10℃ 的积温为 3 629.6℃，土壤类型以褐土和潮土为主，理化性能较好，为无公害玉米生产提供了有利的环境条件。

### 二、玉米现状及存在问题

**1. 耕地养分测定结果及评价**　本次榆次区采集 2 200 个玉米种植样点，大量元素测定结果为：玉米耕地土壤有机质平均含量为 15.56 克/千克，属三级水平；全氮平均含量为 0.84 克/千克，属四级水平；有效磷平均含量为 14.59 毫克/千克，属四级水平；速效钾平均含量为 193.2 毫克/千克，属三级水平；采集中、微量元素 1 000 个，测定结果为：有效铜平均含量为 1.76 毫克/千克，属二级水平；有效锌平均含量为 1.95 毫克/千克，属二级水平；有效铁平均含量为 9.13 毫克/千克，属四级水平；有效锰平均值为 13.63 毫克/千克，属四级水平；有效硼平均含量为 0.45 毫克/千克，属五级水平；有效硫平均含量为 62.36 毫克/千克，属三级水平。总体来说，有机质和速效钾较高，有效磷和全氮较低；中、微量元素铜、锌、硫较高，硼较低。

**2. 无公害玉米生产目前存在的问题**

（1）土壤有效磷含量部分田块偏低：土壤肥力是提高农作物产量的条件，是农业生产持续上升的物质基础。从土壤养分分析结果来看，榆次区无公害玉米产区有效磷含量与无公害玉米生产条件的标准相比部分地块偏低。尤其是什贴、乌金山镇、东赵的丘陵区，有效磷呈现缺乏或极度缺乏状态，生产中存在的主要问题是增加磷肥施用量。

（2）土壤养分不协调：从无公害玉米对土壤养分的要求来看，无公害玉米产区土壤中全氮和有效磷含量相对偏低，速效钾的平均含量为中等偏上水平。生产中存在的主要问题是氮、磷、钾配比不当，需注重磷、钾肥施用。

（3）微量元素肥料施用量不足：微量元素大部分不能被植物吸收利用，而微量元素对农产品品质有着不可替代的作用，生产中存在的主要问题是农户微肥施用量较低，甚至有不施微肥的现象。

# 三、无公害玉米生产技术要求

## （一）引用标准

GB 3095—1982　　大气环境质量标准

GB 9137—1988　　大气污染物最充允许浓度标准

GB 5084—1992　　农田灌溉水质标准

GB 15618—1995　 土壤环境质量标准

GB 3838—1988　　国家地下水环境质量标准

GB 1353—1999　　玉米

NY/T 394　　绿色食品　肥料使用准则

NY/T 393　　绿色食品　农药使用准则

## （二）选地与整地

**1. 选地**　选择土壤有机质含量＞8 克/千克，全氮含量＞0.5 克/千克，有效磷含量＞3毫克/千克，速效钾＞80 毫克/千克，耕层深度大于 20 厘米，保水保肥，排水条件较好的中、上等肥力的地块，以潮土、石灰性褐土、褐土性土等土壤为好，同品种连作周期不超过 2 年。

**2. 整地**

（1）秋翻秋整地：2～3 年轮翻或深松 1 次。前作收获后，及时灭茬施肥秋翻，做到根茬翻埋良好，耕深 18～25 厘米，耕后及时耙、压，注意保墒，在秋季达到可播种状态。

（2）秋翻春整地：秋翻地，待土壤化冻 15 厘米左右时，就要耙、耢、起垄、镇压，达到待播状态。

## （三）选用品种及种子处理

**1. 品种选择**　品种选择根据当地的自然条件，因地制宜地选用经国家和省种子审定委员会审定通过的优质、高产、抗逆性强、生育后期保绿期长的优良品种，水肥条件好的地块以耐密和半耐密型品种为主。

**2. 种子质量**　种子选用经国家和省种子审定部门通过并符合标准、适合当地条件的优质种子。

**3. 种子处理**

（1）试芽：播种前 15 天进行 1 次发芽试验。

（2）晒种：播种前 3～5 天选无风晴天把种子摊开在干燥向阳处晒 2～3 天。

（3）种子包衣：播种前选用通过国家审定登记和绿色环保标准的种衣剂进行种子包衣，防治地下害虫及丝黑穗病。

（4）浸种催芽：采用催芽播种的，可分冷浸和温浸两种方式进行。冷浸：12～24 小时；温浸：用 55～58℃温水浸种 6～12 小时。

（5）药剂拌种：对易感丝黑穗病的品种，用烯唑醇或三唑酮类农药拌种。如果采取催芽拌种，要在浸种后拌匀药再催芽。

**（四）播种**

**1. 种植形式**

（1）露地种植。

（2）地膜覆盖种植。

（3）间作：在水肥条件较好的地块可将玉米与马铃薯、大蒜、早春甘蓝等矮棵作物以 4∶2 或 2∶2 的比例进行间作。

**2. 播种期**　土壤 5 厘米处地温稳定通过 6～8℃、土壤耕层含水量在 20% 左右，即可开犁播种。当土壤含水量低于 18% 时，可在地温稳定通过 5℃时抢墒播种。平川地区最佳播种期为 4 月 20～30 日，丘陵在 4 月 25 日至 5 月 5 日。最佳播种期要随春季土壤墒情适当调整，干旱年提前 3～5 天，多雨年推迟 3～5 天，以确保全苗。

**3. 播种方法**

（1）机械播种：河川地、旱垣地以及其他较大面积的地块，要扩大机播面积，采用大型拖拉机或小四轮拖拉机机播。播种深度根据土质、墒情和种子大小而定，一般以 5 厘米左右为宜。如果土壤黏重，墒情较好，可适当浅些；土壤质地疏松，易于干燥的沙性土和墒情较差的旱地可适当深些。做到播种深浅一致，覆土均匀，当土壤含水量不足 18% 而抢墒播种的，采取深开沟，浅覆土，重镇压，一定把种子播到湿土上。

（2）畜力犁播种：丘陵地区面积较小的地块，生物覆盖的地块，不适宜拖拉机播种的，采用畜力犁开沟播种。

**4. 播种量**

（1）机械播种：每亩播种量 2.5～3.0 千克，也可采用精量播种，每穴 1 粒。

（2）条播犁播种：每亩播种量 3.0～4.0 千克。

**（五）种植密度**

根据品种特性、土壤肥力与施肥水平、种植形式等确定种植密度。水肥充足、株型收敛、小穗型品种宜密；水肥条件差、植株繁茂、大穗型品种宜稀。

**1. 高肥地块**　植株收敛、耐密型品种，每亩保苗为 3 700～4 300 株；植株繁茂、平展型品种，每亩保苗 2 800～3 000 株；间套其他作物时可视间套模式和作物适当减少单位面积株数。

**2. 中肥地块**　植株收敛、耐密型品种，每亩保苗为 3 500～4 000 株；植株繁茂、平展型品种，每亩保苗 2 600～2 800 株；间套其他作物时可视间套模式和作物适当减少单位面积株数。

### （六）施肥

施肥以增施有机肥为主，化肥施用应符合 NY/T496《肥料合理使用准则》。所使用氮肥均为非硝态氮肥，所使用钾肥均为不含氯钾肥。

**1. 高肥地块**

（1）底肥：每亩施优质农家肥 3 000～4 000 千克，N 8～14 千克，$P_2O_5$ 5～10 千克，$K_2O$ 2 千克。农家肥（包括根茬、秸秆粉碎直接还田和腐熟还田）结合秋翻地或整地起垄一次施入。化肥混匀后结合秋耕深施或早春结合整地深施于耕层（下同）。

（2）追肥：

①追肥用量。每亩追纯 N 5～7 千克。

②追肥时期和方法。高肥地块可在 6 月底至 7 月上旬玉米大喇叭口期追肥。追肥方法为刨坑深追和垄沟深追。刨坑深追肥部位应在距植株根 10～15 厘米处，追肥深度为 12～15 厘米（下同）。

③后期补肥。玉米后期如脱肥，用 1％尿素溶液加 0.2％磷酸二氢钾进行叶面喷洒。如喷洒后 4 小时遇雨需重喷一次（下同）。

**2. 中肥地块**

（1）底肥：每亩施优质农家肥 3 000～4 000 千克，N 7～10 千克，$P_2O_5$ 7～8 千克，$K_2O$ 2～3 千克。

（2）追肥：

①追肥用量。每亩追纯 N 5～7 千克。

②追肥时期和方法。追肥时期约为 6 月 20 日。追肥方法同上。

③后期补肥。同上。

### （七）田间管理

**1. 查田补种**　播种后 10 天每隔 5 天进行一次查种、查芽，对坏种、坏芽的应及时催芽坐水补种。

**2. 化学除草**　用莠去津类胶悬剂和乙草胺乳油（或异丙甲草胺）混合，对水，在玉米播后出苗前土壤较湿润时进行土壤喷雾。干旱年份或干旱地区，土壤处理效果差，用莠去津类乳油对水在杂草 2～4 叶期进行茎叶喷雾。土壤有机质含量高的地块在较干旱时使用高剂量，反之使用低剂量，苗带施药按施药面积酌情减量，施药要均匀，做到不重喷，不漏喷，不能使用低容量喷雾器及弥雾机施药。玉米与其他敏感作物间作地块禁用。

**3. 间、定苗**　幼苗 3 叶期间苗，4～5 叶时定苗。留大苗、壮苗、齐苗，不要求等距，但要按单位面积保苗密度留足苗，可多留一成苗，留作追肥前去掉弱、小、病、杂苗时备用，以保证定足苗。地膜覆盖玉米要在出苗后及时放苗，放苗要遵循"大风不放，晴天中午不放"的原则，遇高温无风天气要抓紧放苗，一时来不及全部放出时，应隔 2～3 米打一孔先放风，以防烫苗。

**4. 中耕培土**

（1）中耕次数：春玉米分苗期、拔节期、大喇叭口期中耕 2～3 次。地膜覆盖田不做株间中耕培土，但应及时拔除行间和苗孔杂草。

（2）中耕深度：中耕深度掌握头遍浅，二遍深，三遍四遍不伤根的原则。土质黏重的中耕稍深，沙壤土、丘陵旱地稍浅；苗根少的中耕稍浅。

**5. 浇水** 根据玉米前期少、中期多、后期较少的需水规律，一般浇水3次，底墒水40～50 米³/亩，拔节水30～40 米³/亩，灌浆水50～60 米³/亩。

**6. 病、虫害防治**

（1）花白苗：5月中、下旬（6叶期前）发现病株，用0.3％的硫酸锌溶液喷洒1～2次。

（2）黏虫：6月中、下旬至7月上旬，如平均每株有一头黏虫，甲氰戊菊酯类乳油对水喷雾防治，还可用50％敌敌畏乳油1 000倍液喷雾防治，把黏虫消灭在3龄之前。

（3）玉米螟：7月上、中旬设置高压汞灯诱杀成虫；BT颗粒剂，于心叶末期前撒入心叶里，每亩用量0.7千克；1％辛硫磷颗粒剂或3％广灭丹颗粒剂，每亩用量1～2千克，用5倍细土或细河沙均匀撒入喇叭口。

（4）蓟马：10％吡虫啉可湿性粉剂2 500倍液喷雾；40％七星保乳油600～800倍液喷雾；2.5％保得乳油2 000～2 500倍液喷雾；10％大功臣可湿性粉剂，每亩用有效成分2克喷雾；44％多虫清乳油，每亩用30毫升对水60千克喷雾。

（5）红蜘蛛：1.8％农克螨乳油2 000倍液喷雾；20％灭扫利乳油2 000倍液喷雾；15％哒螨灵乳油2 500倍液喷雾；10％吡虫啉可湿性粉剂1 500倍液喷雾。

（6）丝黑穗病：用占种子质量0.3％～0.4％的粉锈宁拌种，立克锈、40％拌种双或50％多菌灵可湿性粉剂按种子质量的0.7％拌种，或12.5％速保利可湿性粉剂按种子质量的0.2％拌种。

（7）矮花叶病和粗缩病：及时清除田间地头的杂草，减少害虫孳生，适时喷药消灭传毒介体，治虫防病。选用50％抗蚜威可湿性粉剂3 000～5 000倍液，或10％蚜虱净1 500倍液喷雾。结合间、定苗拔除病苗。

**（八）收获**

玉米生理成熟后7～10天为最佳收获期，一般为10月5日左右，收获后玉米要及时扒皮，起堆促脱水。

# 四、无公害玉米生产的对策

## （一）增施有机肥

一是积极组织农户广开肥源，培肥地力，努力达到改善土壤结构，提高纳雨蓄墒的能力；二是大力推广玉米秸秆覆盖还田技术；三是狠抓农机具配套，扩大秸秆翻压还田面积；四是加快有机肥工厂化进程，扩大商品有机肥的生产和应用。在施用有机肥的过程中，农家肥必须经过高温发酵，不得施用未经腐熟的厩肥、泥肥、饼肥、人粪尿等。

## （二）合理调整肥料用量和比例

首先，要合理调整化肥和有机肥的施用比例，无机氮与有机氮之比不超过1:1；其次，要合理调整氮、磷、钾施用比例，比例为1:（0.4～0.5）:（0.1～0.2）。

### （三）合理增施磷钾肥

以"稳氮、增磷、补钾"为原则，合理增施磷钾肥，保证土壤养分平衡。

### （四）科学施用微肥

试验证明，锌肥在玉米生产中有显著的增产效果，因此应在合理施用氮、磷、钾肥的基础上，要科学施用锌肥，以达到优质、高产目的。

## 五、玉米配方施肥方案

高产区：产量≥700 千克/亩，肥料施用纯量分别为 N 18～20 千克/亩、$P_2O_5$ 10～12 千克/亩、$K_2O$ 4～5 千克/亩；600～700 千克/亩，肥料施用纯量为 N 16～18 千克/亩、$P_2O_5$ 8～10 千克/亩、$K_2O$ 2～3 千克/亩。施用方法推荐播种时沟施，施肥时期磷钾肥全部做基肥施用，氮肥可 1/3 做基肥，2/3 做追肥。

中产区：产量 500～600 千克/亩，肥料施用纯量分别为 N 14～16 千克/亩、$P_2O_5$ 6～8 千克/亩、$K_2O$ 2～2.5 千克/亩；产量 400～500 千克/亩，肥料施用纯量为 N 13～15 千克/亩、$P_2O_5$ 5～6 千克/亩、$K_2O$ 1～1.5 千克/亩。施用方法推荐播种时沟施，施肥时期磷钾肥全部做基肥施用，氮肥可 1/3 做基肥，2/3 做追肥。

低产区：产量 300～400 千克/亩，肥料施用纯量为 N 10～12 千克/亩、$P_2O_5$ 4～5 千克/亩、$K_2O$ 1 千克/亩；产量≤300 千克/亩，肥料施用纯量为 N 6～8 千克/亩、$P_2O_5$ 3～4 千克/亩、不施钾肥。施用方法推荐播种时沟施，施肥时期磷钾肥全部做基肥施用，氮肥可全部做基肥或做追肥一次施入。

## 第八节　榆次区辣椒耕地适宜性分析报告

榆次区辣椒个大、色艳、风味浓郁，常年种植面积在 1.2 万亩左右，干辣椒每年总产在 1 万吨以上，是榆次出口创汇的主要农产品之一。近年来随着外销市场的不断扩大，截至目前，辣椒生产产值近 2 亿元，逐步成长为当地百姓增加收入的民生产业。

## 一、无公害辣椒生产条件的适宜性分析

榆次区辣椒种植区域属暖温带大陆性季风气候，光热资源丰富，雨热同季集中，年平均降水量 450 毫米，年平均日照时数 2 662.1 小时，年平均气温为 9.8℃，全年无霜期 155 天，历年通过 10℃的积温达 3 629.6℃，土壤类型以褐土和潮土为主，理化性能较好，为辣椒生产提供了有利的环境条件。

## 二、无公害辣椒生产技术要求

### （一）引用标准

GB 4285　农药安全使用标准

GB/T 8321　农药合理使用标准

GB 16715.3—1999　瓜菜作物种子　茄果类

NY 5005—2001　无公害食品　茄果类

NY 5010—2001　蔬菜产地环境条件

DB 14/86—2001　无公害农产品

DB 14/87—2001　无公害农产品生产技术规范

## （二）产地环境

选择排灌方便，地势平坦，土壤肥力较高的壤土或沙质壤土地块，并符合 DB 14/87—2001 的要求。

## （三）生产管理

**1. 露地土壤肥力等级的划分**　根据露地土壤中的有机质、全氮、碱解氮、有效磷、有效钾等含量高低而划分土壤肥力等级。具体等级指标见表 8-1。

表 8-1　菜田露地土壤肥力分级

| 肥力等级 | 菜田土壤养分测试值 | | | | |
|---|---|---|---|---|---|
| | 全氮<br>（％） | 有机质<br>（％） | 碱解氮<br>（毫克/千克） | 磷（$P_2O_5$）<br>（毫克/千克） | 钾（$K_2O$）<br>（毫克/千克） |
| 低肥力 | 0.07～0.10 | 1.0～2.0 | 60～80 | 40～70 | 70～100 |
| 中肥力 | 0.10～0.13 | 2.0～3.0 | 80～100 | 70～100 | 100～130 |
| 高肥力 | 0.13～0.16 | 3.0～4.0 | 100～120 | 100～130 | 130～160 |

**2. 栽培季节与品种选择**

（1）栽培季节：2 月上中旬播种育苗，5 月上旬定植，早霜后结束。

（2）品种选择：鲜食栽培选择耐热、抗病、丰产、果肉厚、耐贮运的品种，如尖椒 22 号、硕丰系列尖椒、中丰系列尖椒；干制栽培选择耐热、抗病、丰产、干制后表面光滑、红色素含量高的品种，如益都红、天鹰椒、韩国雅萍等。

**3. 育苗**

（1）育苗前的准备：

①育苗设施。根据育苗季节、气候条件的不同选用日光温室、塑料大棚、阳畦等育苗设施，有条件的可采用穴盘育苗和工厂化育苗，并对育苗设施进行消毒处理，创造适合秧苗生长发育的环境条件。

②营养土。因地制宜选用无病虫源的田土、腐熟畜禽肥，按 6∶4 配制，此外，每立方米营养土中再加入过磷酸钙 1 千克，硫酸钾 0.25 千克，尿素 0.25 千克，将配制好的营养土均匀铺于播种床内，厚度 10 厘米。

③播种床。按照种植计划准备足够的播种床。每亩栽培面积需准备播种床 4～10 米$^2$。

（2）种子处理：

①种子处理。符合 GB 16715.3—1999 中 2 级以上要求。

②消毒处理。在浸种之前用 1％的高锰酸钾溶液或 10％的磷酸三钠溶液浸泡 25～35

分钟，或用 1%硫酸铜溶液浸泡 5 分钟，然后用清水冲洗 3~4 次，放于 20~30℃的温水中浸种 8~10 小时。

③催芽。将消毒浸种后的种子置于 25~30℃的条件下催芽，每天翻动种子 4~5 次，并用清水搓洗 1 次，6~7 天露白即可播种。

（3）播种：

①播种期。2 月上、中旬播种。

②播种量。根据种子大小及定植密度，一般每亩大田用种量 100 克，每立方米播种床进行分苗的可播 25 克，若不进行分苗可播 10 克。

③播种方法。将播种床上的营养土整平浇足底水，水渗下后将催出芽的种子均匀撒在床面上，覆土 1 厘米左右。

（4）苗期管理：

①温度。冬春育苗靠通风和遮阳来调节温度。育苗温度管理见表 8-2。

表 8-2　苗期温度管理指标

| 时期 | 日温（℃） | 夜温（℃） | 短时间最低夜温不低于（℃） |
|---|---|---|---|
| 播种至出苗 | 25~30 | 18~15 | 13 |
| 齐苗至分苗前 | 20~25 | 15~10 | 8 |
| 分苗至缓苗 | 25~30 | 20~15 | 10 |
| 缓苗后至定植前 | 20~25 | 15~10 | 8 |
| 定植前 5~7 天 | 15~20 | 10~8 | 5 |

②光照。尽可能增加光照时间。

③水分。视苗床墒情适当浇水。结合防病喷 50%百菌清可湿性粉剂 1 000 倍液或 70%代森锰锌可湿性粉剂 500 倍液 1~2 次。

（5）分苗或间苗：幼苗在 2 叶 1 心到 3 叶 1 心期，分在营养钵中，每钵 2~3 株，分苗前 1 天，浇足起苗水，不分苗的要在幼苗 4 叶 1 心时进行间苗，使苗距达到 3 厘米。

（6）分苗后肥水管理：分苗后 1 周内，为促进根系恢复生长，要保持较高的地温，适温为 18~20℃，白天气温要求 25~30℃，夜间尽量保持在 18~20℃，1 周后发出新叶。缓苗结束，为防止幼苗徒长，需逐步通风降温，白天气温 25~28℃，夜间 15~18℃，最低不应低于 15℃。分苗以后到新根长出前一般不浇水，在生长过程中如果晴天上午 11 时至下午 2 时叶片出现萎蔫，要适当浇水。

（7）炼苗：定植前 7~10 天进行低温炼苗，白天温度可降至 20℃左右，夜间降至 10~12℃。

（8）壮苗指标：植株健壮，苗子具有 12 片左右展开叶，株高 20 厘米，茎粗 0.4 厘米，节间短，叶深绿，无病虫害，植株顶端已显花蕾。

**4. 定植**

（1）整地施基肥：禁止使用未经国家和省级农业部门登记的化学或生物肥料。禁止使用硝态氮肥。禁止使用城市垃圾、污泥、工业废渣。有机肥料需达到规定的卫生标准。中等肥力土壤，每亩施优质厩肥 5 000 千克，过磷酸钙 50 千克，也可适当地施入一些钾肥，如磷酸钾 30～40 千克，或直接施入优良商品绿色有机肥 150～200 千克。

（2）定植时间：露地定植以 10 厘米地温稳定在 10～12℃时为准。一般在 5 月上旬晚霜结束后定植。

（3）定植方法及密度：利用大小行定植，宽行 60 厘米，窄行 40 厘米做成高垄。每垄两行，穴距 35～40 厘米，每亩定植 3 500 穴左右，每穴 2～3 株。

**5. 田间管理**

（1）肥水管理：定植后，为了提高地温，加速根系生长，促进花芽的形成，在坐果前，应控制灌水，保墒中耕，并在根际培土，防止植株后期倒伏；坐果后特别是大量结果时，必须加强肥水管理，保证营养生长和生殖生长均衡发展，对提高产量有重要作用。

在缓苗后和结果盛期，每亩各追施尿素 10 千克，过磷酸钙 10 千克；在结果初期可追施商品绿色有机肥 20～25 千克；大部分果实成熟后，为防止植株贪青，应停止灌水追肥，促进营养物质迅速向果实转运，提高红果率。

（2）整枝：门椒以下容易出侧枝，应注意尽早摘除，到后期要摘除下部老叶，提高通风效率。

**6. 病虫害防治**

（1）主要病虫害：猝倒病、立枯病、病毒病、炭疽病、灰霉病、疮痂病、疫病、枯萎病、棉铃虫。

（2）防治原则：按照"预防为主，综合防治"的植保方针，坚持"以农业防治、物理防治、生物防治为主，化学防治为辅"的无害化控制原则。

（3）农业防治：针对当地主要病虫控制对象，选用高抗多抗的品种。实行严格轮作制度，不与茄科、葫芦科蔬菜连作；可与禾本科作物、十字花科蔬菜轮作 3 年以上；可与大蒜套种，减轻发病。采用高畦栽培。使用配方施肥。合理施用氮肥，增加磷、钾肥；清洁田园。发病初期及时清除病株、病叶、病果，并携带出田外集中深埋或烧毁。

（4）物理防治：温汤浸种，利用性引诱剂诱杀成虫，高压汞灯、黑光灯、频振式杀虫灯等杀灭成虫。

（5）生物防治：

①天敌。积极保护利用天敌，防治病虫害。

②生物药剂。采用病毒、线虫等防治病虫及植物源农药如苦参碱等和生物源农药如齐螨素、农用链霉素、新植霉素等防治病虫害。

（6）主要病虫害药剂防治：以生物药剂为主。使用药剂防治时严格按照 GB 4285、GB/T 8321 农药合理使用准则规定执行。

①猝倒病。58％雷多米尔锰锌可湿性粉剂 500 倍液，或 72.2％普力克水剂 600 倍液，或 64％杀毒矾可湿性粉剂 500 倍液，或 15％恶霜灵水剂 450 倍液喷雾，上述药剂交替使用。

②立枯病。发病初期用 5％井冈霉素 1 500 倍液，或 15％恶霜灵 500 倍液喷淋。若猝倒病、立枯病并发，可喷 72.2％普力克水剂 800 倍液加 50％福美双粉剂 800 倍液，每平方米 2～3 千克药液，视病情 5～7 天 1 次，连续 2～3 次。

③病毒病。喷洒 20％病毒 A 可湿性粉剂 500 倍液，或 1.5％植病灵乳剂 1 000 倍液，或弱毒系 N14＋S52，或 83 增抗剂 100 倍液，或抗毒剂 1 号 200～300 倍液，隔 10 天左右

一次，连续防治 3～4 次。

④炭疽病。75％百菌清可湿性粉剂 600 倍液，或 30％DT 400～500 倍液，或 50％炭疽福美 300～400 倍液，或 70％甲基托布津可湿性粉剂 400～500 倍液，或 50％多菌灵可湿性粉剂 800 倍液，每隔 7～10 天喷 1 次，连续 2～3 次。

⑤灰霉病。用 50％扑海因可湿性粉剂 1 000 倍液，或 50％速克灵可湿性粉剂 2 000 倍液，每隔 7 天左右喷 1 次，连喷 2～3 次。

⑥疮痂病。72％农用链霉素 4 000 倍或 30％DT 杀菌剂 400 倍液，每隔 7～10 天喷 1 次，连续防治 2～3 次。

⑦疫病。发病初期喷洒 25％瑞毒霉可湿性粉剂 750 倍液，或 40％乙膦铝可湿性粉剂 200 倍液，或 75％百菌清可湿性粉剂 800 倍液，或 64％杀毒矾可湿性粉剂 500 倍液，每隔 7～10 天喷 1 次，连续 2～3 次，病害严重时需隔 5～7 天喷 1 次，连续 2～3 次。

⑧早疫病。发病初期可选用 64％杀毒矾可湿性粉剂 500 倍液，或 50％扑海因可湿性粉剂 1 000 倍液，或 75％百菌清可湿性粉剂 600 倍液，上述药剂交替使用，每隔 7 天左右喷 1 次，连喷 2～3 次。

⑨枯萎病。可用 50％琥胶肥酸铜（DT）可湿性粉剂 400 倍液或 14％络氨铜水剂 300 倍液灌根，每穴灌药液 0.5 升，视病情连连灌 2～3 次。

⑩棉铃虫。可用灭杀毙 5 000 倍液，或 2.5％功夫乳油 3 000 倍液，或 2.5％天王星乳油 2 000～3 000 倍液喷雾，在 2 龄以前用药。

（7）合理施药：严格控制农药用量和安全间隔期。

**7. 采收**　开花后 25～30 天，鲜食果实充分长成，绿色度深，果肉变脆而有光泽时采收。干椒分期采收，不仅可减少损失，增加红椒产量，而且能提高品质，采下的红椒应及时制干，也可待早霜来临后，连根拔起，扎成捆，头对头摆在架子上，一段时间后再根对根摆好，干后采摘，分级包装。

**8. 清洁田园**　将残枝败叶和杂草清理干净，集中进行无害化处理，保持田间清洁。

# 三、无公害辣椒生产目前存在的问题

## （一）土壤有效磷含量部分田块偏低
土壤肥力是提高农作物产量的条件，是农业生产持续上升的物质基础。从土壤养分分析结果来看，榆次无公害辣椒产区有效磷含量与无公害辣椒生产条件的标准相比部分地块偏低。生产中存在的主要问题是增加磷肥施用量。

## （二）土壤养分不协调
从无公害辣椒对土壤养分的要求来看，无公害辣椒产区土壤中有机质、全氮含量相对偏低，速效钾的平均含量为中等偏上水平，部分地区有效磷含量缺乏。生产中存在的主要问题是氮、磷、钾配比不当，注重磷、钾肥施用。

## （三）微量元素肥料施用量不足
微量元素大部分存在于矿物晶格中，不能被植物吸收利用，而微量元素对农产品品质有着不可替代的作用，生产中存在的主要问题是农户微肥施用量较低，甚至有不施微肥的现象。

## 四、无公害辣椒生产的对策

### （一）增施有机肥

一是积极组织农户广开肥源，培肥地力，努力达到改善土壤结构，提高纳雨蓄墒的能力；二是大力推广玉米秸秆覆盖还田技术；三是狠抓农机具配套，扩大秸秆翻压还田面积；四是加快有机肥工厂化进程，扩大商品有机肥的生产和应用。在施用的有机肥的过程中，农家肥必须经过高温发酵，不得施用未经腐熟的厩肥、泥肥、饼肥、人粪尿等。

### （二）合理调整肥料用量和比例

首先，要合理调整化肥和有机肥的施用比例，无机氮与有机氮之比不超过 1∶1；其次，要合理调整氮、磷、钾施用比例，比例为 1∶（0.8～1）∶0.4。

### （三）合理增施磷钾肥

以"稳氮、增磷、补钾"为原则，合理增施磷钾肥，保证土壤养分平衡。

### （四）科学施微肥

在合理施用氮、磷、钾肥的基础上，要科学施用微肥，以达到优质、高产目的。

# 第九节　榆次区白菜耕地适宜性分析报告

榆次大白菜是榆次重要的蔬菜品种之一，年种植面积近两万亩，产量近 10 万吨，主要分布在东阳、修文两个乡（镇）。由于该种植区白菜栽培历史悠久，生产品种及技术较为先进，生产的大白菜已成为榆次的知名品牌蔬菜品种，也是具有地方特色的农产品。

## 一、无公害大白菜生产条件的适宜性分析

该种植区域属暖温带大陆性季风气候，光热资源丰富，雨热同季集中，年平均降水量在 418～425 毫米，年平均日照时数 2 550 小时，年平均气温为 9.8℃，全年无霜期 155 天，历年通过 10℃的积温达 3 440℃，种植区域地处平川一级、二级阶地，土壤类型以石灰性褐土和潮土为主，理化性能较好，为无公害大白菜的生产提供了有利的环境条件。

## 二、现状及存在问题

**1. 耕地土壤养分测定结果及评价**

（1）大量元素及分析：此次耕地养分调查中采集白菜种植地块土样 15 个，从分析结果看，有机质平均含量为 17.52 克/千克，属三级水平，全氮平均含量为 0.88 克/千克，属四级水平，有效磷平均含量为 32.62 毫克/千克，属一级水平，速效钾平均含量为 121.42 毫克/千克，属四级水平。总之，相对于玉米地来说整体肥力水平较高，但全氮、速效钾及有机质含量偏低。见表 8-3。

②防治原则。按照"预防为主，综合防治"的植保方针，坚持"以农业防治、物理防治、生物防治为主"的无害化控制原则。

③农业防治。选用抗病品种；适期播种；合理轮作；加强管理；拔除并销毁病株。

④物理防治。覆盖银灰色地膜驱避蚜虫，利用高压汞灯、黑光灯、频振杀虫灯、性诱剂诱杀成虫；温汤浸种。

⑤生物防治。

a. 天敌积极保护利用天敌，防治病虫害。

b. 生物药剂 采用病毒、线虫等防治害虫及植物源农药如藜芦碱、苦参碱、印楝素等和生物源农药如齐墩螨素、农用链霉素、新植霉素等防治病虫害。

⑥主要病虫害药剂防治。以生物药剂为主。使用药剂时严格按照 GB 4285 农药安全使用标准、GB/T 8321（所有部分）农药合理使用准则规定执行。

a. 病毒病 早期防治蚜虫。喷洒 20％病毒 A 可湿性粉剂 500 倍液，或 1.5％植病灵乳油 1 000 倍液、或 83 增抗剂 100 倍液，隔 7～10 天喷 1 次，连续防治 2～3 次。

b. 霜霉病 40％乙膦铝 200 倍液、25％甲霜灵 800 倍液或 64％杀毒矾 500 倍液喷叶。

c. 软腐病 ①使用菜丰宁拌种、灌根、喷雾。拌种每亩用药 20～30 克，均匀地拌于浸湿的种子上阴干即可；灌根每亩用药 100～150 克，对水 50 千克搅匀灌根；喷雾每亩用药 150～200 克，对水 100 千克于傍晚喷于根茎部。②用新植霉素或农用链霉素 4 000 倍液喷雾或灌根，隔 7～10 天 1 次，连续 2～3 次。

d. 蚜虫 用 10％吡虫啉可湿性粉剂 1 500 倍液或 50％辟蚜雾可湿性粉剂 2 000～3 000倍液喷雾。

e. 菜青虫、小菜蛾、甘蓝夜蛾 用 1.8％阿维菌素 3 000～4 500 倍液，或 BT 乳剂 2 000倍液，或 25％灭幼脲 1 000 倍液，或 5％卡死克 4 000 倍液，或 5％抑太保 4 000 倍液喷雾。

⑦合理施药。严格控制农药用量和安全间隔期。

（7）不允许使用的高毒高残留农药见附录 B。

（8）采收：叶球包紧时开始采收，产品质量应符合 NY 5003 的要求。

（9）清洁田园：将根茬败叶和杂草地膜清理干净，集中进行无害化处理，保持田间清洁。

# 附 录 A

附表 1 有机肥卫生标准

| 项目 | 卫生标准及要求 | |
|---|---|---|
| 高温堆肥 | 堆肥温度 | 最高堆温达 50～55℃，持续 5～7 天 |
| | 蛔虫卵死亡率 | 95％～100％ |
| | 粪大肠菌值 | $10^{-2}$～$10^{-3}$ |
| | 苍蝇 | 有效地控制苍蝇孳生，肥堆周围没有活的明、蛹或新羽化的成蝇 |

（续）

| 项目 | 卫生标准及要求 | |
|---|---|---|
| 沼气肥 | 密封储存期 | 30 天以上 |
| | 高温沼气发酵温度 | （53±2）℃持续 2 天 |
| | 寄生虫卵沉降率 | 95％以上 |
| | 血吸虫卵和钩虫卵 | 在使用粪液中不得检出活的血吸虫卵和钩虫卵 |
| | 粪大肠菌值 | 普通沼气发酵 $10^{-4}$，高温沼气发酵 $10^{-2}\sim10^{-1}$ |
| | 蚊子、苍蝇 | 有效地控制蚊蝇孳生，粪液中无孑了。池的周围无活的明、蛹或新羽化的成蝇 |
| | 沼气池残渣 | 经无害化处理后方可用作农家肥 |

# 附 录 B

## 无公害食品蔬菜生产上禁止使用的农药品种

生产上不应使用杀虫脒、氰化物、磷化铝、六六六、滴滴涕、氯丹、甲胺磷、甲拌磷（3911），对硫磷（1605）、苏化 203、杀螟磷、磷胺、异丙磷、三硫磷、氧化乐果、磷化锌、克百威、水胺硫磷、久效磷、三氯杀螨醇、涕灭威、灭多威、氟乙酰胺、有机汞制剂、砷制剂、西力生、赛力散、溃疡净、五氯酚钠、401、二溴氯丙烷等其他高毒、高残留农药。

# 四、基本对策和措施

榆次区域种植白菜前茬作物一般为小麦、糯玉米、豆角、茴子白等，基础肥力较高。大白菜的生育期较长，想要获得丰产，全生育期的水肥管理要掌握几个关键技术：

**1. 施足基肥** 在老菜地上，土壤肥力高，可适量少施有机肥（1 500 千克/亩）。复合肥的养分比例以高氮、高钾为主，配合施用磷肥。在新菜地上，要重施有机肥（3 000～4 000千克/亩），配合施用三元复合肥。

**2. 苗期至团棵期要控水控肥**（主要控氮） 除了特殊情况要施提苗肥以外，一般在莲座期要蹲苗，使地上部同化器官（外叶）生长健壮，促进根系生长和下扎，为后期的快速生长与大量吸收养分和水分打下基础。

**3. 追肥** 第一次追肥要在莲座期。追肥以速效性氮肥为主配施钾肥，并及时灌水，水肥之后即进入包心期。第 2～3 次追肥是在包心初期和中期进行，主要追施氮肥，最多两次，控制用量。包心后期停止追氮肥。每次追肥的氮肥量应视大白菜生长情况而定。

在大白菜高产施肥中，除施足氮磷钾大量元素外，中、微量元素的施用也应该考虑。从目前大白菜生产中出现的问题看，部分地区主要是钙和硼的生理缺素问题。解决的办法有：直接通过根外追肥喷施硝酸钙，也可以选择喷施含钙、硼、铁的叶面肥。

# 第十节 榆次区苹果耕地适宜性分析报告

经过 20 多年的发展，苹果在榆次逐渐成为我区农业的支柱产业之一。目前，榆次区苹果种植面积达 10 万亩左右，产值 1.2 亿元，主要分布在北田、庄子 2 个乡（镇）。

## 一、无公害苹果生产条件的适宜性分析

该区属暖温带大陆性季风气候，光热资源丰富，雨热同季集中，年平均降水量约 430 毫米，年平均日照时数 2 590 小时左右，年平均气温为 9.8℃左右，全年无霜期 150 天，历年通过 10℃的积温在 3 240～3 370℃，土壤类型以石灰性褐土为主，理化性能较好，为苹果生产提供了有利的环境条件。

## 二、现状及存在问题

### 1. 耕地土壤养分测定结果及评价

（1）大量元素及分析：此次耕地养分调查中采集苹果园地块土样 210 个，从分析结果看，有机质平均含量为 13.06 克/千克，属四级水平；全氮平均含量为 0.68 克/千克，属五级水平；有效磷平均含量为 24.93 毫克/千克，属二级水平；速效钾平均含量为 190.15 毫克/千克，属三级水平。总体来说，有机质和全氮含量偏低。见表 8-6。

表 8-6 榆次区苹果园大量元素化验结果

单位：克/千克、毫克/千克

| 项目 | 有机质 | 全氮 | 有效磷 | 速效钾 |
| --- | --- | --- | --- | --- |
| 最大值 | 23.89 | 1.29 | 115.90 | 455.33 |
| 最小值 | 3.87 | 0.31 | 1.37 | 77.03 |
| 平均值 | 13.06 | 0.68 | 34.93 | 190.15 |

（2）微量元素含量及评价：此次从榆次区苹果园中、微量元素取样共 90 个。经化验分析，中量元素有效硫平均含量为 25.7 毫克/千克，属四级水平；微量元素有效铜平均含量为 0.80 毫克/千克，属四级水平；有效锌平均含量为 1.45 毫克/千克，属三级水平；有效铁平均含量为 4.19 毫克/千克，属五级水平；有效硼平均含量为 0.36 毫克/千克，属五级水平；有效锰平均含量为 3.78 毫克/千克，属五级水平。总体来说，各果园微量元素养分有效铁锰硼含量相对偏低。见表 8-7。

表 8-7 榆次区苹果园微量元素含量表

单位：毫克/千克

| 编号 | 有效铜 | 有效锌 | 有效铁 | 有效硼 | 有效锰 | 有效硫 |
| --- | --- | --- | --- | --- | --- | --- |
| 最大值 | 4.10 | 4.10 | 10.26 | 1.00 | 7.70 | 66.54 |

（续）

| 编号 | 有效铜 | 有效锌 | 有效铁 | 有效硼 | 有效锰 | 有效硫 |
|------|--------|--------|--------|--------|--------|--------|
| 最小值 | 0.40 | 0.36 | 2.44 | 0.03 | 1.82 | 3.64 |
| 平均值 | 0.80 | 1.45 | 4.19 | 0.36 | 3.78 | 25.7 |

**2. 施肥管理水平**　从果园施肥情况来看，土壤取样点调查的果园有 1/3 施用有机肥，90％的使用化肥。就有机肥而言，施肥量普遍偏少，一般在 800～1 500 千克/亩，很难生产出优质果品。化肥的使用，不管是施肥量上，还是氮磷钾配比上均缺乏科学性，盲目施肥。亩施纯 N 6～8.5 千克，$P_2O_5$ 8～16 千克，$K_2O$ 5～8 千克。

# 三、无公害苹果标准化生产技术规程

**1. 标准的引用**

GB 4285　农药安全使用标准

GB/T 8321　（所有部分）农药合理使用标准

NY/T 441—2001　苹果生产技术规程

NY/T 496—2002　肥料合理使用准则　通则

NY 5013　无公害食品 苹果产地环境条件

**2. 园地选择与规划**　无公害苹果园地的环境条件应符合 NY 5013 的规定，其他按 NY/T 441—2001 中 3.1 规定执行。

园地规划按 NY/T 441—2001 的规定执行。

**3. 品种和砧木选择**　按 NY/T 441—2001 的第 4 章规定执行。

**4. 栽植**　按 NY/T 441—2001 的 5.1～5.6 的规定执行。

**5. 土肥水管理**

（1）土壤管理：

①深翻改土。分为扩穴深翻和全园深翻，每年秋季果实采收后结合秋施基肥进行，扩穴深翻为在定植穴（沟）外挖环状沟或放射状沟，沟宽 60～80 厘米，深 40～60 厘米，全园深翻为将栽植穴外的土壤全部深翻，深度 30～40 厘米。

②覆草和埋草。覆草在春季施肥、灌水后进行。覆盖材料可以用麦秸、麦糠、玉米秸、稻草等。把覆盖物盖在树冠下，厚度 15～20 厘米，上面压少量土，连覆 3～4 年后浅翻结合秋施基肥进行，面积不超过树盘的 1/4。也可以结合深翻开大沟埋草，提高土壤肥力和蓄水能力。

③种植绿肥和行间生草。按 NY/T 441—2001 6.1.2 的规定执行。

④中耕。清耕制果园生长季降雨或灌水后，及时中耕松土，保持土壤疏松无杂草，或用除草剂除草。中耕深度 5～10 厘米，以利调温保墒。

（2）施肥：

①施肥原则。按照 NY/T 496—2002 规定的标准执行。所施用的肥料应为农业行政主

管部门登记的肥料或免于登记的肥料，限制使用含氯化肥。

②允许使用的肥料种类。

a. 有机肥料　包括堆肥、沤肥、厩肥、沼气肥、绿肥、作物秸秆肥、泥炭肥、饼肥、腐殖酸类肥、人畜废弃物加工而成的肥料等。

b. 微生物肥料　包括微生物制剂和微生物处理肥料等。

c. 化肥　包括氮肥、磷肥、钾肥、硫肥、钙肥、镁肥及复合（混）肥等。

d. 叶面肥　包括大量元素类、微量元素类、氨基酸类、腐殖酸类等。

③施肥方法和数量：

a. 基肥秋季果实采收后施入，以农家肥为主，混加少量铵态肥或尿素化肥，施肥量按每生产 1 千克苹果 1.5～2.0 千克优质农家肥计算。施用方法以沟施为主，施肥部位在树冠投影范围内。挖放射状沟（在树冠下距树干 80～100 厘米处开始向外挖至树冠外缘），或在树冠外围挖环状沟，沟深 60～80 厘米，施基肥后灌足水。

b. 追肥

土壤追肥每年 3 次，第一次在萌芽前后，以氮肥为主；第二次在花芽分化及果实膨大期，以磷肥为主，氮磷钾混合使用；第三次在果实生长后期，以钾肥为主。施肥量根据当地的土壤供肥能力和目标产量确定。结果树一般每生产 100 千克苹果需追施氮 1.0 千克、磷（$P_2O_5$）0.5 千克、钾（$K_2O$）1.0 千克计算。施肥方法是树冠下开沟，沟深 15～20 厘米，追肥后及时灌水。最后一次追肥在距果实采收期 30 天以前进行。

叶面喷肥，全年 4～5 次，一般生长期 2 次，以氮肥为主；后期 2～3 次，以磷、钾肥为主，可补施果树生长发育所需的微量元素。常用肥料浓度：尿素 0.3%～0.5%，磷酸二氢钾 0.2%～0.3%，硼砂 0.1%～0.3%，氨基酸类叶面肥 600～800 倍液。最后一次叶面喷肥应在距果实采收期 20 天以前喷施。

（3）水分管理：灌溉水的质量应符合 NY 5013 的要求，其他按 NY/T 441—2001 中 6.3 的规定执行。

**6. 整形修剪**　按 NY/T 441—2001 中 7.1～7.2 的规定执行。冬季修剪时剪除病虫枝，清除病僵果。加强苹果生长季修剪，拉枝开角，及时疏除树冠内直立旺枝、密生枝和剪锯口处的萌蘖枝等，以增加树冠内通风透光度。

**7. 花果管理**　按 NY/T 441—2001 的规定执行。

**8. 病虫害防治**

（1）防治原则：积极贯彻"预防为主，综合防治"的植保方针。以农业和物理防治为基础，提倡生物防治，按照病虫害的发生规律和经济阈值，科学使用化学防治技术，有效控制病虫危害。

（2）农业防治：采取剪除病虫枝、清除枯枝落叶、刮除树干翘裂皮和枝干病斑，集中烧毁或深埋，加强土肥水管理，合理修剪，适量留果，果实套袋等措施防治病虫害。

（3）物理防治：根据害虫生物学特性采用糖醋液、树干缠草绳和诱虫灯等方法诱杀害虫。

（4）生物防治：人工释放赤眼蜂，以助迁和保护瓢虫、草蛉、捕食螨等天敌。土壤施用白僵菌防治桃小食心虫，并利用昆虫性外激素诱杀或干扰成虫交配。

（5）化学防治：

①使用药剂使用原则。

a. 提倡使用生物源农药、矿物源农药。

b. 禁止使用剧毒、高毒、高残留农药和致畸、致癌、致突变农药。

c. 使用化学农药时，按 GB 4285、GB/T 8321（所有部分）规定执行；农药的混剂执行其中残留性最大的有效成分的安全间隔期。

②科学合理使用农药。

a. 加强病虫害的预测预报，有针对性地适时用药，未达到防治指标或益害虫比合理的情况下不用药。

b. 根据天敌发生特点，合理选择农药的种类、施用时间和施用方法，保护天敌，充分发挥天敌对害虫的自然控制作用。

c. 注意不同作用机理农药的交替使用和合理混用，以延缓病菌和害虫产生抗药性，提高防治效果。

d. 严格按照规定的浓度、每年使用次数和安全间隔期要求施用，喷药均匀周到。

（6）主要病虫害：

①主要病害。包括苹果腐烂病、干腐病、轮纹病、白粉病、斑点落叶病、褐斑病和炭疽病。

②主要害虫。包括蚜虫、叶螨（山楂叶螨、苹果全爪螨、二斑叶螨）、卷叶虫类、桃小食心虫、金纹细蛾和苹果棉蚜。

**9. 植物生长调节剂类物质的使用**

（1）使用原则：在苹果生产应用的植物生长调节剂主要有赤霉类、细胞分裂素类及延缓生长和促进成花类物质等。允许有限度使用对改善树冠结构及提高果实品质和产量有显著作用的植物生长调节剂，禁止使用对环境造成污染和对人体健康有危害的植物生长调节剂。

（2）允许使用的植物生长调节剂及技术要求：

①主要种类。苄基腺嘌呤、6-苄基腺嘌呤、赤霉素类、乙烯利、矮壮素等。

②技术要求。严格按照规定的浓度、时期使用，每年可使用 1 次，安全间隔期在 20 天以上。

（3）禁止使用的植物生长调节剂：比久、萘乙酸、2，4-二氯苯氧乙酸（2，4-D）等。

**10. 果实采收** 根据果实成熟度、用途和市场需求综合确定采收适期，成熟期不一致的品种，应分期限采收。采收时，轻拿轻放。

# 四、基本对策和措施

**1. 增施有机肥，推广生草制** 对于结果树，优质有机肥作为基肥一般要求在 9 月上中旬施入果园，采用挖槽、深翻等形式，按照以产定肥的原则进行施肥，施肥量要达到"每斤果 1.5～2 斤肥"标准。同时，实施免耕，采用覆草、行间种草等措施，增加土壤有机质，以达到培肥地力的目的。

**2. 平衡施肥**　进入盛果期的苹果树，所施入的化肥量应以产量而定，每产果 100 千克，需补充纯氮 550 克，纯磷 280 克，纯钾 550 克，施肥沟位置应在树冠外缘多向开挖，深度 20 厘米左右。

盛果期苹果树施化肥应在花前施第一次，以氮肥为主，第二次追肥在春稍旺长和果实膨大期施入三元复合肥，并配以微量元素，第三次在 9 月上旬，以基肥为主，配合过磷酸钙和少量氮肥。

注重果园喷硼和补钙。花期喷硼、氮液：0.2％硼砂＋0.2～0.3％尿素。一般落花后 7～10 天开始喷钙肥，每隔 7 天 1 次，共喷 3 次。另外，在生长季节要加强其他微量元素的喷施。

**3. 灌溉**　年生长周期中，以"花开灌足，春稍旺长期灌好，果实膨大期灌多，封冻水适量"为原则进行，最好配备喷、滴灌设施。

**4. 整形修剪**　矮化密植园苹果树形采用自由纺锤形或细长纺锤形。要求中干直立，主枝均匀分布，单轴延伸，开张角度 85°左右，稳定性主枝 13～15 个，树高不超过行距。结果树枝量 8 万～10 万个。盛果期苹果树新梢生长量在 30 厘米左右，长、中、短枝比例为 1∶5∶8，果实采收后，保叶率在 90％以上，乔化苹果树树形采用开心形树形为宜。

**5. 花果管理**

（1）在中心花开放时进行人工授粉 2～3 次或果园放蜂。

（2）花期喷硼

（3）疏花疏果。每 20～25 厘米保留一花序，其他疏除。根据树势及产量指标适当控制留果量。

（4）实施果实套袋、摘叶、转果、铺反光膜等技术，提高果品质量。

**6. 病虫害防治**　加大综合防治力度，搞好病虫害测报，注重选用昆虫性外激素和生物杀虫剂，不用有机磷等农药残留量较高的剧毒农药，保证食用安全，增加果农经济效益。本区苹果树主要病虫害有：腐烂病、早期落叶病、根腐病、白粉病、红蜘蛛、金纹细蛾、桃小食心虫等。防治办法遵照《榆次区无公害苹果生产技术规程》进行防治。

**7.** 积极进行环境治理，加大农业执法力度，防止耕地环境受到污染。

# 第十一节　耕地质量及温室蔬菜滴灌施肥措施探讨

榆次蔬菜产业是农业支柱产业之一，榆次区蔬菜种植面积稳定在 34 万亩。根据《山西省"设施蔬菜百万棚行动计划"实施意见》、《晋中市人民政府关于贯彻落实全省百万棚设施蔬菜行动计划加快推进设施蔬菜发展的实施方案》要求，以及榆次区"平川水地抓拱棚、丘陵山区上温室"的发展思路，截至 2015 年，榆次区设施蔬菜面积将达到 13 万亩。依据此次耕地质量调查，为设施蔬菜水肥管理提供较为科学合理的建议，既是水到渠成之举，也是发展现代农业题中应有之义。

## 一、设施蔬菜生产条件的适宜性分析

榆次区设施蔬菜种植区域属暖温带大陆性季风气候，光热资源丰富，雨热同季集中，年平均降水量 450 毫米，年平均日照时数 2 662.1 小时，年平均气温为 9.8℃，全年无霜期 150 天，历年通过 10℃的积温达 3 629.6℃，土壤类型以褐土和潮土为主，理化性能较好，且水利设施完善，排灌方便，地势平坦，土质肥沃，为设施蔬菜生产提供了有利的环境条件。

## 二、现状及存在问题

### （一）耕地土壤养分测定结果及评价

**1. 大量元素及分析**  此次耕地养分调查中采集旱垣温室土样 30 个，从分析结果看，有机质平均含量为 20.20 克/千克，属二级水平；全氮平均含量为 1.02 克/千克，属三级水平；有效磷平均含量为 163.03 毫克/千克，属一级水平；速效钾平均含量为 309.81 毫克/千克，属一级水平。总体来说，有机质和全氮含量较低，有效磷含量偏高。见表8-8。

表8-8  榆次区蔬菜种植区大量元素化验结果

单位：克/千克、毫克/千克

| 项目 | 有机质 | 全氮 | 有效磷 | 速效钾 |
|---|---|---|---|---|
| 最大值 | 40.73 | 1.86 | 247.51 | 477.35 |
| 最小值 | 12.29 | 0.72 | 58.30 | 132.35 |
| 平均值 | 20.20 | 1.02 | 163.03 | 309.81 |

**2. 微量元素含量及评价**  旱垣温室中、微量元素取样共 5 个。经化验分析，中量元素有效硫平均含量为 57.03 毫克/千克，属三级水平；微量元素有效铜平均含量为 1.57 毫克/千克，属二级水平；有效锌平均含量为 6.22 毫克/千克，属一级水平；有效铁平均含量为 19.73 毫克/千克，属二级水平；有效硼平均含量为 1.60 毫克/千克，属二级水平；有效锰平均含量为 4.26 毫克/千克，属五级水平。总体来说，各果园中、微量元素养分有效锰含量相对偏低，锌含量较高。见表8-9。

表8-9  榆次区温室微量元素含量

单位：毫克/千克

| 项目 | 有效铜 | 有效锌 | 有效铁 | 有效硼 | 有效锰 | 有效硫 |
|---|---|---|---|---|---|---|
| 最大值 | 2.39 | 11.57 | 30.19 | 2.24 | 5.84 | 162.20 |
| 最小值 | 0.57 | 3.32 | 11.78 | 0.30 | 1.99 | 25.46 |
| 平均值 | 1.57 | 6.22 | 19.73 | 1.60 | 4.26 | 57.03 |

**3. 施肥管理水平**  据调查：温室农家肥施肥量一般在 15～20 米$^3$/亩，三元复合肥

50～100 千克/亩，尿素 25～30 千克/亩，过磷酸钙 100～200 千克/亩，硫酸钾 25～50 千克/亩。不同的作物、不同的温室根据其管理情况施肥水平有所差异，老温室产量下降、病、虫害增加，施肥水平相对降低；新温室农家肥和化肥施用量都较高。在温室施肥时，不管是施肥量上，还是氮磷钾配比上均缺乏科学性，盲目性较大。

**（二）当前设施蔬菜生产的主要制约因素**

**1. 水资源浪费严重**　据调查，该项目区每茬浇水 14～19 次，每次每亩日光温室用水量为 30～50 米³，年用水 500～600 米³。

**2. 土壤次生盐渍化发生严重**　据调查，项目区温室施肥水平一般为每亩施农家肥 15～20 米³，化学肥料 250 千克左右。施肥不合理，致使项目区耕作层土壤中总盐量不断增加，所含盐类主要以硫酸盐、氯化物为主，土壤次生盐渍化发生较为严重。

**3. 病虫害逐年增加**　由于灌水方式不合理，室内空气湿度偏大，叶霉病、灰霉病、霜霉病等病害发生较重，每亩每茬施农药 2 千克以上，致使农药污染严重。老温室区由于连作，盲目加大施肥量，土壤养分不平衡，导致抗性降低，土传病、虫害也相继发生，造成每年结果期部分温室内大量死苗，很多菜农挥泪拔苗，甚至全棚绝收，给农民带来很大的经济损失，严重影响了农民的种植收益与积极性。

**4. 土壤污染较为严重**　由于长期栽培同一作物，农药、化肥施用量过大，造成有害物质的积累和残留，致使土壤、地下水及农产品受到不同程度的污染。

综上所述，设施蔬菜老基地和新建基地，均需重点关注水肥管理，防治土壤退化。蔬菜水肥一体化滴灌技术是利用灌溉系统设备，借助压力系统，将可溶性固体或液体肥料，按土壤养分含量和作物种类的需肥规律和特点配合，将配兑成的肥液与灌溉水一起，通过可控管道系统供水、供肥，使水肥相融后，通过管道和滴头形成滴灌，均匀、定时、定量，浸润作物根系发育生长区域，使主要根系土壤始终保持疏松和适宜的含水量，同时根据不同蔬菜的需肥特点，土壤环境和养分含量状况；蔬菜不同生长期需水，需肥规律情况进行不同生育期的需求设计，把水分、养分定时定量，按比例直接提供给作物。该技术体系具有显著的"三节"、"两省"、"两增"功效。"三节"即节水、节肥、节药；"两省"即省地、省工；"两增"即增产、增效。同时可大大缩短轮灌周期，减少因灌溉周期过长引起的民事纠纷，具有显著的社会效益，有利于社会主义和谐社会建设。


# 三、设施瓜菜水肥一体化技术


**1. 黄瓜**

（1）黄瓜需水需肥规律：黄瓜为浅根作物，根系主要分布在表土 15～20 厘米处。需水规律：黄瓜根系浅，喜湿怕旱，又不耐涝，植株的正常发育要求土壤水分充足，一般土壤相对含水量 80% 以上时生长良好，适宜的空气相对湿度为 80%～90%。黄瓜幼果期需水量很少，土壤湿度过大时，容易沤根或发生猝倒病等。果实膨大期是需水量的高峰阶段。日光温室膜下滴灌黄瓜开花前期阶段耗水模数为 11.57%；开花后期阶段耗水模数为 16.27%，结果前期阶段耗水模数为 37.30%，结果后期阶段耗水模数为 34.86%。为了兼顾产量和品质，日光温室膜下滴灌黄瓜在开花期每 7 天灌水 1 次，灌水定额为 10 米$^3$，结果期每 4 天灌水 1 次，全生育期耗水量控制在 230～270 米$^3$。

需肥规律：黄瓜的营养生长与生殖生长并进时间长、产量高，需肥量大。黄瓜定植后30 天内吸收氮素较多，70 天后吸收量开始变小。氮在各器官的吸收比例为定植后的 30 天内，叶比果实吸收多，而茎最少；至 50 天，果实吸收量与叶接近；70～90 天，果实吸收量超过叶部，而茎增长最慢，吸收量也最少。播种后 20～40 天，吸收磷较多，磷对培育壮苗、促进根系发育效果显著。此后随着植株的生长，对钾的吸收量猛增。黄瓜在收瓜期间对营养元素吸收量以钾最多，氮次之，再次为钙、磷，以镁最少。结瓜盛期对氮、磷、钾的吸收量，占全期总吸收量的 50%～60%，其中茎叶和果实中三要素的含量约各占一半。到结瓜后期植株生长缓慢，干物质和三要素积累速率逐渐减少。黄瓜对养分的吸收很快，一般夜间比白天吸收多。

（2）灌溉施肥制度：黄瓜日光温室越冬栽培滴灌施肥方案见表 8-10。

表 8-10　黄瓜日光温室越冬栽培滴灌施肥方案

| 生育时期 | 灌溉次数 | 灌水定额（米$^3$/亩） | 每次灌溉加入灌溉水中的纯养分量（千克） | | | | 备注 |
|---|---|---|---|---|---|---|---|
| | | | N | P$_2$O$_5$ | K$_2$O | N+P$_2$O$_5$+K$_2$O | |
| 定植前 | 1 | 22 | 15.0 | 15.0 | 15.0 | 45 | 沟灌 |
| 定植—开花 | 2 | 9 | 1.4 | 1.4 | 1.4 | 4.2 | 滴灌 |
| 开花—坐果 | 2 | 11 | 2.1 | 2.1 | 2.1 | 6.3 | 滴灌 |
| 坐果—采收 | 17 | 12 | 1.7 | 1.7 | 3.4 | 6.8 | 滴灌 |
| 合计 | 22 | 266 | 50.9 | 50.9 | 79.8 | 181.6 | |

（3）方案说明：本方案适用于黄瓜日光温室越冬栽培，轻壤或中壤土质，土壤 pH 为5.5～7.6。要求土层深厚，排水条件较好，土壤磷素和钾素含量中等水平。目标产量13 000～15 000 千克，大小行种植，每亩定植 2 900～3 000 株。基肥一般每亩施用鸡粪3 000～4 000 千克。

**2. 番茄**

（1）番茄需水需肥规律：番茄是直根系，主根能入土 150 厘米上下，侧根发达，展开幅度可达 250 厘米左右，根系庞大，分布较广，分布深度多在 30～50 厘米土层中。需水规律：番茄植株生长茂盛，蒸腾作用较强，而番茄根系发达，再生能力强，具有较强的吸水能力。因此，番茄植株生长发育既需要较多的水分，又具有半耐旱植物的特点。番茄不同生育阶段对水分的要求不同，一般幼苗期生长较快，为培育壮苗，避免徒长和病害发生，应适当控制水分，土壤占田间持水量 45%～55% 为宜。第一花序坐住果前，土壤水分过多易引起植株徒长，造成落花落果。第一花序坐果后，果实和枝叶同时迅速生长，至盛果期都需要较多的水分，耗水强度达到 1.46 毫米/天，应经常灌溉，以保证水分供应。在整个结果期，水分应均衡供应，始终保持土壤田间持水量的 60%～80%，如果水分过多会阻碍根系的呼吸及其他代谢活动，严重时会烂根死秧，如果土壤水分不足则果实膨大慢，产量低。在此期间，还应避免土壤忽干忽湿，特别是土壤干旱后又遇大水，容易发生大量落果或裂果，也易引起脐腐病。

需肥规律：番茄在定植前吸收养分较少，定植后随生育期的推进吸肥量增加。从第一花序开始结实、膨大后，养分吸收量迅速增加，氮、钾、钙的吸收约占总吸收量的70％～90％。结果后期，植株衰老，根系吸收能力降低，养分吸收量逐渐减少，可通过叶面追肥补充养分。苗期磷的吸收量较少，但影响很大，供磷不足，不利于花芽分化和植株发育。镁从果实膨大期起吸收量明显增加，若供镁不足，对产量和品质又较大影响。此外，在番茄生长期间，若缺乏微量元素，会引起产量不同程度的下降，特别是缺铜、缺铁影响较大，缺锌次之。番茄对土壤条件要求不严格，但以土壤深厚、排水良好、富含有机质的肥沃壤土为宜。

（2）灌溉施肥制度：番茄日光温室栽培滴灌施肥方案见表8-11。

**表8-11 番茄日光温室栽培滴灌施肥方案**

| 生育时期 | 灌溉次数 | 灌水定额（米³/亩） | 每次灌溉加入灌溉水中的纯养分量（千克） | | | | 备注 |
|---|---|---|---|---|---|---|---|
| | | | N | P₂O₅ | K₂O | N+P₂O₅+K₂O | |
| 定植前 | 1 | 22 | 12.0 | 12.0 | 12.0 | 36 | 沟灌 |
| 苗期 | 1 | 14 | 3.6 | 2.3 | 2.5 | 8.4 | 滴灌 |
| 开花期 | 1 | 12 | 2.6 | 1.8 | 5.2 | 9.6 | 滴灌 |
| 采收期 | 11 | 16 | 3.1 | 0.7 | 4.1 | 7.9 | 滴灌 |
| 合计 | 4 | 224 | 52.3 | 23.8 | 64.8 | 140.9 | |

（3）方案说明：本方案适用于番茄日光温室越冬栽培，轻壤或中壤土质，土壤pH为5.5～7.6。要求土层深厚，排水条件较好，土壤磷素和钾素含量中等水平。目标产量10 000千克。基肥一般每亩施用鸡粪3 000～5 000千克。结果后期可进行叶面追肥，选择晴天傍晚或雨后晴天喷施0.2％～0.3％磷酸二轻钾或尿素，若发生脐腐病可及时喷施0.5％氯化钙，连喷数次，防治效果明显。

**3. 茄子**

（1）茄子基本特性：茄子根系发达，为主根系，主根粗壮，最深可达1.7米以上，侧根及主要根群分布于地表以下30厘米的土层中，侧根水平分布长度1米以上。根系吸收养分和水分的能力很强，为了达到优质高产的目的，宜种植在土层深厚、施用充足有机肥的土壤中。茄子既喜水又怕湿度大，对水分要求较严格。土壤含水量在14％～18％为宜，空气湿度应保持在80％以下。

茄子生育期长，分次采收上市，须分期多次追肥，特别是在结果期更为重要。茄子以采收嫩果为食，氮对产量的影响特别明显。氮不足，植株矮小，发育不良。定植到采收结束均需供应氮肥，特别是在生育盛期需要量最大。磷对花芽分化发育有很大影响，如磷不足，则花芽发育迟缓或不发育，或形成不能结实的花。苗期施磷多，可促进发根和定植后的成活，有利植株生长和提高产量。进入果实膨大期和生育盛期，三要素吸收量增多，但对磷的需要量较少。施磷过多易使果皮硬化，影响品质。钾对花芽的发育虽不密切，但如缺钾或少钾，也会延迟花的形成，在茄子生育中期以前，吸收量与氮相似，至果实采收盛期，吸收量明显增多。茄子叶片主脉附近容易退绿变黄，这是缺镁的症状。一到采果期，镁吸收量增加，这时如镁不足，常发生落叶而影响产量。土壤过湿或氮、钾、钙过多，都会诱发缺镁症。果实表面或叶片网状叶脉褐变产生铁锈的原因，是缺钙或肥料过多引起的锰过剩症，或者是亚硝酸气体引起的危害，这些都会影响同化作用而降低产量。

（2）灌溉施肥制度：茄子日光温室栽培滴灌施肥方案见表 8－12。

表 8－12  茄子日光温室栽培滴灌施肥方案

| 生育时期 | 灌溉次数 | 灌水定额（米³/亩） | 每次灌溉加入水中的纯养分量（千克） | | | | 备注 |
|---|---|---|---|---|---|---|---|
| | | | N | $P_2O_5$ | $K_2O$ | $N+P_2O_5+K_2O$ | |
| 定植前 | 1 | 20 | 5 | 6 | 6 | 17 | 沟灌 |
| 苗期 | 2 | 10 | 2 | 2 | 1 | 5 | 滴灌 |
| 开花期 | 3 | 10 | 3 | 3 | 4 | 10 | 滴灌 |
| 采收期 | 10 | 15 | 15 | 0 | 20 | 35 | 滴灌 |
| 合计 | 16 | 220 | 25 | 11 | 31 | 67 | |

（3）方案说明：本方案适用于茄子日光温室越冬栽培，轻壤或中壤土质，中高等地力水平。要求土层深厚，排水条件较好，土壤磷素和钾素含量中等水平。目标产量 4 000 千克/亩，早熟品种 3 000～3 500 株/亩，晚熟品种 2 500～3 000 株/亩。温室采用大小行定植，大行 70 厘米，小行 50 厘米，株距 45 厘米。有机肥全部做底肥，亩施腐熟有机肥 5 000～8 000 千克；氮肥基施比例 20％，磷肥基施比例 55％，钾肥基施比例 19％。

**4. 生菜**

（1）生菜的基本特性：生菜属直根系，须根发达，经移植后根系浅而密集，主要分布在土壤表层 20～30 厘米内。适宜移栽于有机质丰富、保水保肥能力强的黏壤或壤土中。喜微酸性土壤。适宜土壤 pH 为 6 左右。

需肥规律：生菜生长迅速，喜氮肥，特别是生长前期更甚。生长初期生长量少，吸肥量较小。在播后 70～80 天进入结球期，养分吸收量急剧增加，在结球期的一个月左右里，氮的吸收量可以占到全生育期的 80％以上。磷、钾的吸收与氮相似，尤其是钾的吸收，不仅吸收量大，而且一直持续到收获。结球期缺钾，严重影响叶重。幼苗期缺磷对生长影响最大。每生产 1 000 千克的生菜大约吸收 2 千克的氮，0.36 千克的磷，3.6 千克的钾，0.66 千克的钙，0.3 千克的镁。此外，生菜也是需钙量非常大的作物，吸收量超过磷，尤其是结球期由于天气、施肥等因素造成的生理性缺钙，干烧心、裂球等病症发生越来越多。

需水规律：整个生长期需水量大。生长期间不能缺水，特别是结球生菜的结球期，需水分充足，如干旱缺水，不仅叶球小，且叶味苦、质量差。但水分也不能过多，否则叶球会散裂，影响外观品质，还易导致软腐病及菌核病的发生。只有适当的水肥管理，才能获得高产优质的生菜。

（2）灌溉施肥制度：结球生菜的滴灌施肥方案见表 8－13。

表 8 - 13　结球生菜的滴灌施肥方案

| 栽培方式 | 措施 | 生育时期 | 周期（天） | 次数 | 定额 米³（千克）/亩 | 总量 米³（千克） |
|---|---|---|---|---|---|---|
| 保护地秋冬茬 | 滴灌 | 苗期 | 10～12 | 1～2 | 8 | 40～70 |
| | | 发棵期 | 8～10 | 2～3 | 10 | |
| | | 结球期 | 8～10 | 3～4 | 8 | |
| | 施肥 | 苗期 | 15～50 | 1 | 1.0—0.5—0.75 | N：4～6 |
| | | 发棵期 | 15～20 | 1～2 | 1.5—0.3—1.0 | P₂O₅：1～2 |
| | | 结球期 | 15～20 | 2～3 | 1.2—0—2.0 | K₂O：6～10 |
| 露地春茬 | 滴灌 | 苗期 | 10～12 | 1～2 | 8 | 60～80 |
| | | 发棵期 | 5～7 | 4～5 | 10 | |
| | | 结球期 | 5～7 | 3～4 | 10 | |
| | 施肥 | 苗期 | 10～20 | 1 | 1.0—0.5—0.75 | N：6～8 |
| | | 发棵期 | 7～10 | 2～3 | 1.5—0.3—1.0 | P₂O₅：3～5 |
| | | 结球期 | 5～7 | 3～4 | 1.2—0—2.0 | K₂O：10～15 |

（3）方案说明：该滴灌施肥方案主要针对结球生菜的主要栽培季节，保护地秋冬茬，10 月移栽到次年 1 月收获，生育期 100 天左右；春茬 4 月移栽，6 月收获，生育期 60 天左右。秋冬季温度较低，生菜生长缓慢，目标产量定在 1 500～2 000 千克/亩，春季目标产量在 2 000～3 000 千克/亩。

施肥方面，在移栽前均施有机肥 2 000～3 000 千克/亩，氮肥 2～4 千克，如果没有溶解性好的磷肥，可以考虑磷肥全部基施，钾肥基施 2～4 千克。

灌溉方面，移栽前灌足水，移栽后灌小水即可。移栽时。过早浇水叶易徒长，茎部易窜高不利于肥大。发棵期和结球期是重要的需水时期，但要避免结球后期频繁的灌溉，秋冬茬要保证地温，春季防止后期土壤水分过多引起裂球。

（4）配套措施：除了氮磷钾肥的施用外，生菜施用钙肥也是非常必要的。基施钙肥（Ca）4～8 千克，折算过磷酸钙 40 千克/亩，在发棵期和结球期需钙量最高的时期叶面喷施或者滴灌施用果蔬钙肥 3～5 次，追施越早效果越好。在苗期重视钼肥、硼肥的施用，也采用基施或者叶面喷施等措施。

**5. 西葫芦**

（1）西葫芦基本特性：西葫芦是需水量较大的作物，虽然西葫芦本身的根系强大，有较强的吸水能力，但是由于西葫芦的叶片大，蒸腾作用旺盛，所以在种植时要适时浇水灌溉，缺水易造成落叶萎蔫而落花落果。但是，水分过多时，又会影响根的呼吸，进而使地上部分出现生理失调。生长发育的不同阶段需水量有所不同，自幼苗出土后到开花西葫芦需水量不断增加。开花前到开花坐果严格控制土壤水分，达到控制茎叶生长，促进坐瓜的目的。坐果水分供应充足有利于果实生长。空气湿度太大，开花授粉不良，坐果比较难，而且空气湿度大时各种病虫害发生严重。

西葫芦的吸肥能力较强，需肥量大，按其生长所需要的吸收量排列，以钾为最多，氮次之，钙居中，镁和磷最少。西葫芦在不同生育期，对各种矿质元素养分的需要量也有所不同，一般来说，养分的吸收量与植株生长量同步增加，前期吸收量较少，结果盛期吸收量最大。

（2）灌溉施肥制度：西葫芦日光温室越冬栽培滴灌施肥方案见表 8-14。

**表 8-14　西葫芦日光温室越冬栽培滴灌施肥方案**

| 生育期 | 灌溉次数 | 灌水定额（米³/亩） | 每次灌溉施入纯养分量（千克/亩） | | | 备注 |
| --- | --- | --- | --- | --- | --- | --- |
| | | | N | P₂O₅ | K₂O | |
| 定植前 | 1 | 20 | 10 | 5 | | 沟灌 |
| 定植—开花 | 2 | 10 | | | | 滴灌 |
| | 2 | 10 | 0.8 | 1 | 0.8 | 滴灌 |
| 开花—坐果 | 1 | 12 | | | | 滴灌 |
| | 4 | 12 | 1.5 | 1 | 1.5 | 滴灌 |
| 坐果—采收 | 8 | 15 | 1 | | 1.5 | 滴灌 |
| 合　计 | 18 | 240 | 25.6 | 11 | 19.6 | |

（3）方案说明：

①本方案适用于西葫芦温室栽培，以 pH 5.5～6.8 的沙质壤土或壤土为宜。

②品种早青一代，定植密度为 2 300 株/亩，主要以越冬茬和早春茬为主，目标产量 5 000 千克左右。

③亩施优质腐熟农家肥 5 000 千克。

**图书在版编目（CIP）数据**

榆次区耕地地力评价与利用 / 徐竹英主编. —北京：
中国农业出版社，2014.7
ISBN 978-7-109-19332-1

Ⅰ.①榆… Ⅱ.①徐… Ⅲ.①区（城市）-耕作土壤
-土壤肥力-土壤调查-晋中市②区（城市）-耕作土壤
-土壤评价-晋中市 Ⅳ.①S159.225.4②S158

中国版本图书馆 CIP 数据核字（2014）第 138424 号

中国农业出版社出版
（北京市朝阳区麦子店街 18 号楼）
（邮政编码 100125）
责任编辑 杨桂华 廖 宁

中国农业出版社印刷厂印刷 新华书店北京发行所发行
2014 年 8 月第 1 版 2014 年 8 月北京第 1 次印刷

开本：787mm×1092mm 1/16 印张：13.25 插页：1
字数：320 千字
定价：80.00 元
（凡本版图书出现印刷、装订错误，请向出版社发行部调换）